Jens Holger Lorenz
Hendrik Radatz

Handbuch des Förderns im Mathematikunterricht

Schroedel

Autoren:

Dr. Jens Holger Lorenz, Privatdozent, Akademischer Oberrat am
Institut für Didaktik der Mathematik, Universität Bielefeld

Dr. Hendrik Radatz, Professor für Didaktik der Mathematik,
Georg-August-Universität Göttingen

Die Deutsche Bibliothek – CIP-Einheitsaufnahme

Lorenz, Jens Holger:
Handbuch des Förderns im Mathematikunterricht / Jens Holger Lorenz;
Hendrik Radatz. – Hannover: Schroedel-Schulbuchverl., 1993
    ISBN 3-507-34044-5
NE: Radatz, Hendrik:

Zeichnungen: L & P, Hemmingen 4 (S. 32, 49, 65, 87, 101, 133, 164, 165, 184, 189);
Illustrationen: Burkhard Kracke, Hannover (S. 119, 153, 154, 187, 189);
Fotos: Michael Frühsorge, Barsinghausen (S. 118), Klaus Halbe, Norma Langohr,
Bielefeld (S. 44, 64, 67, 170)
Hinweis: Alle Fotos mit Szenen aus den „Beratungsstellen für Lernschwierigkeiten im Mathematikunterricht" wurden nachgestellt.

Bildquellenverzeichnis
S. 110, 113: H. Müller, Optisches Differenzierungs- und Konzentrationstraining – Arbeitsblätter zur optischen Differenzierung, Verlag Sigrid Persen, Dorfstraße 14, Horneburg/N.E., 1982; S. 112: Katalog, S. 160, Nienhuis Montessori, Industriepark 14, NL-7020 AA Zelhem, Niederlande; S. 132, 141: E. Ch. Wittmann, G. N. Müller, Handbuch produktiver Rechenübungen, Band 1, S. 43, 119, Ernst Klett Schulbuchverlag, Stuttgart, 1990; S. 147: Bracht & Pietschner, Bildaufgaben für Mathematik, 3. Schuljahr, S. 24, 25, Mildenberger Verlag, Offenburg, 1979/1990; S. 151: S. Bobrowski, Klett-Kartei Sachrechnen, Arbeitskarten 14 und 17, Ernst Klett Schulbuchverlag, Stuttgart, 1988: S. 193: I. Kneißler, Das Origami-Buch, Ravensburger Buchverlag Otto Maier GmbH, 1965; S. 194: ali press agency, Brüssel.

Bildstatistik
Neander: 16, 20, 23, 26, 29, 35, 47, 59, 74, 84, 175, 201, 213, 233
Magnus, der Magier: 80, 198
Peanuts: 11, 17, 50, 71, 82, 91, 97, 115, 128, 136, 154, 168, 186, 239

ISBN 3-507-**34044**-5

© 1993 Schroedel Verlag GmbH, Hannover
Alle Rechte vorbehalten. Dieses Werk sowie einzelne Teile desselben sind urheberrechtlich geschützt.
Jede Verwertung in anderen als den gesetzlich zugelassenen Fällen ist ohne vorherige schriftliche Zustimmung des Verlages nicht zulässig.

Druck A $^{9\ 8\ 7\ 6\ 5}$ / Jahr 2004 03 02 01 00
Alle Drucke der Serie A sind im Unterricht parallel verwendbar.
Die letzte Zahl bezeichnet das Jahr dieses Druckes.

Druck: Oeding Druck und Verlag GmbH, Braunschweig

Inhaltsverzeichnis

Vorbemerkung 4

**Was sagt die Presse
zum Thema des Handbuches?** 6

0. **Einige Fallbeispiele** 7

1. **Was wissen wir
   über Rechenschwäche?** 15
   1.1 Problemstellung 15
   1.2 Untersuchungsergebnisse
       aus den verschiedenen
       Wissenschaftsdiziplinen 18
   1.3 Lehr- und Lernprozesse
       in der Grundschule 30

2. **Möglichkeiten, die
   Lernausgangslage festzustellen** 36
   2.1 Früherkennung 37
   2.2 Zum Erstellen eines
       Mathematikprofils 48
   2.3 Schülervorstellungen von Zahlen
       und von den mathematischen
       Operationen 50
   2.4 Zur Analyse von Schülerfehlern 59
   2.5 Informelle Diagnose kognitiver
       Schwächen und Fähigkeiten 63
   2.6 Nicht-kognitive Bedingungen
       des Mathematiklernens 72
   2.7 Zum Einfluß des Elternhauses 76

3. **Allgemeine Fördermöglichkeiten** 81
   3.1 Vom Üben 83
   3.2 Hilfreiche und weniger
       hilfreiche Arbeitsmittel 91
   3.3 Warum ist die Geometrie
       so wichtig? 104

4. **Fördermöglichkeiten in
   ausgewählten Inhaltsbereichen** 114
   4.1 Zahlen, Zahlraumvorstellungen
       und Zählen 116
   4.2 Addition und Subtraktion 127
   4.3 Multiplikation und Division 138
   4.4 Sachrechnen 143
   4.5 Die schriftlichen Rechenverfahren 155

5. **Inhaltsübergreifende
   Fördermöglichkeiten** 168
   5.1 Förderung der visuellen
       Fähigkeiten 169
   5.2 Training des Gedächtnisses 178
   5.3 Förderung der Konzentration
       und der Aufmerksamkeit 186
   5.4 Entwicklung von
       Einprägestrategien 190
   5.5 Was können die Eltern tun? 192

6. **Weitere Anregungen zum Fördern
   und zum Üben** 199
   6.1 Kommerzielle Förderprogramme 199
   6.2 Diagnose- und Förderprogramme
       über Computer 202
   6.3 Fördern bei Integrationsversuchen 208
   6.4 Eine kleine Testauswahl 210
   6.5 Materialien und Anregungen
       für eine Mathe-Ecke 217

7. **Diagnostische Aufgabensätze** 221
   7.1 Arithmetikprofil 221
   7.2 Diagnostische Aufgaben
       zum Sachrechnen 228

8. **Glossar** 232

Literatur 235
Literatur zum offenen Unterricht 239
Sachwortverzeichnis 240

Für A., H. und V.

sowie _____
      (schreiben Sie bitte Ihren Namen hierhin!)

Vorbemerkung

Das Handbuch des Förderns im Mathematikunterricht wendet sich an Lehrerinnen, die in Grundschulen, Sonderschulen oder Orientierungs- bzw. Förderstufen unterrichten. Die Probleme in der Sekundarstufe (Realschule, Gymnasium, Gesamtschule) sind bzgl. der Erscheinungsformen und Ursachen von Rechenschwierigkeiten und der darauf abgestimmten Fördermöglichkeiten anders geartet.

Lernschwierigkeiten im Mathematikunterricht der Grundschule sind seit vielen Jahrzehnten bekannt ebenso die Probleme, welche die betroffenen Schüler in ihren Schulbiographien haben. Die Grundschulmathematik bestimmt als ein wichtiger Leistungsbereich wesentlich die weitere schulische Karriere eines Schülers. Schwächen und Schwierigkeiten im ersten und zweiten Schuljahr geben sich nicht von selbst, im Gegenteil: Ohne eine gezielte Förderung wird die Schere zwischen den schulischen Anforderungen und dem individuellen Können immer weiter auseinandergehen. In einer Reihe von Ländern hat man auf dieses Problem reagiert, indem spezielle Beratungsstellen (sog. „Mathekliniken") eingerichtet und Rechenschwächetherapeuten ausgebildet wurden.

Während es in Deutschland für die Lese-Rechtschreibschwäche eine Fülle von schulischen und außerschulischen Fördermaßnahmen gibt, bezugnehmend auf entwickelte Theorien in der Didaktik, gibt es bisher zu Rechenschwierigkeiten nur wenige Forschungsansätze, Theorien und Diagnose- bzw. Fördermodelle, obwohl selbst eine ausgesprochene Rechenschwäche, eine Dyskalkulie, kein seltenes Problem darstellt. KLAUER, 1992, hat in einer umfangreichen Untersuchung nachgewiesen, daß in der Grundschule eine Rechenschwäche häufiger anzutreffen ist als eine Lese-Rechtschreibschwäche. Nach Befragungen von Lehrerinnen liegt der Anteil der Schüler mit Lernschwierigkeiten im Mathematikunterricht der Grundschule bei ca. 15-20% (RADATZ u.a., 1985), dieser Anteil erhöht sich z.B. in der gymnasialen Mittelstufe auf über 30% (vgl. INTERDISZIPLINÄRE ARBEITSGRUPPE, 1992). So muß es verwundern, daß bisher zu diesem Problemfeld nur wenige Untersuchungen vorliegen, von unterrichtsrelevanten Modellen und Maßnahmen ganz zu schweigen. Die Gründe dafür sind vielschichtig:

- die Interessen der meisten Mathematikdidaktiker richten sich auf andere Themen,
- viele Lehrerinnen und Eltern nehmen an, daß sich eine Rechenschwäche im Laufe der Zeit noch irgendwie „gibt",
- Erfolg bzw. Mißerfolg im Mathematikunterricht werden noch sehr oft auf stabile und damit wenig beeinflußbare Faktoren wie „Begabung" attribuiert,
- die Schuladministration fürchtet ähnliche Kosten und einen großen Organisationsaufwand, wie sie es zur Lese-Rechtschreibschwäche erfahren hat,
- ein Versagen im arithmetischen Bereich wird im Gegensatz zum Lesen/Schreiben von vielen oft als ein „Kavaliersdelikt" abgetan (Tenor: „Ich habe das auch nie gekonnt/verstanden", „da war ich auch nie gut" ...)
- u.v.a.m..

Das vorliegende Handbuch will *Anregungen* geben, damit sich die Lehrerin oder Lehramtsstudentin mit dem Thema auseinandersetzen kann. Manche Leserin und einige Rezensenten werden die schnell anwendbaren Rezepte und Kopiervorlagen vermissen. Sie fehlen, weil man nach unserer Erfahrung damit einem Schüler mit Matheschwierigkeiten nicht helfen kann. Es kommt darauf an, sich auf den einzelnen Schüler und seine individuellen Schwierigkeiten einzulassen, um für ihn einen diagnostischen Prozeß und passende, spezifische Fördermaßnahmen zu organisieren. Hierzu bietet das vorliegende Handbuch Anregungen, wobei die curricularen Teile (Kap. 4) bewußt knapp gehalten worden sind. Es gibt nicht *die eine Methode* oder das eine Arbeitsmittel für alle Kinder (mit Lernschwierigkeiten) im Mathematikunterricht! So bleibt es immer Aufgabe für die einzelne Lehrerin, aus ihrem Wissen über verschiedene didaktische Modelle gezielt eine Fördermaßnahme zusammenzustellen.

Die *Inhalte des Handbuches* gliedern sich in sieben Hauptabschnitte. Nach einigen Fallbeschreibungen und Anregungen werden (eher) theoretische Aspekte der Rechenschwäche diskutiert, u. a. die Ursachenerklärungen verschiedener Wissenschaftsdisziplinen zum Problemfeld. Nach der Beschreibung von Möglichkeiten zum Erfassen der Lernausgangslage und der verschiedenen Aspekte des diagnostischen Vorgehens bei einer Rechenschwäche (Kap. 2) werden im 3. Kapitel allgemeine Möglichkeiten des Förderns vorgestellt. Auf gezielte Fördermöglichkeiten zum Zahlbegriffsverständnis, zu den vier Grundoperationen, zum Sachrechnen und zu den schriftlichen Rechenverfahren geht Kapitel 4 ein. Es folgen Vorschläge für inhaltsübergreifende Fördermaßnahmen (Kap. 5), die zum Beispiel die visuellen Fähigkeiten, das Gedächtnis oder die Einprägestrategien betreffen. Auf Förderprogramme, auch über einen Computer, eine kleine Testauswahl, Anregungen für die Mathe-Ecke im Klassenzimmer sowie diagnostische Aufgabensätze gehen die Kapitel 6 und 7 ein. Den Abschluß bilden ein ausführliches Literaturverzeichnis (mit einer Extraauflistung zum offenen Unterricht) und das Sachwortverzeichnis.

Wir können uns nicht vorstellen, daß man das vorliegende Handbuch in einem Zug durchliest. Es sollte ein *Handbuch zum Nachschlagen und Anregen* sein. Hauptanliegen des Handbuches ist es, in aktuellen Fällen oder in unterrichtlichen Situationen Hilfen und praktische Anregungen zum Problemfeld der Rechenschwäche zu bieten. Dabei stehen nicht immer die curricular-methodischen Modelle und Möglichkeiten im Vordergrund. Dazu sei darauf hingewiesen, daß das vorliegende Buch das dritte in einer Reihe mathematikdidaktischer Handbücher des Schroedel Schulbuchverlages ist (*„Aller guten Dinge sind drei!"*). Im *Handbuch für den Mathematikunterricht an Grundschulen* findet die Leserin zu den allermeisten Themenkreisen der Grundschulmathematik Anregungen zur methodisch-didaktischen Gestaltung ihres Unterrichts, zum Üben, zum Spielen oder zum Differenzieren. Das *Handbuch für den Geometrieunterricht an Grundschulen* bietet gerade für rechenschwache Schüler zahlreiche, grundlegende Lern- bzw. Erfahrungsfelder an.

Die aufmerksame Leserin wird feststellen, daß wir wie im ersten Handbuch wieder Comics aufgenommen haben. Dazu sind die meisten Wünsche und Zuschriften der Leserinnen in den letzten Jahren eingegangen. Diese Auflockerungen wurden im Geometriehandbuch offensichtlich sehr vermißt.

Wodurch sind wir beeinflußt und angeregt worden? Ganz wesentlich sicher durch unsere langjährige Arbeit mit rechenschwachen Schülern in den „Beratungsstellen für Lernschwierigkeiten im Mathematikunterricht" an den Universitäten Bielefeld und Göttingen. Diese Arbeit mit Kindern, aber auch mit den am jeweiligen Problemfall beteiligten Lehrerinnen, Eltern, Psychologen u.a. hat sowohl unser theoretisches Wissen als auch unsere Erfahrungen für eine praktische Diagnose und Förderung erweitert und geschärft. Das vorliegende Buch widmen wir HEINRICH BAUERSFELD (für ihn steht das H. am Anfang dieser Vorbemerkung), der unser Lehrer, Förderer und Freund ist. H. BAUERSFELD wird in diesem Jahr emeritiert, nach vielen Jahren einer überaus wegweisenden Arbeit in der Mathematikdidaktik, die grundlegende Aspekte einer Theorie des Lehrens und des Lernens von Mathematik anlegte. Gleichzeitig hat H. BAUERSFELD immer direkt großen Einfluß auf die unterrichtliche Praxis genommen, über Schulbücher, Lehrerhandbücher, Arbeitsmaterialien, zahlreiche Publikationen in Zeitschriften für Lehrerinnen oder über Lehrerfortbildungsangebote. Wir verdanken dem H. überaus viel.

J.H.L. & H.R. (im Herbst 1992)

Was sagt die Presse zum Thema des Handbuches?

ANGST VOR EINER MATHEARBEIT – SCHÜLER GABEN BOMBENALARM
Bild Leipzig, 6. 11. 1991

WENN DOCH NUR MATHE NICHT WÄR'
Weser Kurier Bremer Tageszeitung, 28. 5. 1991

SCHÜLER IN MATHE SCHLECHTER ALS IM LESEN
Oranienburger Generalanzeiger, 29. 6. 1991

WER WEISS SCHON, WIEVIEL EINE MILLIARDE IST
oder Ein Spiel mit hohen Zahlen / Hilfe für mathematische Analphabeten
Neue Zeit, 27. 4. 1991

LEHRER ÜBERFORDERT, ELTERN GESTRESST, KIND VERSAGT IN DER SCHULE: WAS TUN?
B. B., 12. 9. 1991

WER KANN RECHNEN?
Super! Zeitung, 17. 9. 1991

HORRORFACH MATHE? DAS MUSS NICHT SEIN!
Dithmarscher Landeszeitung, 1. 10. 1991

MATHE-SCHWÄCHE RECHT HÄUFIG
Nordkurier, 4. 7. 1991

HYSTERIEÄHNLICHE ANGST
Göttinger Tageblatt, 4. 4. 1991

MATHE-NIETEN MUSS ES NICHT GEBEN
Frankenpost Ausgabe Naila, 20. 4. 1991

ABHILFE BEI RECHENSCHWÄCHE
Arithmetische Vorstellungsbilder müssen aufgebaut werden
Der Tagesspiegel, 1. 6. 1991

„MATHE" – LEICHTER MIT COMICS
Die Welt, 24. 10. 1991

MATHE MANGELHAFT
Das muss nicht sein!
Dithmarscher Landeszeitung, 21. 12. 1991

RECHENSCHWÄCHE: WENN'S MIT DEN FINGERN NICHT MEHR KLAPPT.
Ohne Diagnose des Fehlerprofils ist „mehr Üben" sinnlos
Süddeutsche Zeitung, 21. 2. 1991

MATHEMATIK MUSS FÜR DIE KINDER KEINE TROCKENE SACHE SEIN
Lehrer spielten mit Tüchern, Karten und Würfeln
Neue Presse Ausgabe Nord, 22. 5. 1991

NIE WIEDER MATHE-NIETEN?
Hannoversche Allgemeine Zeitung, 8. 5. 1991

ERFORSCHT UND ERFUNDEN
Rechenschwäche
Die Zeit, 10. 5. 1991

MATHEMATIK MUSS FÜR DIE SCHÜLER KEIN BUCH MIT SIEBEN SIEGELN SEIN
Ein Schulversuch soll auch Zahlenmuffeln Spass an Formeln bringen / Die große Revolution der Mathe-Pädagogik ist er aber nicht!
Hildesheimer Allgemeine Zeitung, 17. 5. 1991

MATHE-SCHWÄCHE HÄUFIGER ALS LESE-SCHWÄCHE
B. Z., 29. 6. 1991

KEIN GRUND ZUM VERZWEIFELN
Rechenschwäche
Reutlinger General-Anzeiger, 22. 11. 1991

MATHE MANGELHAFT?
Das muß nicht sein!
Dithmarscher Landeszeitung, 4. 2. 1992

HILFE – ICH KANN NICHT RECHNEN
Schüler mit Mathematikschwäche – Eine effektive Förderung ist notwendig
Südkurier, 6. 2. 1992

UNVERSTANDENE ZAHLENWELT
Kinder, die nicht „zwei und zwei" zusammenzählen können, leiden häufig unter einer Dyskalkulie. Rechenschwäche muß kein Zeichen von Dummheit sein
Die Zeit, 7. 2. 1992

BESONDERE NOTE
Warum, so rätseln Lehrer, scheitern viele Schüler am elementaren Rechenunterricht
Der Spiegel, 17. 8. 1992

HANDBUCH ZUM FÖRDERN IN MATHE DA!
Zeitschrift des guten Lehrers, 1. 4. 1993

0. Einige Fallbeispiele

Marion

Marion ist 8;3 Jahre alt und besucht die 2. Klasse einer Grundschule. Ihre Leistungen in Mathematik sind deutlich niedriger als ihre Fähigkeiten im Lesen und Schreiben. Ihre (eingeübten) Diktate sind meist fehlerfrei, lediglich bei freien, spontan geschriebenen Texten schleichen sich Fehler ein. Sie beherrscht zwar die schriftliche Multiplikation und Division, hat aber große Schwierigkeiten im Kopfrechnen, selbst bei Aufgaben im Zahlraum bis 20.

Marion ist etwas pummelig und für ihr Alter groß. Sie lächelt im Unterricht freundlich, ist zurückhaltend und scheu, was sich aber auf dem Schulhof schnell gibt. Dort kann sie sich aufgrund ihres Körperbaus auch gegenüber Jungen gut durchsetzen, vor denen sie keine Angst hat. Sie bestimmt, was gespielt wird, und tobt fröhlich mit den Klassenkameraden herum. Im Unterricht dagegen geht von Marion keine Initiative aus, und sie kann in schulischen Inhaltsbereichen nicht besonders planvoll vorgehen.

Die Familiensituation erscheint aus der Sicht der Lehrerin unproblematisch. Der Vater ist Bauingenieur, die Mutter versorgt Marion und ihre 11jährige Schwester, die die Realschule besucht. Spannungen oder emotionale Schwierigkeiten scheint es nicht zu geben, allerdings ist die Mutter besorgt über die Mathematikleistung der Tochter.

Die Grundschullehrerin erlebt ein Kind in unterschiedlichen Situationen, ist informiert über seine Leistungen in verschiedenen Fächern und sein Verhalten in der Pause auf dem Schulhof, sie kennt es in Belastungs- und Anforderungssituationen, und sie weiß, wie es emotional reagiert, wann es sich ängstigt oder auflebt, resigniert oder sich anstrengt.

Sie weiß sehr viel, aber häufig genügt dieses Wissen noch nicht, um die spezielle Lernschwierigkeit zu erklären und darauf fördernd zu reagieren. Aber: Welche zusätzliche Information wäre hilfreich?

Ein Gespräch mit den Eltern ergibt, daß diese besorgt sind und bereits mit der Tochter einen Kinderarzt aufgesucht haben. Dieser habe festgestellt, daß Marion eine Teilleistungsstörung besitze, die sich vor allem in Mathematik niederschlage. Außerdem leide Marion an sehr großer Angst, die sie mit Hilfe vieler Süßigkeiten versuche niederzudrücken und nicht wahrzunehmen. Die Eltern berichten auch, daß Marion in der Vorschulzeit an einer Neurodermitis erkrankt sei, die aber jetzt nur noch selten auftrete, und daß sie sehr lange eingenäßt habe.

Die Lehrerin erlebt beide Eltern, vor allem aber die Mutter, als sehr leistungsorientiert. Sie haben eine hohe Leistungserwartung an die Tochter, die mindestens die gleiche Schule wie die Schwester besuchen soll.

Die Lehrerin nimmt sich noch einmal die Arbeitsblätter der 1. Klasse vor, kann aber nichts Auffallendes feststellen. In den letzten Arbeitsblättern des 2. Schuljahrs bemerkt sie, daß Marion einige Male die Addition und Subtraktion verwechselt und hin und wieder Ziffern vertauscht (27 statt 72, 36 + 20 = 65).

Ein Gespräch mit der Kollegin, die Sachkunde in der Klasse unterrichtet, ergibt, daß dieser selbst aufgefallen sei, wie selten sie Marion aufrufe. Dies liege wahrscheinlich daran, daß Marion keine hilfreichen Beiträge liefern könne; die Mitschüler könnten mit ihren Gesprächsbeiträgen nichts anfangen, seien vielmehr irritiert und begännen zu lachen.

In der Förderstunde versucht die Lehrerin, nicht den aktuellen Schulstoff mit Marion zu üben, sondern noch einmal weit im Inhalt zurückzugehen. Überrascht nimmt sie wahr, daß Marion kein Verständnis der Bündelung und deren Beziehung zur Dezimalschreibweise zeigt: Marion ist verwundert darüber, daß in 52 fünf Zehner und zwei Einer sind. Sie scheint Zahlen als undurchschaubare Größen anzusehen, die mittels eines geheimnisvollen Verfahrens verbunden werden. Verblüfft, so erlebt es die Lehrerin, nimmt Marion zur Kenntnis, daß die Bündelung in Zehner die gleiche Ziffernfolge ergibt, als wenn sie die vor ihr liegenden Plättchen einzeln abzählt. Allerdings ist ihr Abzählen nicht fehlerfrei. So folgt auf die Zahl 70 nicht 71, sondern 80.

Bei Textaufgaben hat Marion große Schwierigkeiten, wie die Lehrerin weiß. In der Förderstunde bereitet ihr die Aufgabe „Bernd hat 27 Murmeln, Klaus hat 12 Murmeln weniger" Probleme. Es sieht aus, als sei ihr Verständnis der Worte „mehr" und „weniger" unzureichend. Als ihr die Lehrerin acht Plättchen gibt und sich selbst zwei, beantwortet Marion die Frage „Wie viele Plättchen hast Du denn mehr als ich?" mit „8". Auch bei Längenvergleichen stellt sich das gleiche Phänomen ein; Marion kann auch unter Zuhilfenahme eines Zentimetermaßes nicht angeben, um wie viele Zentimeter ein kleiner Bleistiftstummel kürzer ist als ein neuer Bleistift, auch wenn beide nebeneinander auf dem Lineal liegen.

Die Lehrerin stellt vermischte Fehlstrategien bei schriftlichen Aufgaben fest:
- $54 - 15 = 41$ als $5 - 1 = 4, 5 - 4 = 1$
- $56 + 37 = 21$ als Anwendung der Subtraktion und jeweils kleinere von der größeren Zahl
- $16 + 15 = 22$ als Zusammenfassung der Zehner zu 2 und $6 + 5 = 11$ und Verbinden der beiden „Einer" zu 2

Was bedeutet dies alles zusammen, wie läßt sich erklären, daß Marion den arithmetischen Schulstoff nur ungenügend lernt?

- Liegt es an Marions mangelndem Sprachverständnis? Führt ihre Unkenntnis der Bezeichnungen „mehr", „weniger" und wahrscheinlich ähnlicher Begriffe dazu, daß ihr quantitative Zusammenhänge unklar bleiben?

- Liegt es an ihrer Angst, die sie schon in der Vorschulzeit beeinträchtigt hat und die zu den Erkrankungen (Neurodermitis und Einnäßen) führte? Belastet sie die hohe und wahrscheinlich unrealistische Leistungserwartung der Eltern so sehr, daß sie nun im Unterricht blockt? Verweigert sie sich aus einer Aggression heraus, um den Eltern weh zu tun?

- Oder hat Marion eine Orientierungsstörung, so daß sie plus und minus verwechselt und die Ziffern vertauscht? Und ist sie daher auch nicht in der Lage, in ihrer Vorstellung einen Zahlraum aufzubauen, so daß sie sich auf das Abzählen und auf schriftliche Berechnungen zurückziehen muß?

Oder liegen alle diese Verursachungsmöglichkeiten vor? Wie kann die Lehrerin sich Klarheit darüber verschaffen, was kann sie selbst in ihrem Unterricht versuchen und welche Informationen muß sie von außen einholen?

Und schließlich: Wer kann Marion in den verschiedenen Bereichen helfen?

Sven

Sven ist 8;1 Jahre alt, besucht aber noch die 1. Klasse, da er nach dem Schuleingangstest in den Schulkindergarten zurückgestellt wurde. Sven ist blond, groß und schlank und hat ein schmales Gesicht. Seine Bewegungen sind schlaksig, und er bewegt sich nie schnell, auch nicht auf dem Schulhof. Im Unterricht ist er freundlich, aber er meldet sich nie zu Wort. Wird er aufgerufen, so ist seine Stimme so leise, daß sich seine Mitschüler schon darüber beschwert haben. Sven ist in der Klasse beliebt, weil er ruhig ist, nie in Streit verwickelt ist und ausgleichend wirkt.

Jetzt, am Ende des Schuljahres, fällt der Unterschied zwischen seinen überdurchschnittlich guten Lese-Rechtschreib-Fähigkeiten und seinen Rechenleistungen deutlich auf. Die Klassenlehrerin beschließt daraufhin, Sven von der zuständigen schulpsychologischen Beratungsstelle überprüfen zu lassen.

Das Gespräch mit den Eltern wird fast ausschließlich von der großen, kräftigen Mutter bestritten, hinter der der kleinere, schmächtige Vater zurücksteht. Gegen eine Untersuchung haben die Eltern nichts einzuwenden. Die Mutter berichtet, daß Sven auch zu Hause sehr ängstlich sei und vor neuen, auch alltäglichen Aufgaben zurückscheue, die er lieber seinem jüngeren Bruder (5;1 Jahre) überlasse. Beim Essen sei es dann anders, dort packe er sich immer viel zu viel auf den Teller und könne von der Marmelade nicht genug bekommen, die er sich bergeweise auf das Brot schmiere. Er könne seinen Hunger offenbar gar nicht abschätzen.

Da die Lehrerin auch nach Svens Entwicklung vor der Schule fragt, erzählen die Eltern, daß sie eigentlich keine Auffälligkeiten erinnern. Sven habe immer gerne im Sand gespielt oder sei mit dem Fahrrad gefahren, manchmal spiele er auch Fußball. Er habe zwar vor einigen Jahren zu Weihnachten Lego-Steine und Fischer-Technik bekommen, aber damit spiele sein kleiner Bruder. Er mache sich nichts daraus. Taschengeld bekomme er noch nicht, dies halten die Eltern für zu früh.

Die Mutter berichtet, daß sie von Anfang an Svens Schularbeiten überwacht habe. Sie könne es nicht ertragen, wenn in seinen Heften Fehler seien, und er würde sehr viele machen, so daß sie fortwährend eingreifen müsse.

Die schulpsychologische Untersuchung ergibt eine leichte Störung der Feinmotorik und eine Störung der visuo-motorischen Koordination. Gewisse Auffälligkeiten ergäben sich, so der Psychologe, in der visuellen Wahrnehmung. Sven könne zwar halbierte, symmetrische Buchstaben (M, O, H, A etc.) erkennen und heraussuchen, nicht aber vervollständigen.

> Was läßt sich über die Gründe, die zu Svens schlechter Rechenleistung führen, vermuten? Wo sollte die Lehrerin weiter suchen?
>
> – Liegen sie an der Mutter, die eingreifend die Lösungsversuche des Sohnes überwacht und jeden Ansatz eines Fehlers im Keime erstickt? Kann dieser also seine eigenen Überlegungen nicht erproben und läßt ihn diese mangelnde Eigeninitiative unsicher, mutlos und ängstlich werden?
>
> – Oder besitzt er eine Wahrnehmungsstörung, wie der Schulpsychologe annimmt, die dazu führte, daß er in der Vorschulzeit ungerne mit Lego und Fischer-Technik spielte? Dies könnte erklären, warum er mit den Veranschaulichungsmitteln der Eingangsklasse nicht die gewünschten Vorstellungen aufbauen kann.
>
> – Oder führte Svens motorische Störung, die ihn in den Bewegungen schlaksig wirken läßt, in der frühkindlichen Entwicklung zu einer ungenügenden Wahrnehmung seines Körpers und so zu einer Störung der Rechts-Links-Unterscheidung, die ja am eigenen Körper erfahren und gelernt wird?

In den Förderstunden fällt auf, daß Svens Verständnis der Zahlen, ihrer Beziehungen und Operationen uneinheitlich ist. Er kann flüssig vorwärts und rückwärts zählen, wenn er aber Objekte wie Würfel oder Plättchen abzählt, nimmt er nicht immer eine Eins-zu-eins-Zuordnung vor; mal überspringt er ein Plättchen oder tippt bei einem Zahlwort zwei aufeinanderfolgende an.

Dagegen benutzt er von sich aus die Kommutativität der Addition (5+4=4+5) und die Zusammengehörigkeit von Addition und Subtraktion (2+6=8, 8−2=6, 8−6=2). Diese Einsicht verwendet er aber nur bei mündlichen Aufgaben, bei schriftlichen Aufgaben stört es ihn nicht, wenn nebeneinander 8+2=10 und 9+2=10 steht. Dies ist für ihn kein Widerspruch.

In dem Zimmer befindet sich eine Hunderter-Tafel, die Sven noch nicht kennt, die ihn aber interessiert. Die Lehrerin gestattet, daß er sie sich ansieht und untersucht, da sie selbst wissen möchte, wie er damit umgeht und ob er Muster erkennt.

Obwohl Sven bislang nur im Zahlraum bis 20 gearbeitet hat, kann er auf der Hunderter-Tafel zählen. Deutet die Lehrerin auf einzelne Zahlen, dann treten allerdings sprachliche Vertauschungen auf, indem er die Zahl 73 als „siebenunddreißig", 59 als „fünfundneunzig" liest. Dies muß kein Hinweis auf eine Orientierungsstörung sein, da Sven aus dem Lese-Unterricht gewohnt ist, von links nach rechts zu lesen.

Nachdem er eine Zeitlang die Tafel untersucht hat, ist er in der Lage anzugeben, welche Zahl sich rechts neben 35 oder über 64 befindet, d.h. er kann sie nicht benennen, aber aufschreiben. Die Lehrerin wertet dies als Hinweis auf eine gute (bis überdurchschnittliche) Intelligenz, die es ihm erlaubt, allgemeine, abstrakte Muster zu erkennen.

Nach einigen Förderstunden, noch vor den Sommerferien ist Sven mißmutig, noch zurückhaltender und angestrengt. „Ich kann das alles nicht", sagt er. Es zeigt sich aber, daß Sven durchaus in der Lage ist, alle Aufgaben zu lösen, aber seine Fähigkeiten nicht einsetzt. Er traut sich nichts zu. So beschließt die Lehrerin zusammen mit den Eltern und der Beratungsstelle, mit Sven ein Selbstsicherheitstraining durchführen zu lassen, das die Rechen-Förderstunden begleiten soll.

Für die Lehrerin verstärkt sich der Eindruck, als stelle Sven keinen Zusammenhang zwischen den unterschiedlichen Darstellungsformen her, als seien die bildhafte, symbolische, sprachliche und handlungsmäßige Darstellung einer arithmetischen Situation etwas vollkommen Verschiedenes, als existierten unvereinbare Welten.

Lehrerin: Wieviel ist neun plus neun?
Sven: Es muß eine ganz große Zahl sein.
Lehrerin: Kann es fünfzehn sein?
Sven: Viel größer!
Lehrerin: Zwanzig?
Sven: Viel größer!
Lehrerin: Fünfundzwanzig?
Sven: Hm hm hm, noch größer.
Lehrerin: Dreiunddreißig?
Sven: (nickt zustimmend)

Auf Aufforderung legt Sven neun schwarze Plättchen und neun gelbe Plättchen unter Verwendung von Zahlzerlegungsverfahren (3+3+3 und 3+2+2+2!) vor sich hin.

Lehrerin: Wie viele gelbe Plättchen sind da?
Sven: Neun.
Lehrerin: Und wie viele schwarze?
Sven: Neun.

Die Lehrerin baut aus den schwarzen und gelben Plättchen Türme.

Lehrerin: Wie viele Plättchen sind in dem Turm?
Sven: Neun.
Lehrerin: Und in dem anderen?
Sven: Neun.
Lehrerin: Und in beiden Türmen zusammen?
Sven: Achtzehn. (!)
(Sie deutet auf die geschriebene Aufgabe)
Lehrerin: Und wieviel ist nun neun plus neun?
Sven: (nachdenklich) Dreiunddreißig.

Vor einer Förderstunde wartet Sven auf die Lehrerin und blättert in einem Buch. Die Lehrerin weiß, daß Sven gerne und gut vorliest, und so darf er ihr aus seinem Buch eine kurze Geschichte vorlesen. Erst nach einiger Zeit bemerkt sie, daß er das Buch auf dem Kopf, also seitenverkehrt hält. Es war ihm nicht aufgefallen, und es hatte seinen Lesefluß nicht beeinträchtigt.

Sven verfügt über Zählstrategien bzw. Zahlwissen, das er nicht bei allen Aufgaben einsetzt. Ein eben noch eingesetztes Verfahren scheint plötzlich blockiert, verschüttet.

Lehrerin: Zwölf plus vier?
Sven: (stumm zählend) Sechzehn.
Lehrerin: Achtzehn minus drei?
Sven (ebenso) Fünfzehn.
Lehrerin: Zähle mal von der neun ab.
Sven: 9, 10, 11, ..., 18, 19, 20.
Lehrerin: Und rückwärts?
Sven: 20, 19, 18, ..., 11, 10, 9, 8, ...
Lehrerin: Und in Zweierschritten?
Sven: 20, 18, 16, 14, 12, 10, 8, ...
Lehrerin: Und von der neunzehn ab?
Sven: 19, 17, 15, 13, 11, 9, 7, ...
Lehrerin: Wieviel ist neunzehn minus zwei?
Sven: (erstaunt, achselzuckend, fragend) 14?

© 1979, United Feature Syndicate, Inc.

Bernd

Bernd ist 11;1 Jahre und besucht die 4. Grundschulklasse. Er ist altersgemäß groß, dunkelblond und hat große, wache Augen. Im Unterricht ist er unauffällig, still, zurückhaltend, aber von den Klassenkameraden geschätzt und der ruhende Pol. Bei Streitigkeiten wird sein Rat eingeholt, da er in sozialen Belangen der „Objektivste" ist, und seine Schlichtung wird akzeptiert.

Bernd hat einen älteren Bruder (14;7 Jahre), der das Gymnasium besucht und immer gerne mit Zahlen spielte. Die Eltern hatten angenommen, daß Bernd sich in der Vorschulzeit davon etwas abgucken würde, was er aber nicht tat. Im Gegenteil machte ihm das Rechnen schon in der 1. Klasse Mühe, aber die Lehrerin meinte, „Das kommt noch".

Es kam nicht, wie die Mutter klagt. Auch nach einem halben Jahr konnte Bernd 2 + 2 nicht rechnen. So nehmen die Eltern den Umzug in eine andere Stadt zum willkommenen Anlaß, Bernd zurückstellen und ihn „nachreifen" zu lassen. Aber auch dann, in der neuen Klasse, verschwindet das Problem nicht: Mit 7;6 Jahren kann er immer noch nicht 2 + 3 rechnen. Um die schulischen Bemühungen zu unterstützen, übt die Mutter zu Hause mit Veranschaulichungsmaterial: Äpfel, Nüsse, Steine etc. werden zu den Rechnungen der 2. Klasse herangezogen.

Aber Bernd zählt nur. „Er kann sich", so die Mutter heute, „Zahlen, Gewichte und Längen nicht vorstellen. Erst vor wenigen Wochen habe ich ihm die Uhr beibringen können. Und das nur mit Hilfe der Nachhilfelehrerin, einer pensionierten Grundschullehrerin, die zweimal in der Woche kommt."

Bernd versucht in den Klassenarbeiten und zu Hause erst gar nicht, die Textaufgaben zu lösen, denn zu gut weiß er, daß er es nicht schafft. Er ist für die Schule demotiviert, seine Unlust hat sich inzwischen auch auf die anderen Fächer ausgebreitet, in denen er eigentlich gute, ja überdurchschnittliche Leistungen erbringt oder erbringen könnte (?).

Seine Stimmung ist gedrückt, und er wird zusehends deprimierter. Er unterzieht sich nur der Plage des Unterrichts, weil er Arzt, Chirurg, werden und helfen möchte.

Es scheitert nicht an Zuwendung, und die Familie wäre finanziell in der Lage, Bernd jede mögliche Hilfe zuteil werden zu lassen, wenn es eine aussichtsreiche Richtung gäbe. Aber weder vermag die Schule nähere Angaben über die Art der Schwierigkeit zu machen, die Bernd beim Lernen der Mathematik hat, noch gibt es geeignete Beratungsstellen am Ort, obwohl es sich um eine Großstadt handelt. Die Mutter ist enttäuscht über die Schule und die Mathematiklehrerin, die Schule meint dagegen, alles Erdenkliche und in ihren Möglichkeiten Stehende für Bernd getan zu haben.

Bernd zählt bei sämtlichen schriftlichen Aufgaben und verwendet keine erleichternden Hilfen, wie z. B. Zehnerzerlegung, Zusammenfassungen u. ä. Auch jetzt benutzt er bei den Hausaufgaben noch Veranschaulichungsmaterial wie Würfel, an denen er abzählen kann. Bei den schriftlichen Rechenverfahren, etwa der Addition und Subtraktion in großen Zahlenräumen fällt dies nicht ins Gewicht, diese Aufgaben bewältigt er so schnell wie seine Klassenkameraden und ebenso fehlerfrei. Lediglich nach längerer Bearbeitung stellen sich, so scheint es, Konzentrationsschwierigkeiten ein, so daß sich typische Verzählfehler oder Vertauschungen ergeben:

$39 + 12 = 50$
$39 - 6 = 42$
$373 + 69 = 414$
$48 + 30 = 108$

Multiplikations- und Divisionssätze kann Bernd auswendig, überhaupt erweist sich sein Gedächtnis als ausgezeichnet. Er lernt Gedichte und Lieder leicht auswendig und kann Texte schnell erfassen und nacherzählen. Aber er kann die Multiplikation nicht anwenden.

In seinen alten Schulheften der 3. Klasse ist noch erkennbar, daß Bernd manchmal die 3 spiegelverkehrt, als ε schrieb. Die Mutter berichtet, daß Bernd, wohl in Abgrenzung von seinem Bruder, nie mit Lego oder Puzzles spielte, dafür mit Playmobil- oder Kasper-Figuren. Darin trage er Konflikte, auch seine schulischen, aus. Auch heute noch male er nicht gerne.

Bei der Untersuchung zeigt sich, daß Bernds Seitigkeit nicht eindeutig ist: Während er Hand und Auge rechtsseitig bevorzugt, hüpft und springt er auf dem linken Bein.

Bernd vertauscht nicht nur links und rechts bei Zeichen- und Malaufgaben, bei seiner Beschreibung eines Würfels verwechselt er auch häufig vorne und hinten. Bernd kann altersentsprechend Zeichnungen, auch abstrakte, sinnentleerte, nachmalen, allerdings gelingt ihm dies aus dem Gedächtnis fast gar nicht. Faltet man ein Blatt Papier vor seinen Augen und schneidet eine Ecke ab, dann kann er sich nicht vorstellen, wie das entfaltete Stück Papier aussieht.

Mit Bernd wird ein Intelligenz-Test gemacht, nicht um ggf. eine Sonderschul-Überweisung zu beantragen, sondern weil es scheint, als verfüge er über bestimmte Stärken und Schwächen, die für das Mathematiklernen zu nutzen wären. Der HAWIK-R zeigt eine unausgeglichene Gestalt: In der Hälfte der Unterteile sind Bernds Leistungen (z.T. weit) überdurchschnittlich, so im Allgemeinen Verständnis und Gemeinsamkeiten finden. Weit unterdurchschnittlich sind sie dagegen im Bilderergänzen, Rechnerischen Denken (wie zu erwarten), und schwächer als sein Mittelwert sind auch seine Ergebnisse im Mosaik-Test. Insgesamt ist seine Intelligenz aber durchschnittlich.

Was kann die Grundschullehrerin mit diesem Wissen anfangen? Oder sind es die falschen Informationen? Hätte sie woanders suchen müssen, und wäre das Ergebnis eines diagnostischen Rechen-Tests aufschlußreicher?

Rafaela

Rafaela ist 10;2 Jahre und besucht die 4. Grundschulklasse. Ihre Mathematikleistungen schwanken seit Beginn der Schulzeit zwischen knapp ausreichend und mangelhaft (auch wenn es diese Benotung in den ersten beiden Schulklassen nicht gab). Da sich nun für die Eltern das Problem der weiterführenden Schule stellt und für Rafaela „lediglich eine Hauptschulempfehlung heraussprang", wie die Mutter sagt, beschließen sie, eine Beratungsstelle aufzusuchen. Von dieser Entscheidung informieren sie die Schule nicht, da sie nicht möchten, daß die Lehrerin von dem Ergebnis etwas erfährt.

Rafaela ist für ihr Alter groß, athletisch und hat lange, dicke blonde Haare. Während der Untersuchung hat sie ein verängstigtes Gesicht und versucht, sehr nahe bei ihrer Mutter zu bleiben.

Rafaela ist Einzelkind; von der frühkindlichen Entwicklung kann die Mutter keine Auffälligkeiten berichten, es sei „bis zur Einschulung alles normal verlaufen".

In ihren Hausarbeitsheften finden sich wenige Fehler aber viele Radierungen, die darauf hinweisen, daß Rafaela sich häufig verrechnete, die Fehler aber von der Mutter korrigiert wurden, was diese auch angibt („Das kann man doch nicht stehenlassen"). Erst ihre Klassenarbeiten zeigen, daß sie vor allem zwei Fehlerarten macht: Rafaela vertauscht Operationen (90 : 6 = 5400) und hat Schwierigkeiten mit der Stellenschreibweise.

So kommt in einer Arbeit diese Aufgabenfolge vor:

400 · 60 = 2400
60.000 · 18000 = 300.000
8000 · 4 = 32000
54000 : 90 = 60.000
30.000 : 600 = 5000
12.000 : 6 = 20.000

(das jeweils Unterstrichene war die Frage/Leerstelle und Rafaelas Lösung).

Halbierungs- und Verdopplungsaufgaben kann Rafaela nicht. So verdoppelt sie 1400 zu 135.

Auffallend ist ein oft vorkommender Multiplikationsfehler: 6 · 9 = 45. Hat Rafaela diese Einmaleins-Reihe falsch gelernt?

Sie schreibt sowohl bei diktierten als auch bei abgeschriebenen Additions- und Subtraktionsaufgaben die entsprechenden Spalten nicht untereinander oder läßt im Ergebnis die linke Übertragsziffer weg:

```
  34628         672397
+3486328        651436
 832608        323833
```

Rafaela hat sich eingeprägt, daß Geldbeträge als Dezimalzahl geschrieben werden, d.h. man notiert immer ein Komma zwischen der zweiten und dritten Stelle von rechts. Die Aufgabe aus ihrer Klassenarbeit „*Mutter kauft ein Paar Schuhe zu 69 DM, ein Kleid zu 138 DM und einen Mantel zu 265 DM. Sie bezahlt mit einem 500 DM-Schein*" löst sie

```
  69 DM
+1,38 DM
+2,65 DM
 4,72 DM
```

Eine Aufgabe aus der letzten Klassenarbeit lautet:

Sabine will günstig Apfelsinen kaufen. Einzeln gibt es keine. Sie liest die Angebote:

8 Apfelsinen nur 3,60 DM	7 Apfelsinen nur 3,08 DM	6 Apfelsinen nur 2,76 DM

Rafaela löst die Einzelrechnung folgendermaßen:

8 · 3,60 = 0,64 DM
7 · 3,08 = 0,77 DM
6 · 2,76 = 0,90 DM

Da im Heft keine Nebenrechnungen enthalten sind, läßt sich nicht mehr genau rekonstruieren, wie Rafaela zu diesen Ergebnissen gekommen ist. Aber es lassen sich Vermutungen anstellen.

Die vorangehende Klassenarbeit enthält die Aufgabe

Herr Hauser fuhr mit seinem Auto 18.690 km in einem Jahr. Am Ende des Jahres betrug der Kilometerstand 72.831 km.

Rafaela rechnet

```
 18690 km
+22831 km
 41521 km
```

Abgesehen von dem Fehler, die richtige Zahl ins Heft zu übertragen, scheint Rafaela die Aufgabe nicht verstanden zu haben. Hat sie zu wenig Erfahrung mit Autos und weiß sie nicht, wie ein Kilometerzähler funktioniert, so daß sie sich kein Bild von der Situation und dem Problem machen konnte? Dafür spricht, daß sie die Frage falsch formulierte: „Wieviel Kilometer ist Herr Hauser gefahren?"

Aber hätte sie nicht merken müssen, daß diese Frage bereits in der Aufgabe beantwortet war, und zwar mit 18.690 km? Hat Rafaela vielleicht Sprachprobleme, die es ihr erschweren, Sinn und Bedeutung aus Texten zu entnehmen?

Dagegen sprechen ihre Zensuren in den anderen Fächern:

Religion	2
mündlicher Sprachgebrauch	2
Lesen	3
schriftlicher Sprachgebrauch	3
Rechtschreiben	3
Sachkunde	3
Mathematik	5
Sport	2
Musik	2
Kunst	3
Schrift	2

Oder handelt es sich um eine spezifische Störung des Rechnens, eine Dyskalkulie, wie es das Halbjahreszeugnis nahelegt?

1. Was wissen wir über Rechenschwäche?

1.1 Problemstellung

Jeder Lehrerin begegnen in ihrer Laufbahn Schüler, die keine Schwierigkeiten aufweisen, Lesen und Schreiben zu lernen, deren Mathematikleistungen aber drastisch unter ihren sonstigen und erwarteten Möglichkeiten liegen. Sie versagen bei einfachsten Additions- und Subtraktionsaufgaben, obwohl sie sich anscheinend große Mühe geben.

Der Rechenunterricht wird neben dem Lese-Schreib-Unterricht als *das* schullaufbahnentscheidende Fach in der Grundschule angesehen. Versagt ein Kind hier, verbinden Lehrerinnen aufgrund der vermeintlichen Logik der Inhalte dies häufig zu Unrecht mit Intelligenzmangel, so daß ein Sonderschul-Überweisungsverfahren überlegt wird.

Was ist mit diesen Schülern? Besitzen sie eine Rechenstörung, gar eine Dyskalkulie, ähnlich der Legasthenie? Und was macht nun die Lehrerin, wenn sie diese schöne griechisch-lateinische Diagnose in Händen hält?

Die folgenden Betrachtungen beschränken sich auf den Altersbereich der Grundschule. Hier ist eine frühzeitige Erkennung möglich, und frühzeitige Hilfsmaßnahmen führen bekanntlich zu günstigeren Ergebnissen. Störungen im Mathematikunterricht in späteren Schulstufen sind meist Minderleistungen in eingrenzbaren Inhaltsgebieten wie Algebra oder Analysis und beruhen meist auf Wissensdefiziten oder methodischen Schwächen des Unterrichts.

Wie verhält es sich nun mit der Rechenschwäche, in welcher Form und wie häufig tritt sie auf? Ist es überhaupt eine sinnvolle pädagogische Beschreibung und „Diagnose"? Während die Legasthenie sich ihres festen Platzes als Erklärung schulischen Mißerfolgs bei Lehrerinnen, Eltern und Schulpsychologinnen sicher sein kann, gilt dies für die Rechenschwäche nicht. Dies erscheint um so erstaunlicher, als nach Untersuchungen ca. 6% der Schüler als extrem rechenschwach zu klassifizieren sind und ca. 15 % der Schüler eine mindestens förderungsbedürftige Rechenstörung haben. Nach KLAUER, 1992, sind sogar mehr Schüler von einer Rechenstörung als von einer Lese-Rechtschreib-Schwäche (LRS) betroffen. Daß der Umgang mit der Rechenschwäche eher zögernd ist, hat verschiedene Gründe:

– Während für die Lese–Rechtschreib-Schwäche ein Testverfahren, der DRT, existiert, gibt es Entsprechendes für den arithmetischen Anfangsunterricht nicht. Und vieles fängt eben erst zu existieren an, wenn man es messen kann.

– Dies deutet darauf hin, daß die Erfassung einer Lernstörung in Mathematik Schwierigkeiten bereitet. Sie ist in geringerem Maße isolierbar. Ein schlechter Leistungstest ermöglicht es noch nicht, einen Schüler als rechenschwach einzustufen, und Förderhinweise lassen sich aus dem Testergebnis schon gar nicht ableiten.

– Aus den Fehlern des „Legasthenie-Booms" wurde gelernt, daß vor der Stigmatisierung eines Schülers („Dyskalkuliker"?) die theoretische Aufklärung der Dyskalkulie erfolgen sollte. Und die läßt auf sich warten.

– Eine geringe Leistung im Mathematikunterricht spielt nicht jene gesellschafts-politische Rolle, die die LRS innehat, so daß sich daraus kein Druck aus der Eltern- oder Lehrerschaft für geeignete Maßnahmen ergibt.

– Letztlich müßte die Erkenntnis, daß ein nicht unerheblicher Prozentsatz von Grundschülern individueller Förderung bedarf, finanzielle Anstrengungen zur Folge haben, etwa den Ausbau der Lehrerfortbildung, die Spezialisierung von Grundschullehrerinnen im Sinne von Beratungslehrerinnen oder Mathematiktherapeutinnen, notwendige Deputatsreduzierung im Ausgleich für Förderstunden u.ä.; daher das Desinteresse, zumindest die Zurückhaltung der Schuladministration bei dem Problem.

Daß es eine Rechenschwäche als isolierte schulische Minderleistung gibt, ist unumstritten, wohl hingegen das, was genauer darunter zu verstehen ist und was dieses Erscheinungsbild bewirkt.

© 1992 CREATORS/Distr. BULLS

1.1.1 Wie messen wir's denn? Das Definitionsproblem

Wann liegt eine Rechenschwäche vor? In einem ersten Schritt erscheint es sinnvoll, sie als isoliertes Phänomen zu betrachten, um sie von einer generellen, auch die anderen Fächer betreffenden Lernstörung abzugrenzen. Es bieten sich beispielsweise Diskrepanzmodelle an, wie sie auch in der Legasthenie-Forschung verwendet wurden. Eine Rechenschwäche ließe sich dann annehmen, wenn eine arithmetische Minderleistung vorliegt

– bei mindestens durchschnittlicher Intelligenz, oder
– als relative Minderleistung auf jeder Intelligenzstufe.

Der erste Definitionsversuch blendet jene Schüler aus, deren Intelligenz unterhalb des Mittelwerts liegt, und erscheint daher pädagogisch fragwürdig. Die zweite Definition unterstellt die Unabhängigkeit der Rechenleistung von der Intelligenz, eine unwahrscheinliche Annahme. Bezogen wird der Leistungsunterschied auf andere Fächer, insbesondere den muttersprachlichen Bereich. Hier ergibt sich aber das Problem des Unterschiedsmaßes: Wie weit müssen die Leistungen zwischen den beiden Bereichen auseinanderklaffen, damit ein Schüler als rechenschwach klassifiziert werden darf/soll? Reicht eine Note, müssen es drei sein? Oder sollten es im Jahresdurchschnitt 17,58 Punkte pro jeweiligem Test sein? Der Schnitt, welcher auch immer, erscheint willkürlich, so wie es die IQ-Grenzen ehemals für das Sonderschul-Überweisungsverfahren waren.

Das Definitionsproblem wurde daher vorerst zurückgestellt und hat der pädagogischen Frage nach den Ursachen der Rechenschwäche und den Möglichkeiten ihrer Erkennung und Behebung Platz gemacht. Wir wollen alle Schüler einbeziehen, die einer Förderung jenseits des Standardunterrichts bedürfen. Und dies festzustellen und geeignete Maßnahmen durchzuführen, liegt in der Hand der verantwortungsvollen Fachlehrerin.

1.1.2 Wie nennen wir's bloß? Das Problem der Nomenklatur

Mit den Untersuchungen zur Rechenschwäche und ihren Verursachungsfaktoren wuchs die Terminologie, die zur Klärung und Ausdifferenzierung beitragen soll. Die folgende alphabetische, keineswegs vollständige Liste illustriert diesen verwirrenden Zustand der Begrifflichkeit:

Akalkulie, Alexie für Zahlen, Anarithmasthenie, Anarithmetrie, Anarithmie, asemantische Aphasie, Dyskalkulie, dysgraphische Dyskalkulie, dyslektische Dyskalkulie, Dysmathematica, Entwicklungsdyskalkulie, Fingeragnosie, Gerstmann-Syndrom, graphische Dyskalkulie, ideognostische Dyskalkulie, Kalkulasthenie, Lernstörung im arithmetischen Verstehen, lexikalische Dyskalkulie, motorisch-verbale Dyskalkulie, operationale Dyskalkulie, Parakalkulie, parietale Dyskalkulie, postläsionale Dyskalkulie, praktognostische Dyskalkulie, Pseudo-Akalkulie, Pseudo-Dyskalkulie, Pseudo-Oligokalkulie, räumliche Akalkulie, sekundäre Akalkulie, sekundäre Dyskalkulie, sekundäre Oligokalkulie, sekundäre Parakalkulie, sensorisch-verbale Dyskalkulie, verbale Dyskalkulie, visuelle Agnosie, Zahlen-Aphasie, Zahlenblindheit, Zahlendysgraphie, Zahlendyslexie, Zahlendyssymbolismus. (Weitere Vorschläge nehmen die Autoren jederzeit gerne entgegen.)

Sicher läßt sich durch jeden Terminus ein von den anderen abgehobenes Erscheinungsbild kennzeichnen. Daher mag die Unterscheidung aus analytisch-begrifflichen Gründen und für VollständigkeitsfanatikerInnen sinnvoll erscheinen, für didaktische Fragestellungen eignet sich eine solche Begriffsfülle wenig.

Auch rein curriculare Beschreibungsversuche, die bis zu 300 verschiedene mathematische Lernschritte im Grundschulzeitraum identifizierten, in denen Schüler scheitern können, führen nicht weiter.

Ein hilfreicher Beschreibungsversuch liegt u. E. auf einer mittleren Ebene zwischen der curricularen und der neurophysiologischen. Er versucht, *kognitive Fähigkeiten* zu benennen, die zum Lernen mathematischer Inhalte und zum Bearbeiten arithmetischer Aufgaben notwendig sind und deren Störungen sich negativ auf den Lernprozeß auswirken. Hierzu gehören z. B. Störungen

– der visuellen Wahrnehmung (räumlicher Beziehungen, der Richtungswahrnehmung)
– des abstrakten/symbolischen Denkens,
– des Gedächtnisses,
– der Leseleistung.

Diese Aufzählung erscheint auf den ersten Blick willkürlich. Die einzelnen Punkte lassen sich aber auf bestimmte Phasen des arithmetischen Anfangsunterrichts beziehen, so daß dort auftretende Schwierigkeiten den fehlerhaften *Denkprozessen* des einzelnen Schülers entsprechen.

© 1980, United Feature Syndicate, Inc.

1.2 Untersuchungsergebnisse aus den verschiedenen Wissenschaftsdisziplinen

Im folgenden sollen Ansätze aus unterschiedlichen Wissensbereichen beschrieben werden, die sich mit dem Phänomen der Rechenschwäche befassen.

1.2.1 Psychodiagnostische Studien

Die Psychodiagnostik entstand Anfang dieses Jahrhunderts mit dem Ziel, geeignete Tests für Berufsanwärter zu entwickeln. Das Ziel war also die „Auslese" geeigneter vs. weniger aussichtsreicher Kandidaten. In diesem Zusammenhang entstand das Konzept der Intelligenz. Die anfangs recht vielversprechenden Ergebnisse der Intelligenzmessung ließen auch Pädagogen auf dieses Instrument zurückgreifen, denn das Problem, das sie mit Hilfe von Tests zu lösen versuchten, war ja ebenfalls eines der Auswahl.

In diesem Sinne hat sich das Verfahren bis heute gehalten, werden doch Tests bei fast sämtlichen Schullaufbahnentscheidungen mit einbezogen, wenn auch in den letzten Jahren nicht mehr zwingend vorgeschrieben und mit nötiger Vorsicht und größer werdendem Vorbehalt. Allerdings greift die Praxis immer noch auf dieses „bewährte" Instrument, insbesondere bei Sonderschul-Überweisungsverfahren, als vermeintlich objektive Grundlage, zurück: Um eine Intelligenzdiagnostik kommt kein lernschwaches Grundschulkind herum.

Über die verschiedenen Intelligenzmodelle hinweg ist man sich einig, daß Faktoren wie Rechenfähigkeit, Raumanschauung, Kurz- und Langzeitgedächtnis und Sprachfaktoren dazugehören (z.B. beim HAWIK). Innerhalb des Intelligenztests dürfen aber die einzelnen Faktoren nicht miteinander zusammenhängen (korrelieren). Das bedeutet insbesondere, daß die Rechenleistung von den anderen Faktoren unabhängig sein muß. Damit ist der Erhellung der mathematischen Fähigkeit schon methodisch ein Riegel vorgeschoben.

Erst zu einem späteren Zeitpunkt wurde versucht, mittels anderweitig erhobener Rechenfähigkeit, entweder durch zusätzliche Tests oder durch die Leistung in diesem Schulfach, einen Zusammenhang zu den übrigen Intelligenzfaktoren herzustellen. Hierbei wurden nun vor allem Beziehungen zwischen der mathematischen Leistung und der Raumanschauung, den Sprachfaktoren sowie dem Gedächtnis festgestellt.

Für das Lernen mathematischer Inhalte wurde innerhalb dieses Ansatzes ein Assoziationismus angenommen. Grundlegend seien, so die Annahme, Verbindungen zwischen einem oder mehreren Reizen und einer Antwort, z.B. „zwei plus zwei" als Reiz und „vier" als Antwort. Es ging der Psychodiagnostik nicht um die Erhellung der Denkvorgänge beim Lösen der vorgelegten Aufgaben, denn es wurde nicht untersucht, wie die jeweiligen Personen die Rechenaufgaben bearbeiteten. Man blieb bei der Feststellung von Unterschieden stehen, die sich in den Tests ausdrückten. So ist denn der didaktische Nutzen eher gering.

Trotzdem ist es der Psychodiagnostik durch die Aufschlüsselung der Intelligenz gelungen, einen differenzierten Blick auf die menschliche Fähigkeit zu werfen, Probleme zu lösen. Nur wird diese Fähigkeit als stabil angenommen, und es wird unterstellt, daß nicht situative Faktoren oder Anforderungen der Aufgabe den Bearbeitungserfolg mitbedingen und Lernprozesse die Testergebnisse verändern können.

Didaktisch-methodische Überlegungen hatten in diesem Ansatz keinen nennenswerten Platz. Anschauung und Gedächtnis wurden, wenn überhaupt, als eigenständige Fähigkeiten unabhängig von der Rechenleistung trainiert und durch entsprechende Maßnahmen ausgebildet. Curriculare Hilfsmaßnahmen wurden aus den Testaufgaben abgeleitet und entsprechende Übungen zur Förderung der Arithmetik oder der Raumanschauung im Geometrieunterricht erstellt.

Nach der Theorie werden diese Verbindungen durch ihren häufigen Gebrauch und/oder durch den Einsatz von Verstärkern, z.B. von Lob, stärker; sie sollen sich dagegen bei nur spärlicher Benutzung oder unter Strafe abschwächen. Von dieser Lerntheorie läßt sich konsequent die Maßnahme des Drills und der Übung ableiten, die bis in die 50er Jahre den Mathematikunterricht charakterisierte.

> In diesem Ansatz wurden Lernprozesse durch kleine Schritte und deren genaue Abfolge geformt. Aber die sorgfältige Aufgabenanalyse behandelt nicht die subjektiv zu bewältigende Problemstellung, sondern curriculare Kleinschritte, in die der zu lernende Stoff aufgeteilt und später, irgendwie im Kopf des Schülers, zu größeren Fähigkeitsbrocken zusammengefügt werden sollte.

1.2.2 Sonderpädagogische Ansätze zur Rechenstörung

Auf dem psychodiagnostischen Ansatz aufbauend entwickelte sich innerhalb der Sonderpädagogik eine Richtung, die sich mit der Frage der Erkennung lernschwacher Kinder befaßte. Da das Problem von schulischen Leistungsversagern vornehmlich organisationspraktisch angegangen wurde, unterschied die ältere Sonderpädagogik auch nicht zwischen einer allgemeinen und einer speziellen, nur Teilbereiche betreffenden Lernbehinderung. Vielmehr ging es darum, die Gruppe der Behinderten möglichst scharf und klar von den Nichtbehinderten abzugrenzen. So wurde lange Zeit eine angemessene Betrachtungsweise der verschiedenen Erscheinungsbilder von Lernstörungen in der Regelschule verstellt.

Hingegen versuchte eine Reihe sonderpädagogischer Autoren und Autorinnen (JOHNSON & MYKLEBUST, 1971; FROSTIG, 1972, 1973; CRUIKSHANK & HALLAHAN, 1975; KEPHART, 1977; AYRES, 1979) die verschiedenen, für das frühkindliche und für das spätere, schulische Lernen wesentlichen Fähigkeitsfaktoren zu bestimmen. So fassen viele Autoren die frühkindliche, insbesondere die *motorische* und taktil-kinästhetische Erfahrung als wesentlichste Determinante des gesamten Lernprozesses auf, die die Grundlage für die Entwicklung der visuellen Wahrnehmung, der Form-, Raum- und Zeitwahrnehmung bildet. Für die Entstehung von Rechenschwierigkeiten werden vor allem Faktoren angenommen wie

– Störung des Körperschemas,
– visuo-motorische Integrationsstörung und
– räumlich-visuelle Erfassungs- und Vorstellungsschwäche.

Insgesamt fassen diese neurologisch orientierten Ansätze Lernstörungen als Defekte auf. Die Aufspaltung der Lernstörung in kognitive Teilfähigkeiten erbrachte dabei durchaus bemerkenswerte Ergebnisse, diese blieben aber zuwenig fach- und inhaltsspezifisch, um zu detaillierten Aussagen über das Lernen von Mathematik zu kommen. Wird die Rechenschwäche derart angegangen, dann kann es nicht verwundern, wenn in einem Standardwerk der Sonderpädagogik die *Erblichkeit* als Hauptfaktor zur Erklärung der Rechenminderleistung herhalten muß und mit dem psychiatrischen Namen „hereditäre Dyskalkulie" belegt wird (NISSEN, 1977).

Diese Richtung der Sonderpädagogik erwartet von heilpädagogischen Übungsbehandlungen Erfolg. Die Rechenfähigkeit soll sich dementsprechend „wie von selbst" durch allgemeine Trainingsverfahren verbessern, genauso wie eine ähnlich bedingte Legasthenie. (Die entsprechenden Programme werden in Kap. 5 ausführlicher dargestellt.)

So existieren Programme, die sich der multi-sensorischen Wahrnehmung für den arithmetischen Anfangsunterricht bedienen. Die Hauptthese lautet dabei, daß Kinder durch Handlungen lernen, und die leistungsschwächeren Schüler insbesondere durch Tasten und Begreifen Lernzuwachs erzielen. An PIAGET orientierte Ansätze legen Wert auf Vergleichs*handlungen* zwischen Zahlen, Längen, Zeiträumen, Volumina, Oberflächen, Gewichten, Flächeninhalten etc. Bei ihnen spielt die Sprache als vermittelnde Instanz zwischen praktischem Handeln und theoretischem Begriff eine wesentliche Rolle.

Amerikanische Sonderpädagogen geben hingegen als rechenrelevanten kognitiven Faktor im wesentlichen nur das Gedächtnis an. Es verwundert dann auch nicht, daß entsprechend der „Ausdünnungsthese" vorgegangen wird: Der Stoffkanon muß nur genügend entfrachtet und für die fraglichen Schüler dünner gemacht werden, um angemessen zu sein. Damit entfällt das Problem einer eigenständigen Didaktik, da ja nur auf entsprechende Einheiten der Grundschul-Methodik zurückgegriffen werden muß, die um „überflüssige" Inhalte bereinigt und dafür um breitere Übungsschritte erweitert wird.

© 1992 CREATORS/Distr. BULLS

1.2.3 Wer viel denkt, irrt hin und wieder: Fehllösungen von Schülern aus der Sicht der Denkpsychologie

Die Arbeiten der Gestaltpsychologie (WERTHEIMER, 1957; DUNCKER, 1935) zeichneten sich dadurch aus, daß den Versuchspersonen insbesondere mathematische Aufgaben vorgelegt wurden, die durch schlichtes algorithmisches Abarbeiten nicht lösbar waren. Die Versuchspersonen waren aufgefordert, ihre Problemlösestrategien zu kommentieren, dabei auftretende Wechsel, die häufig vorkamen, anzugeben, und wurden anschließend ausführlich darüber befragt. Scheiterte die Versuchsperson an der Aufgabe, so gaben die Versuchsleiter Hilfen in Form von Umstrukturierungen oder neuen Sichtweisen. Gemeinsam war den Problemen, daß sie *rein anschaulich* gelöst werden konnten und sollten.

Wesentlich für unsere Fragestellung ist die Methode, durch *lautes Denken* tiefere Einsichten in die Denkprozesse beim Lösen mathematischer Aufgaben zu erzielen. Diese Denkprozesse beruhen auf Vorstellungsinhalten und deren verschiedenartiger Beziehung zueinander. Die dabei stattfindenden kognitiven Prozesse können als *raumzeitliche Abläufe* beschrieben werden. Dies gilt insbesondere für Schüler im Grundschulalter, die sich nach PIAGET in der konkret-operationalen Phase befinden.

Die Annahme ist, daß Verstehen mit vorgestellten, umkehrbaren Handlungen in Verbindung steht und daß Vorstellungsbilder nicht nur bei geometrischen Aufgaben oder Größenvergleichen eingesetzt werden, sondern auch bei logischen Ableitungen. Ein Beispiel soll dies erläutern: Aus dem Satz „Hans ist schlauer als Willi, Willi ist weniger schlau als Herbert, und Susanne ist schlauer als Hans" soll die Folgerung „Hans ist schlauer als Herbert" auf ihren Wahrheitsgehalt überprüft werden. Die Aufgabe wird i.d.R. dadurch angegangen, daß die genannten Personen als Punkte auf einer vorgestellten Linie angeordnet werden: Je „schlauer" eine Person ist, um so weiter rechts auf der Linie wird sie plaziert. Die Nähe zur Zahlengeraden ist in diesem Beispiel offensichtlich.

Die Versuchspersonen in den Untersuchungen der Gestaltpsychologen nahmen eine Umwandlung von vergleichenden Begriffen in visuell vorstellbare Größen vor, die dann ein Ablesen der Beziehung ermöglichte. Es ist bedeutsam, daß das Vorstellungsbild nur wenig mit der in der Aufgabe beschriebenen Qualität „schlau" zu tun hat, es also universell einsetzbar ist: Die Eigenschaft ließe sich durch leicht, hell, dick etc. ersetzen, die Aufgabe bliebe in ihrer Struktur dieselbe. Und auch das vorgestellte Bild! Daß sich die Versuchspersonen dabei ein zahlenstrahlähnliches Bild vorstellen, zeigt den Abstraktheitsgrad der Zahlen und ihrer Beziehungsstruktur. Wir werden diesem Problem bei der Behandlung von Sachaufgaben erneut begegnen.

Was folgt aus den denkpsychologischen Untersuchungen für den Mathematikunterricht? Der Verarbeitung mit Hilfe innerer Bilder bei verschiedenartigen Veranschaulichungshilfen und dem verbalen und visuellen Gedächtnis kommt besondere Bedeutung zu, und daraus lassen sich entsprechende didaktische Maßnahmen ableiten. Es wird davon ausgegangen, daß rechenschwache Schüler nicht qualitativ anders lernen als ihre Mitschüler, daß aber bei ihnen die schrittweise Abfolge gerade mathematischer Lernprozesse besonders deutlich wird. Didaktisch bedeutet dies, daß

– eine genaue Untersuchung der einzelnen Lernschritte aus psychologischer Sicht notwendig ist und
– die Schüler*tätigkeit* betont werden muß.

Es wird dabei analysiert, welche internen Vorstellungen zum Lösen arithmetischer Aufgaben erforderlich und welche Gedächtnisanteile günstig sind und wie diese durch die verwendeten Veranschaulichungsmittel und die mit ihnen durchgeführten Handlungen ausgebildet werden können. Der Sprache kommt dabei die Vermittlerrolle zwischen konkretem Handlungsvollzug und theoretischem Begriff zu, weshalb sie entsprechend betont wird.

Während die Mitschüler z.B. innere Bilder selbst ausbilden und aufgrund der Darbietung durch die Lehrerin ihre Strukturen und Schemata ändern und weiterentwickeln, vermögen dies rechenschwache Schüler nicht zu tun. Sie bedürfen einer besonderen didaktischen Anleitung. Der methodische Schlüssel liegt darin, die *Grundmuster der Handlung* beizubehalten.

1.2.4 Beiträge der Neuropsychologie

Sehr frühe Untersuchungen an rechengestörten Erwachsenen wurden von Neurologen und Psychiatern durchgeführt, die sich dadurch Aufschluß über die Funktionsweise des Gehirns erhofften. Es erschien naheliegend anzunehmen, daß sich, ähnlich den motorischen und sensorischen Empfindungen wie z.B. Druck, Temperatur, Schmerz, Sehen, Hören, entsprechende, abgrenzbare Gehirnzonen auch für allgemeinere kognitive Fähigkeiten finden ließen. So wurde die Beeinträchtigung der Rechenleistung bei eingrenzbarer Schädigung als Hinweis für die Existenz eines „Rechenzentrums" angesehen.

Auch neuere Untersuchungen zu diesem Thema richten sich noch immer auf die Fragestellung, ob sich nicht doch ein Gebiet des Gehirns ausmachen ließe, das für die Rechenleistung von Bedeutung sei. So widmete die amerikanische Zeitschrift zur Rechenschwäche, „FOCUS – On Learning Problems in Mathematics", im Jahre 1984 ein ganzes Doppelheft diesem Thema. Dabei hatte bereits vor 35 Jahren GELLER in seinem Überblick zur Lokalisationsfrage konstatiert: "Es erscheint aussichtslos, nach einem Rechenzentrum zu fahnden oder eine isolierte Rechenstörung bei Hirnschädigungen zu erwarten. Das Rechnen ist ein Denkakt, der in seinen Voraussetzungen und sprachlich-schriftlichen Ausdrucksformen Wahrnehmungen und Vorstellungen verschiedener Kreise zusammenfaßt und umfaßt. Zu akustischen fügen sich optische, räumliche und motorische Vorstellungen." (GELLER, 1952, S. 193)

Aufgrund der häufig zu beobachtenden gleichzeitigen Störung der Rechenfähigkeit mit optischen Defekten wurde die Rolle der Visualisierung oder der bildhaften Vorstellungen in den Prozessen untersucht, die den arithmetischen Operationen zugrundeliegen. Danach beinhaltet jede geistige Repräsentation einer Zahl notwendig eine visuelle Vorstellung im Raum, das heißt Zahlen werden als *Elemente in diesem Raum* aufgefaßt.

Bereits WERTHEIMER, 1912, hob die Bedeutung des räumlichen Faktors hervor. Der Wert einer Zahl sei nicht über wiederholtes Addieren von „Einern" zu erhalten, sondern dazu ist die (annähernde) Idee der relativen Position dieser Zahl zur 1 oder anderen bekannten, herausragenden Zahlen, zum Beispiel der 10, 50 oder 100, notwendig. Eine bedeutungshaltige Erfassung einer Zahl ohne solche „quasi-räumliche" Bestimmung ist demnach nicht möglich. Die Störung der Rechenfähigkeit ist somit entweder auf eine Beeinträchtigung des visuellen Gedächtnisses oder auf ein Defizit in der visuellen Analyse zurückzuführen.

Andere neurologische Untersuchungen zeigten die senso-motorische oder konstruktiv-praktische Seite als wesentlich beim Lösen arithmetischer Probleme. KRAPF, 1937, faßte die arithmetischen Operationen als Abstraktionen des fundamentalen „Hantierens" auf: Objekte werden hinzugefügt, einige werden wieder weggenommen, einige Male wird die gleiche Menge von Objekten produziert, zum Beispiel hingelegt, oder eine gegebene Menge wird in gleiche Teile geteilt.

Für das Problem der Leistungsminderung interessierten aus neurologischer Sicht in zunehmendem Maße solche Störungen, die auch ohne nachweisbare Hirnverletzungen auftreten, in ihrem Erscheinungsbild aber jenen ähneln können. So wurde der Terminus „minimale cerebrale Dysfunktion" (MCD) eingeführt. Die Popularität dieses Begriffes nahm zu, da nun eine Sammelbezeichnung für Störungen der Wahrnehmung, Vorstellungsfähigkeit, Sprache, des Gedächtnisses und der Kontrolle der Aufmerksamkeit, des Impulses und der Motorfunktion gefunden zu sein schien.

Jetzt galt es, jene kognitiven Fähigkeiten differenzierter zu beschreiben, die für das Lösen von Rechenaufgaben erforderlich sind. Folgende Faktoren haben sich als wesentlich für die Rechenleistung ergeben:

- Störungen im taktil-kinästhetischen Bereich,
- Störungen der auditiven Wahrnehmung, Speicherung und Serialität,
- visuelle Wahrnehmungsstörungen,
- Störungen der Intermodalität.

Auf den ersten Blick scheint der Zusammenhang derartiger Störungen mit der Mathematikleistung eher lose zu sein. Die gestörten Fähigkeiten sind aber für die Entwicklung von Vorstellungsbildern auf der Basis der im Arithmetikunterricht verwendeten Veranschaulichungshilfen, für das vorstellungsmäßige Operieren und damit für die arithmetischen Operationen sowie für die Speicherung dieser Inhalte bedeutsam (LORENZ, 1984b; GAMPER, 1983, 1984, nennt sie Stützfunktionen der Intelligenz).

Frühkindliche Störungen im taktil-kinästhischen Bereich führen nach neurologischen Befunden zu Schwierigkeiten der *Rechts-Links-Unterscheidung* „und häufig in der Rechenfähigkeit" (LEMPP, 1981, S. 112). Auditive Störungen verhindern u.a. die Speicherung von Zahlen („586 237") oder Aufgaben („47 + 18") sowie der Zwischenergebnisse bei Kopfrechenaufgaben.

Die bedeutungshaltige Entschlüsselung von Sätzen verlangt die Speicherung des gesamten Inhalts bis zur vollständigen Satzanalyse, so daß Störungen beim Ordnen nach mehreren Kriterien („groß, rund, rot") auffallen. Darüber hinaus werden auditiv gespeicherte Inhalte wie das Einmaleins fehleranfällig und das Lernen neuer mathematischer Termini erschwert. Dies führt dazu, daß dem Mathematikunterricht als „erster Fremdsprache" mit bis zu 500 neuen Begriffen nicht gefolgt werden kann. Die sprachliche Kompetenz auditiv gestörter Kinder ist verringert, was sich gerade in den feinen Nuancierungen des arithmetischen Anfangsunterrichts zeigt.

© 1992 CREATORS/Distr. BULLS

Die Störungen im visuellen Bereich führen u.a. zu Schwierigkeiten bei der Figur-Grund-Diskrimination der bildhaften Schulbuchdarstellungen, der dort wiedergegebenen räumlichen Beziehungen und der Eins-zu-Eins-Zuordnung.

Insgesamt läßt sich analysieren, bei welchen Lernschritten, bei welchen Darbietungsformen und bei der Bearbeitung welcher arithmetischer Aufgaben diese allgemeinen kognitiven Fähigkeiten verlangt werden und wie sich die Störungen zeigen. Aber dies konnte von der Neuropsychologie nicht geleistet werden.

Was hat diese Richtung an Empfehlungen für den Mathematikunterricht hervorgebracht? Wenig. Denn die neurologisch orientierte Diskussion schließt sich an die Befunde an, die sich auf die sogenannte kongenitale Dyskalkulie beziehen. Sie sieht diese als angeborene Schwäche an, bestimmte Entwicklungsstufen des Rechnens zu durchlaufen. Dementsprechend dürftig sind dann auch die abgeleiteten Maßnahmen etwa

– zuerst den Zahlraum bis 5, dann bis 10 nach der Methode der Einerschritte mit Fingern zu erobern (WEINSCHENK, 1970, 142) oder
– sich bei geschlossenen Augen die Subtraktion von 1 vorzustellen.

Zusammenfassend muß innerhalb dieses Ansatzes dann auch NISSEN, 1977, zu dem dürftigen Schluß kommen: „Der sonderpädagogische Unterricht geht von konkreten Rechenbeispielen in einem beschränkten Zahlraum aus, der langsam erweitert wird. Eine spezielle Trainingsmethode hat sich bislang anderen nicht als überlegen erwiesen."

1.2.5 Lehrerinnen lernen aus Schülerfehlern: Die Fehleranalyse in der Mathematikdidaktik

Aus den vorangehenden Ansätzen wird deutlich, daß ein Modell fehlt, das die kindlichen Lernprozesse *inhaltsspezifisch* abbildet. Dies wird insbesondere durch die Rückbesinnung auf Schüler*fehler* bewirkt, die nicht länger als Zufallsprodukte oder als ein Lapsus des Gedächtnisses oder der Aufmerksamkeit aufgefaßt werden, sondern als ein Phänomen, dessen Untersuchung die Theorie befruchten kann.

Die Fehleranalyse versucht in einem ersten Schritt, durch die Sichtung vorhandener Klassenarbeiten und Testaufgaben, die beobachteten Fehler zu beschreiben und hierfür brauchbare Kategorien zu entwickeln. Dies erscheint zwar lediglich als Klassifikation curricularer Feinschritte (RADATZ, 1980; GERSTER, 1982, 1984), es zeigen sich aber bereits hier zum Teil überraschende Ergebnisse:

– Die Schwierigkeiten der Schüler, gemessen durch hohe Fehlerquoten, treten nicht nur an den bekannten curricularen Hürden wie Zehnerübergang und schriftliche Division auf, sondern es läßt sich darunter eine Feinstruktur nachweisen. So ergeben sich beispielsweise deutliche Schwierigkeiten bei der schriftlichen Subtraktion und Multiplikation mit der 0 und mit der 1, die Schüler machen bei der Addition die Überträge in falsche Stellen, und sie kehren die Rechenoperationen um.

– Darüber hinaus sind die beschriebenen Fehler praktisch in jeder Klasse zu beobachten. Das heißt, daß sie relativ stabil und unabhängig vom jeweils verwendeten Schulbuch und der von der Lehrerin bevorzugten Methodik sind. Die Fehlerhäufigkeiten bleiben sogar über einen Zeitraum von 50 Jahren konstant und überstehen unbeschadet diverse Lehrplan-Reformen.

– Die Schülerfehler unterliegen keinem Zufallsprinzip, sondern sie besitzen eine Regelhaftigkeit. Sie sind nur sehr selten Einzelprodukte oder Flüchtigkeitsfehler und nicht als Bosheiten der Schüler anzusehen.

Es scheint also bestimmte Gegebenheiten im kindlichen Denken zu geben, die spezielle Fehlertypen bei Rechenaufgaben bewirken. Diese Gegebenheiten müssen nun in irgendeiner Form mit dem Unterricht zusammenhängen, will man nicht gänzlich andersartige Hypothesen heranziehen, was aber insbesondere für die bei arithmetischen Algorithmen auftretenden Fehler wenig sinnvoll erscheint (wer vermutet schon ein Fehler-mit-der-0-Gen?).

So gestattet die statistische Auswertung der Aufgabenbearbeitung einer Vielzahl von Schülern zum Beispiel, eine Tabelle der Schwierigkeitsmerkmale für die Subtraktion zu erstellen, wobei als Faktoren etwa „Übertragsanzahl" und „Vorkommen der Null" wichtig sind. Diese Tabelle enthält dann etwa mit aufsteigender Schwierigkeit „Kein Übertrag"/„Keine Null", „Ein Übertrag"/„Null im Subtrahenden" oder „Zwei Überträge"/„Null im Minuenden".

Es ergibt sich die Frage, ob die Fehlermuster, die man im Klassenverband antrifft, auch beim einzelnen Kind in gleicher Weise vorzufinden sind. Und lassen sich die bislang unaufgeklärten Fehler der Restkategorie im Einzelfall doch als „notwendige" Fehler beschreiben, das heißt, sind sie unter Berücksichtigung der Besonderheiten dieses Schülers ebenfalls verstehbar?

Hier kann nur in Form von Einzelfalluntersuchungen vorgegangen werden, denn jedem einzelnen Schüler mußte eine Vielzahl von mathematischen Aufgaben vorgelegt werden, deren Abfolge je nach auftretendem Fehler variiert und angepaßt wird. Zwar bestätigte sich bei diesem Vorgehen, daß die Fehlermuster der Schülergruppe auch im individuellen Fall Geltung besitzen, allerdings ist über die zugrundeliegenden Denkprozesse des einzelnen Schülers noch nichts

Sicheres gesagt. Es gibt lediglich Plausibilitätsüberlegungen, die durch ihren Erklärungswert für den jeweiligen Fehler beeindrucken. So ist es naheliegend anzunehmen, daß die Schülerin, die die nachfolgenden Aufgaben bearbeitet hat (vgl. LORENZ, 1987b, S. 101), jeweils die gleiche Strategie verwendete:

```
  938        704        620
 -218       -358       -185
 -366       -168       -237
  826        514        532
```

– Subtraktion der kleineren von der größeren Zahl, unabhängig von der (vertikalen) Stellung,
– zuerst die Differenz der unteren beiden Reihen, dann das Ergebnis spaltenweise von der oberen Zahl subtrahieren (nach obigem Vorgehen),
– die Subtraktion einer Zahl von Null ergibt wieder die gleiche Zahl ($0 - a = a$).

Aber sicher ist dies nicht, und es bedurfte einer Bestätigung durch die betreffende Schülerin.

So muß der Versuch unternommen werden, die den Fehllösungen zugrundeliegenden Denkvorgänge zu untersuchen und zu beschreiben. Die Schüler sind dabei aufgefordert, ihre sämtlichen Gedanken beim Problemlöseprozeß zu äußern, und zwar sowohl die von ihnen selbst als endgültig richtig akzeptierten, als auch die als falsch verworfenen Hypothesen.

So erscheinen die folgenden Lösungen einer neunjährigen Schülerin auf den ersten Blick wenig verständlich und konnten zunächst keiner bekannten Fehlerkategorie zugeordnet werden.

```
  333        388        444
 + 88       + 33       + 77
 2621        421       2721
```

Hingegen läßt das Protokoll ihres lauten Denkens den Ablauf erkennen (s. LORENZ, 1982, S. 179 f). Bei der ersten Aufgabe sagt sie:

„3 plus 8 geht nicht, weil 8 größer ist als 3. Also borge ich einen Zehner (schreibt eine 1 an die Zehnerspalte). 13 plus 8 ist 21 (schreibt 1 hin und überträgt 2 in die Hunderterspalte). 3 plus 8 geht wieder nicht. Ich borge wieder eine 10 (aus der Hunderterspalte). 13 plus 8 plus 1 ist 22 (schreibt 2 hin, überträgt 2 in die Tausenderspalte). 3 plus 2 plus 1 ist 6 (vorne erscheint dann die übertragene 2)".

Bei der dritten Aufgabe rechnet sie entsprechend, während in der zweiten Aufgabe ein „Übertrag" nicht notwendig war. Die Fehlstrategie hängt offensichtlich mit dem Algorithmus der schriftlichen Subtraktion zusammen, der während dieser Zeit gerade im Unterricht behandelt wurde.

Es stellte sich bei den Untersuchungen heraus, daß neben bestimmten curricularen Fehlkonzeptionen auch allgemeinere (Fehl-)Strategien der Informationsaufnahme und -verarbeitung die Lösung beeinflußen (RADATZ, 1980):

– Mangelndes Sprach- und Textverständnis, das nicht nur die Bearbeitung von Sachaufgaben beeinträchtigt, sondern bereits die Bildung mathematischer Begriffe negativ beeinflußt.
– Schwierigkeiten bei der Analyse von Veranschaulichungsmitteln und Diagrammen.
– Falsche Assoziationen und Einstellungen, das heißt, bestimmte vorangegangene Inhalte setzen sich gegen neue durch, wodurch sich das Bild eines „Ähnlichkeitsfehlers" oder der Perseveration (PIPPIG, 1975, 1977) ergibt. Die Beibehaltung oder Übertragung erfolgreicher Strategien auf ungeeignete Aufgaben führt zu „Einstellungsfehlern".
– Falsche Gebundenheit eines mathematischen Begriffs an bestimmte Darstellungen, wodurch Verallgemeinerungen erschwert werden.
– Nichtberücksichtigung wichtiger Bedingungen oder die Hinzunahme falscher Informationen aufgrund subjektiver Vorstellungen (BAUERSFELD, 1983).

Insgesamt stellt die Fehleranalyse den Versuch dar, von didaktisch-curricularen Analysen ausgehend, zu Einsichten über den Aufbau und die wachsende Schwierigkeit von Rechenaufgaben und zu einem Verständnis der kognitiven Prozesse der Schüler beim Lernen von Mathematik zu kommen.

Unter der Annahme, daß Rechenstörungen kein einheitliches Erscheinungsbild haben, müssen die Fehlkonzeptionen, die inadäquaten Begriffsverallgemeinerungen und -einschränkungen, die fehlerhaften Algorithmen usw. untersucht werden. Im Rahmen der Fehleranalyse wird Rechenschwäche definiert als *kumulierte und durch partielle Förderung nicht behebbare negative Lernbiographie, wobei die dünne und fehlerhafte Wissensbasis einen Lernzuwachs durch den alltäglichen Unterricht verhindert.*

Das wissenschaftliche Vorgehen entspricht dem praktischen. Auch die Grundschullehrerin bemerkt zuerst die fehlerhafte Lösung eines ihrer Schüler und versucht, sie durch geeignete didaktische Maßnahmen zu beheben. Erst wenn die Fehler bestehenbleiben, werden sie erklärungsbedürftig.

1.2.6 Der Mensch als fehlerhafte Maschine: Beiträge der Kognitionspsychologie

Die kognitionspsychologischen Modelle entstammen dem Zusammenfluß der PIAGET'schen Tradition mit den Ansätzen aus psychologischen Theorien zur Informationsverarbeitung. Forschungsgegenstand dieses Ansatzes ist die „geistige Aktivität" von Kindern, die versuchen, mathematische Aufgaben zu lösen. Dabei bedient man sich der Computer-Metapher und verwendet für menschliches Denken Begriffe wie Speicher, Zentraler Prozessor, Arbeitseinheit etc.. Untersucht wird dabei, wie mathematisches Wissen organisiert, repräsentiert, gespeichert und benutzt wird. Ausgangspunkt ist allerdings nicht die fehlerhafte Lösung von Aufgaben, sondern das sogenannte „Expertenwissen": Wie würden Erwachsene die arithmetische Aufgabe fehlerfrei und op-

timal lösen. Dies ist für didaktische Fragen deshalb interessant, weil wir die Kinder ja genau dazu befähigen wollen.

Es geht darum, die den Lösungen zugrundeliegenden Gedankenprozesse zu erfassen. Hierzu bedarf es einer detaillierten Analyse der einzelnen Feinschritte beim Lösungsprozeß. Fehllösungen werden mit der entsprechenden erfolgreichen Strategie verglichen und erweisen sich in diesem Modell als Abweichungen innerhalb der Einzelschritte: Sie sind Defekte bei der Ausführung der Lösungsalgorithmen.

© 1992 CREATORS/Distr. BULLS

Es wird für Erwachsene angenommmen, daß sie über zwei Formen mathematischen Wissens verfügen:

– ein zusammenhängendes Netz arithmetischer *Fakten*. Von diesem Wissen wird angenommen, daß es leicht zugänglich ist und durch einfache Vergleiche erlaubt, vorgegebene Behauptungen als richtig oder falsch zu erkennen. So läßt sich durch Vergleich mit dem gespeicherten Faktum $3+2=5$ sofort feststellen, daß $3+2=6$ falsch sein muß.
– Lösungs- oder Bearbeitungsverfahren liegen in Form von *Methoden* für solche Aufgaben vor, die keine Erinnerungslösung besitzen. Eine Erinnerungslösung (Faktenwissen) besitzt etwa die Aufgabe $3 \cdot 3 = ?$ Keine derartige Lösung ist für die Aufgabe $18 \cdot 24 = ?$ gespeichert: Die Lösung muß erst berechnet werden, wofür ein Verfahren bekannt sein muß. Beim durchschnittlichen Erwachsenen gehört die Addition einstelliger Zahlen in der Regel zum Faktenwissen. Nicht so bei Schülern der 1. Grundschulklasse. Sie benötigen Methoden, die Lösung zu berechnen. Das Verfahren des Weiterzählens kann zum Methodenwissen eines siebenjährigen Kindes gehören.

Für die unterschiedlichen Aufgaben lassen sich Lösungsmethoden angeben. Das erforderliche Wissen, um die schriftliche Subtraktion auszuführen, beinhaltet die verschiedenen Entscheidungspunkte, wie „Borgen, wenn der Minuend kleiner ist als der Subtrahend", „Borgen von der Null" etc.. Ein solches Modell kann für jede curriculare Methodik, ob nun Borge- oder Ergänzungsverfahren, aufgestellt werden.

Kontrastiert man nun das Modell des „Experten" mit den Fehllösungen der Schüler, dann sind verschiedene Erklärungen für die mißglückten Lösungsversuche möglich, die sich sämtlich auf die einzelnen Schritte im Lösungsablauf beziehen. Ihnen gemeinsam ist die Annahme, daß dem Kind ein wesentlicher Schritt des Lösungsverfahrens fehlt oder daß es eine falsche Repräsentation der Prozedur oder eines Schrittes vornimmt. So wird der häufige Fehler $0 - a = 0$ oder $0 - a = a$ auf entsprechende Fehler im Flußdiagramm zurückgeführt.

Eine Erklärung für Fehler ist, daß der Schüler bei auftretenden Schwierigkeiten, für deren Behebung er kein Verfahren zur Verfügung hat, auf „Reperatur-Handlungen" zurückgreift, um Hürden im Rechenablauf zu überwinden. Hierbei handelt es sich um unzulässig verallgemeinerte Verfahren, z. B. die kleinere von der größeren Ziffer zu subtrahieren. Dieses Vertauschen der Ziffern in einer Spalte ist dem Schüler von der Addition her bekannt und dort erfolgreich verwendet worden.

Für Sachaufgaben wurden innerhalb der Kognitionspsychologie große Anstrengungen der Modellbildung unternommen, die neben der Analyse der mathematischen Struktur der Aufgabe auch die Interpretation des jeweiligen Textes auf der Grundlage der bisherigen kindlichen Erfahrung und der Schwierigkeit der Formulierung berücksichtigt (RADATZ, 1984). Dadurch wird das (mangelnde) Sprachverständnis als für diesen Bereich wesentliche Ursache der Fehler mitbedacht.

Die Anfänge der Kognitionspsychologie haben sich auf die Ausarbeitung differenzierter Modelle menschlicher Informationsaufnahme und -verarbeitung beschränkt, wobei der schwarze Kasten „Denken" in kleinere Kästchen aufgespalten werden konnte. Von kognitionspsychologischer Warte aus wird Rechenschwäche aufgefaßt

– als quantitatives Problem, indem eine Fülle fehlerhafter Algorithmen in einer Vielzahl von Inhaltsbereichen auftreten und somit zu einer im Unterricht nicht mehr tolerierbaren Fehlerhäufung führen,
– als qualitativer Defekt im Sinne der Störung einer wesentlichen kognitiven „Einheit", wie Gedächtnis, Steuereinheit („central processor") oder auch Anschauung oder Sprache.

Was folgt daraus für den Mathematik-Unterricht? Für die rechenschwachen Schüler ist es bedeutsam, die Wechselwirkungen zwischen automatisiertem Faktenwissen und Verstehensprozessen zu erfassen. So kommen für die Unterrichtsmethodik Problemlöseansätze zum Tragen und werden für die betreffenden Schüler modifiziert. Drei Richtungen lassen sich einschlagen:

– die Förderung in dem Gebrauch optimaler Lösungsstrategien,
– das Training sogenannter Metakognitionen,
– einsichtiges Lernen.

Das Training der Metakognitionen beruht auf der Erkenntnis, daß auch für rechenschwache Schüler das simple Einüben von Verfahren nicht ausreicht, sondern daß begleitende Erkennensleistungen beim Problemlösen mitgefördert werden müssen. Zusammen mit den notwendigen Operationen werden dabei auch die Entscheidungen über das Wo, Wann und Warum des Einsatzes unterrichtet. Dies soll beispielsweise das gerade bei rechenschwachen Schülern häufig beobachtbare Benutzen von „Schlüsselworten" verhindern. Hierzu gehört

– das explizite Lehren der übergeordneten Strategien wie Überwachungsstrategie, Vergleich verschiedener Lösungswege, deren Prüfung und Bewertung, Überprüfung, ob alle Informationen verwendet wurden etc.
– das Lehren des mit einer Strategie verbundenen Wissens. Dies bezieht sich auf das Wissen, wann und wie eine Strategie angewendet werden kann. Dies soll über den Einsatz mehrerer Strategien bei einem Problem bzw. einer Strategie bei mehreren Aufgaben gelingen. Dazu werden neue Lösungsverfahren mit alten, bereits vertrauten in Beziehung gesetzt.

Beim einsichtigen Lernen geht die Erkenntnis ein, daß z.B. die Bedeutung der in der Aufgabenstellung enthaltenen Hinweise fehlerverursachend wirken kann. Dies wird auf kognitionspsychologischer Grundlage neu interpretiert. Die Ursachen von mathematischen Lernschwierigkeiten bestehen danach darin, daß Schüler

– nach einer vorgefaßten, begründbaren, aber für das Problem zu einfachen Strategie verfahren,
– durch die Aufgabenanforderung in der Kapazität ihres Arbeitsgedächtnisses überfordert sind,
– das notwendige Verfahrenswissen nicht genügend automatisiert haben.

Die für rechenschwache Schüler förderliche Unterrichtsgestaltung verringert deshalb anfangs die Informationseinheiten, auf die sich die Aufmerksamkeit des Schülers richten muß, um sie im Laufe des Unterrichtsprozesses zu erhöhen.

Im vorangehenden wurde versucht, die unterschiedlichen Richtungen zu erläutern, die sich mit dem Problem rechenschwacher Schüler befassen. Es zeigte sich hierbei mehreres:

– Die anfängliche Terminologie- und Definitionsdebatte ist dem Versuch gewichen, die Ursachen aufzuklären, die dem Phänomen Rechenschwäche/Dyskalkulie zugrundeliegen.

– An dieser Debatte haben sich verschiedene Disziplinen beteiligt, die testpsychologisch, gestaltpsychologisch, sonderpädagogisch, neuropsychologisch oder kognitionspsychologisch orientiert sind. Durch ihre disziplinspezifische Fragestellung und Forschungsmethode sind auch die zu erwartenden Anworten bestimmt.

– Es lassen sich innerhalb dieser Ansätze die Annahmen identifizieren, die den vermeintlichen Ursachen der Rechenstörung zugrunde liegen. Diese werden in der Schülerpersönlichkeit selbst gesucht (Testtheorie, Teile der Sonderpädagogik, Neuropsychologie), in der didaktisch-methodischen Darbietung des Lernstoffes (andere Teile der Sonderpädagogik, Bereiche der Kognitionspsychologie) oder in dem Zusammenwirken beider Faktoren (Denkpsychologie, Kognitionspsychologie).

– Den häufig ausgearbeiteten diagnostischen Möglichkeiten stehen wenige Förderstrategien gegenüber. Diese münden in die curriculare Feinschrittigkeit, deren striktes Durchlaufen hilfreich sein soll, oder trainieren, zum Teil von mathematischen Inhalten abgehoben, die defizitären kognitiven Fähigkeiten.

Die aktuellen Forschungsansätze sehen in rechenschwachen Schülern keine Gruppe, die sich in ihrem Lernverhalten qualitativ von ihren Klassenkameraden unterscheidet. Allerdings ist an ihnen in pointierter Weise zu beobachten, welche kognitiven Fähigkeiten der Mathematikunterricht fordert bzw. welche Defizite zu Störungen im mathematischen Begriffserwerb führen und welche methodisch-didaktischen Fallstricke möglich sind, auch wenn ihnen die meisten Schüler nicht zum Opfer fallen.

© 1992 CREATORS/Distr. BULLS

1.3 Lehr- und Lernprozesse in der Grundschule

Für unterrichtspraktisches Handeln sind die in Kap. 1 skizzierten Ansätze unterschiedlich bedeutsam. Während der neuropsychologische Ansatz für die Rechenstörungen bei bestimmten curricularen Schritten wenig auszusagen vermag, versucht die Sonderpädagogik Verbesserungen durch Ausdünnung, Isolierung der Schwierigkeiten u.ä.; allerdings beschränkt sie sich auch darauf.

Als aussagekräftiger erweisen sich dagegen die Fehleranalyse und der kognitionspsychologische Aspekt, da sie die curriculare Ebene und die individuellen Denkprozesse der Schüler aufeinander beziehen. Damit nehmen sie auch die Lehrerin bezüglich ihrer Diagnose- und Förderkompetenz verstärkt in die Pflicht.

Unterrichtliches Vorgehen und geforderte kognitive Fähigkeiten

Eine Rechenstörung tritt als isolierte Schwäche in arithmetischen (seltener in geometrischen) Leistungssituationen auf. Sie zeigt sich anfangs nur vereinzelt in Form von Fehlern, weshalb es notwendig ist, die dem Schüler abverlangten kognitiven Fähigkeiten genauer zu beschreiben. Eine Unterscheidung nach den Unterrichtsphasen erweist sich insofern als sinnvoll, als diese im Mathematikunterricht unabhängig vom Schulbuch und der Methodik sind und sich ein darauf bezogenes Anforderungsprofil ausmachen läßt.

Mit dem Begriff Unterrichtsphase ist im folgenden nicht notwendig eine längere, mehrere Stunden umfassende Sequenz gemeint. Es handelt sich vielmehr um Bearbeitungs- oder Darbietungsformen, die im Laufe einer Stunde und, bei offenem Unterricht und Wochenplan, von Schüler zu Schüler wechseln können.

1.3.1 Die Phase der Handlungen an konkretem Material

Die Einführung der arithmetischen Operationen in der Grundschule beginnt, unabhängig von der Klassenstufe, mit Handlungen an konkretem Material, entweder Alltagsgegenständen (Nüsse, Steine, Spielzeugautos) oder schulischen Veranschaulichungshilfen (Mengenplättchen, Mehrsystem-Blöcke, Montessori-Perlen etc.). Ziel ist, durch „effektiven Vollzug einer Handlung, in welcher eine arithmetische Operation als logisch-strukturelles Skelett enthalten ist" (GRISSEMANN & WEBER, 1982, S. 42), „Verinnerlichungsansätze" (AEBLI, 1976) zu bewirken. Plättchen werden zusammengelegt (Addition) oder entfernt (Subtraktion), Handlungen werden mehrfach durchgeführt (Multiplikation), es wird auf- oder verteilt (Division), Würfel werden in Stangen umgetauscht und umgekehrt (Zehnerübergang). Die Handlungen werden durch die symbolische Schreibweise (Ziffern und Operationszeichen) begleitet. In dieser Phase wird erwartet, daß der Schüler die Teilschritte *visuell antizipieren* kann, um das geforderte Endprodukt zu erstellen. Den gesamten Handlungsablauf muß er visuell erinnern, er muß auf die Handlung zurückblicken, sie in seine visuelle Vorstellung holen können.

Schwierigkeiten treten in dieser Phase durch eine Störung der Rechts-Links-Unterscheidung und eine dadurch bedingte Beeinträchtigung der Erinnerungsbilder von raum-zeitlichen Prozessen auf. Häufig beruhen diese auf frühkindlichen Störungen des motorischen oder taktil-kinästhetischen Bereichs. Mangelnde Figur-Grund-Diskrimination erschwert es, einzelne, für die Handlungsausführung notwendige Materialien von ähnlichen auszusondern (z. B. das rote, dicke Quadrat aus der Plättchenmenge). Eine Störung der Wahrnehmungskonstanz verhindert, ähnliche Figuren voneinander zu unterscheiden (Quadrate von Rechtecken, Dreiecke von Drachen). Die fehlerhafte Wahrnehmung räumlicher Beziehungen erschwert den Vergleich von Längen und Größen und damit den Aufbau der Ordnungsrelation (ordinaler Zahlaspekt) ebenso wie die Eins-zu-Eins-Zuordnung (kardinaler Zahlaspekt).

> **Beispiel**: Michael, 8;6 Jahre, 2. Klasse, Beidhänder (sog. Ambidexter) mit Orientierungsstörungen, vermochte zwar die Handlungen mit den Veranschaulichungshilfen auszuführen, konnte aber nach wenigen Sekunden die Handlung nicht mehr erinnern; es genügte, die von ihm manipulierten Materialien zu verdecken, während Michael die Aufgabe aufschrieb. So löste er Additionsaufgaben, die er gerade handelnd richtig ausgeführt hatte, symbolisch immer durch Vergrößerung um 1 ($8+6=9$, $12+5=13$) mit der Begründung, „es wird mehr".

Die Anforderung der sprachlichen Kompetenz zeigt sich in feinen Nuancen des arithmetischen Anfangsunterichts. Dort werden Klassifikationen, Beziehungen (nah – fern, kurz – lang), vergleichende und räumlich-zeitliche Bestimmungen (auf, über, unter, an, bei, in, vorher, nachher, um, vor, zwischen, etc.) gefordert; ebenso kausale (wenn ... dann, weil, daher) und ein- oder ausschließende Beziehungen (alle, manche, keiner, irgendeiner, alle außer, weder ... noch). Sprachverständnisstörungen führen zur falschen Ausführung der Handlung und der Ausbildung innerer Bilder.

> *In der Phase der Handlung am Material ist auf Störungen der visuellen Wahrnehmung und des Sprachverständnisses zu achten.*

1.3.2 Die Phase der bildhaften Darstellungen

Die den arithmetischen Operationen zugrundeliegenden Handlungen werden in der nächsten Phase nicht mehr durchgeführt, sondern durch Abbildung der Mengen und durch graphische Zeichen für die Operationen (Pfeile, Durchstreichungen etc.) ersetzt.

Die Verkürzung von dreidimensionalen, lebensnahen Gegenständen auf zweidimensionale, bildhafte Darstellungen soll einen Schritt auf die notwendige Verinnerlichung bewirken. Die begleitende, symbolische Schreibweise gewinnt zusehends an Bedeutung.

Die jetzt neu auftretende kognitive Anforderung an den Schüler besteht darin, sich aufgrund der bildlichen, statischen Darstellung den zugehörigen Operations*ablauf*, den er vorher selbst durchgeführt hat, vorzustellen.

Ziel dieser Phase ist die Ausbildung eines *abstrakten* Anschauungsbildes, das die in Zeichnungen und Bildern dargestellte mathematische Operation umfaßt. Zudem muß der Schüler beachten, daß die Darstellungsbilder anderen Regeln folgen als die Symbole: So wird die Addition ikonisch durch die Vereinigung von Strichen oder Punkten dargestellt, symbolisch gilt aber nicht $5+3=53$ (ein häufiger, darauf beruhender Schülerfehler!).

Neben den kognitiven Fähigkeiten, die bereits für den Aufbau innerer Bilder von Handlungen notwendig waren, kommt in dieser Phase als Anforderung noch das zwei-dimensionale Sehen hinzu. Dieses ist für das Interpretieren flächig dargestellter Figuren und Sachverhalte notwendig. Diese Erkennensleistung ist keineswegs selbstverständlich, sondern unterliegt im Mathematikunterricht ausgebildeten *Vereinbarungen*, die dort erst gelernt werden müssen. So erkennen Kinder zwar gemeinhin die Darstellung eines Würfels, würden ihn aber selbst nicht so zeichnen. Für andere Figuren gibt es nicht immer eine strenge Übereinkunft, wie sie zu interpretieren, zu „sehen" sind.

Handelt es sich um ein Quadrat mit Diagonalen oder um eine Pyramide? Weder noch! Es soll einen Tetraeder darstellen.

Die Reihenfolge der Ziffern-Symbole bestimmt den Wert der Zahl: 953 stellt im dekadischen System eine von 359 verschiedene Zahl dar. Kinder mit Störungen in diesem Bereich, der Serialität, fallen durch ihre Zahlenschreibweise auf (statt 24 schreiben sie z.B. 420), häufiger allerdings durch den Positionswechsel bei Ziffern (25/52). Dies führt, zusammen mit einer häufig zu beobachtenden Rechts-Links-Orientierungsstörung, zu Fehlern, die auf den ersten Blick bizarr anmuten wie 28 – 3 = 13, indem der Schüler 28 – 3 = 31 rechnet (Richtungsumkehr der Operation) und 31 zu 13 wird.

Auf diese Form der Orientierungsfehler ist vor allem dann zu achten, wenn sie im Schreibunterricht nicht auftreten.

1.3.3 Die Phase der symbolischen Darstellung

In der nächsten methodischen Phase entfällt die anschauliche Darstellung zugunsten der schlichten Behandlung der Ziffern. Die arithmetische Operation wird von ihren zugehörigen Handlungen entkoppelt. Allerdings müssen die Schüler die zugehörigen Handlungen erinnern. In dieser Phase spielen die *visuellen Fähigkeiten* weiterhin eine Rolle, da bei vollständiger Loslösung der bildhaft-motorischen Vorstellung die Ziffernhandhabung fehleranfällig wird.

Daneben ist das *auditive Kurzzeitgedächtnis* gefordert. Der Schüler muß die von Mitschülern oder der Lehrerin gesagten Zahlen (= Ziffern-Folgen) kurzfristig speichern können, bevor er mit ihnen weiterrechnen kann.

Wenn das Vorstellungsbild der Schüler an die konkreten Handlungen gebunden bleibt und es dem Schüler nicht gelingt, die Operationen an abstrakten, stellvertretenden Vorstellungsinhalten in seinem geistigen Zahlraum zu vollziehen, dann zeigt sich dies am Ende des 1. Grundschuljahres noch als *Konkretismus*, d.h. in dem Bedürfnis nach Veranschaulichungshilfen, oder der Schüler rechnet verdeckt mit den Fingern.

Kinder mit *Gedächtnisschwierigkeiten* zeigen in dieser Phase Fehler in der arithmetischen Syntax, d.h. in der falschen Zusammenfügung der Symbole. Sie versuchen, Hilfsstrategien aufzubauen, indem sie Teilkenntnisse und vermeintlich Erinnertes kombinieren. Der Lehrerin fallen dann bizarr anmutende Lösungswege auf.

Beispiel: Andrea, 8;3 Jahre, 2. Klasse, löste 30 + 7 = 10, 40 + 6 = 100, 2 · 25 als 410 oder 104 und 5 · 20 = 52. Die einzelnen Schritte des Lösungsweges kann sie nicht oder nur unvollkommen speichern, so daß sie auch im Alter von 10 Jahren und in der 4. Klasse die Zehnerzerlegungen nicht auswendig wußte und jeweils neu an den Fingern ableiten mußte.

1.3.4 Die Phase der Automatisierung

Durch die Phase des Übens wird eine Automatisierung angestrebt, die das kindliche Kurzzeitgedächtnis entlasten soll. Insbesondere werden die Addition und Subtraktion im Zahlraum bis 20 und das Kleine Einmaleins automatisiert, um durch das solcherart fest verankerte Wissen komplexere Aufgaben fehlerfrei zu bearbeiten. Müssen dagegen bei Aufgaben bis 1000 noch Rechnungen in den Teilschritten erfolgen, dann ist die Gesamtberechnung von einem rechenschwachen Schüler aufgrund seiner Überlastung nicht mehr durchführbar. Die Lösung von $8+7$ oder $6 \cdot 4$ sollte er wissen, nicht berechnen müssen.

So ergeben sich unterschiedlich viele Fehler bei der Kopfrechen-Aufgabe $531 + 346$ in den einzelnen Stellenwerten. Beginnen die Schüler mit den Hundertern, dann steigt die Fehlerquote bei den Hundertern über die Zehner auf den höchsten Wert bei den Einern. Dies kann nicht an der Schwierigkeit der Einzelrechnungen liegen, denn es handelt sich jeweils um eine Addition ohne Zehnerübertrag. Aber die verbleibenden Zahlen bzw. Ziffern müssen im Gedächtnis behalten werden: Dies macht die Schwierigkeit aus.

Als kognitive Fähigkeit wird vom Schüler gefordert, Sprachketten zu verbinden. Dies gelingt zwar prinzipiell ohne Bezug zur Anschauung, wird aber durch vielfältige Anbindung erleichtert (vgl. Kap. 5.2). Aus diesem Grund läßt sich bei Rechenstörungen die Automatisierung durch Visualisierungen stützen. Diese sind auch dann erforderlich, wenn im Unterricht aufgrund des Anwendungsaspekts der Rückbezug zu sinnhafter Darstellung verlangt wird.

Einige wenige rechenschwache Schüler mit hohen Gedächtnisleistungen lösen Automatisierungsaufgaben erfolgreich, weil sich ihnen hier ein Bereich eröffnet, in dem sie mit Hilfe dieser guten Fähigkeit ihren sonst überlegenen Klassenkameraden ebenbürtig sind. In der Regel fallen aber gerade Rechenstörungen durch ein geringes Faktenwissen auf, da jeder Zahlensatz isoliert, ohne Beziehung zu anderen gelernt werden muß.

In höheren Klassenstufen wird die Automatisierung von Algorithmen verlangt, die die Ausführung langwieriger, schriftlicher Operationen gestatten, deren Lösung nicht gewußt wird und die nicht im Kopf ausgeführt werden können. Es handelt sich um *Ausführungsfolgen* im Zeichenbereich, die nicht mehr notwendig mit der Materialhandlung oder dem Sachverhalt der Textaufgabe verbunden sind. Die Aufgabe *„Herr Mayer verdient im Jahr 50 760,– DM; wieviel verdient er monatlich?"* verlangt beispielsweise zwei unterschiedliche Lösungsschritte: Zum einen muß auf die Division als notwendige Operation geschlossen werden (s. 1.3.5), zum anderen ist die Divisions*rechnung* als inneres Bild, z.B. als „Treppe" gespeichert. Dieses Bild steuert die schriftliche Division. Da der Algorithmus nicht umkehrbar ist, ist vom Schüler die Reihung visueller Eindrücke gefordert. Gestörte Raumorientierung führt zu gespiegelter oder verdrehter Ausführung der schriftlichen Operation.

> **Beispiel**: Stefan, 12;9 Jahre, 5. Klasse, rechnete „von außen nach innen":
> $385 + 647 = 1320$ durch $3+7$, $8+4$ und $5+6$, wobei zuletzt die beiden Überträge, $11+1+1$, notiert wurden.

Rechenschwache Schüler fallen in der 3. Klasse oft dadurch auf, daß sie bei Zahlraum-Erweiterungen anscheinend offensichtliche Analogien nicht bilden ($3+4$, $30+40$, $300+400$) und die Berechnungen langsam durchführen. Tatsächlich scheitern sie aber an der nicht automatisierten Berechnung im Zehnerraum, oder es unterlaufen ihnen Assoziationsfehler ($4 \cdot 4 = 14$).

Beispiele: Monika, 8;4 Jahre, 2. Klasse, löste Additions- und Subtraktionsaufgaben durch Abzählen. Ihre Gedächtnisschwierigkeiten zeigten sich ebenfalls beim Operieren mit mehrstelligen Zahlen; so rechnete sie $63+24=70$ als $6+4=10$ (Stellenvertauschung) und vermochte, da sie den Zehner des zweiten Summanden vergessen hatte, lediglich den Übertrag zu machen.

Maik, 10;9 Jahre, 4. Klasse, mit Rechts-Links-Störung rechnete $312-48=206$ und erklärte dazu, daß 48 gleich $6 \cdot 8$ ist, schrieb die 6 hin, und daß 12 gleich $2 \cdot 6$ ist, indem er auf die 12 von 312 deutete (offensichtlich perseverierte die 6 aus der letzten Berechnung) und die 2 notierte. Da es sich wohl um eine Hunderterzahl handeln würde, fügte er noch die 0 ein. In ähnlicher Weise zerlegte er die Multiplikation und Division in Teilschritte, deren Abfolge und die Richtung und Kombination der Ziffernstellen über mehrere Aufgaben hinweg variierte.

1.3.5 Die Phase des Sachrechnens

Das bisher dargestellte didaktisch-methodische Vorgehen orientiert sich an den kognitiven Prozessen des Schülers, wenn er arithmetische Begriffe erwirbt. Das Sachrechnen liegt insofern quer dazu, als es sich um die Anwendung der gelernten Begriffe handelt und parallel zu jeder der obigen Phasen auftritt. Die kognitiven Anforderungen sind andere. Zum einen muß der Schüler über eine genügende Leseleistung verfügen, sonst ist eine Sinnentnahme unmöglich. Dafür sind ein z.T. sehr anspruchsvolles Sprachverständnis und hinreichende Alltagserfahrung erforderlich. Störungen in diesen Fähigkeiten können im muttersprachlichen und im Sachkunde-Unterricht verbessert werden.

Beispiel: Andrea, 9;5 Jahre, 3. Klasse, konnte Texte nur stotternd lesen, vermochte aber den Inhalt nicht wiederzugeben, so daß sie sich kein Bild des beschriebenen Sachverhaltes machen konnte. Unbekannte Worte irritierten sie auch beim erneuten Lesen. Die Aufgabe aus ihrem Schulbuch *„Eine Seilbahn fährt täglich 18 mal von der Bergspitze zur Talstation und befördert jeweils 24 Personen"* enthielt vier Worte, die ihr nicht geläufig waren: täglich, Talstation, befördern und jeweils. Nach ihrer ersten Fehllösung ($18+24=42$) resignierte sie.

Daneben wird die Umsetzung sprachlicher Beschreibungen in Vorstellungsbilder von Bewegungen und quantitativen Veränderungen verlangt. Diese Umsetzung ist vom visuellen Gedächtnis verschieden: Ein Verhaften am Konkreten verhindert, eine Textaufgabe als zugehörig zu einer Klasse strukturgleicher Aufgaben zu erkennen.

Textaufgaben stellen insofern eine besondere Schwierigkeit dar, als im Gegensatz zu schlichten Rechenaufgaben die Entscheidung über die auszuführende Operation verlangt wird. Dies führt rechenschwache Schüler häufig dazu, die in der Aufgabe enthaltenen Ziffern zu kombinieren.

Schüler mit mangelhafter Kenntnis über den Sachverhalt der in der Textaufgabe beschriebenen Zusammenhänge sind auf Hilfsstrategien angewiesen. Diese beziehen sie aus der Nähe zum aktuellen Unterrichtsinhalt („es ist gerade Malnehmen dran") oder aufgrund sprachlicher Ähnlichkeit.

Beispiel: Torsten, 10;6 Jahre, 4. Klasse, erinnert sich bei der Aufgabe *„Die Miete für eine Wohnung beträgt jährlich 5071,20 DM. Berechne die Monatsmiete"* an einen Hinweis aus dem letzten Schuljahr: „Da muß man malnehmen. Unsere Lehrerin hat uns in der 3. Klasse gesagt, wenn kein Monat angegeben ist, sollen wir mal 30 nehmen."

Rechenschwache Schüler zeigen ihre ungenügenden Hilfsstrategien häufig durch die schlichte Kombination der vorkommenden Ziffern. So kommen sie bei den Aufgaben

„An einer Wand stehen zwei Bücherregale mit jeweils 5 Fächern. In jedem Fach stehen 15 Bücher." und
„An einer Wand stehen 2 Bücherregale mit jeweils fünf Fächern. In jedem Fach stehen 15 Bücher."

zu zwei verschiedenen, falschen Ergebnissen (75 resp. 30).

Sprachliche Formulierungen werden z.T. von Kindern anders verwendet als von Erwachsenen. So verzweifelt manche Lehrerin daran, daß Schüler bei der Aufgabe *„Oliver hat 3 Murmeln, Siggi hat 5 mehr"* als Antwort meist *„Siggi hat 5"* bekommen. Aus kindlicher Sicht ist der Aufabe damit Genüge getan, denn in dem Text heißt es ja, „Siggi hat 5 Murmeln" und „Er hat mehr als Oliver", was somit beides stimmt.

Es wurde bereits gesagt, daß zum Lösen von Sachaufgaben Weltwissen, d.h. Wissen um den beschriebenen Sachverhalt notwendig ist. Schüler scheitern an Textaufgaben, weil ihnen die Worte und die Zusammenhänge der Aufgabe unbekannt sind. So verbinden sie mit der Formulierung „vom Konto abheben" nicht automatisch die Subtraktion.

Es wäre aber ein Fehlschluß anzunehmen, daß durch die schlichte Erfahrung einer sozialen Situation auch schon deren mathematische Struktur zutage tritt. So wird die Aufgabe „Ein Brötchen kostet 28 Pf. Wieviel kosten 6 Brötchen?" durch einen Besuch eines Bäckerladens keineswegs erleichtert.

© 1992 CREATORS/Distr. BULLS

2. Möglichkeiten, die Lernausgangslage festzustellen

In diesem Abschnitt sollen jetzt einzelne Diagnoseinstrumente beschrieben werden, die in verschiedenen Altersbereichen eingesetzt werden können. Nun ist es ja keineswegs so, daß sich Anschauungs-, Sprach-, Gedächtnis- und andere Störungen allein im Mathematikunterricht oder beim Lernen mathematischer Inhalte zeigen. Im Gegenteil, dies wurde an vielen Beispielen deutlich, wird die Fähigkeit, sich etwas vorstellen zu können, sich etwas zu merken oder sprachlich zu verstehen und auszudrücken, Symbole zu interpretieren und zu verwenden in sehr unterschiedlichen Lebensbereichen des Kindes verlangt. Es umspannt das Denken der Vor- und Grundschulkinder in vielfältiger Weise, da sie auf andere, abstrakte, unanschauliche oder nichtsprachliche Formen des Denkens und Problemlösens noch nicht in der Weise zurückgreifen können, wie Jugendliche und Erwachsene.

So sehr also die diversen Störungen zu Minderleistungen und unzureichender Bewältigung bei einer Reihe von Aufgaben führen, so umfangreich ist auch das Feld, in dem sich diese Schwierigkeiten bereits frühzeitig feststellen lassen. Damit eröffnen sich Möglichkeiten, bereits im Vorschulalter, wenn im allgemeinen eine gezielte Diagnostik bezüglich drohender Schulschwierigkeiten noch nicht ansteht, diese Störungen zu erkennen, zumindest bestimmte Hinweise aufzunehmen und ihnen nachzugehen.

Je früher eine schulleistungsrelevante Störung erkannt wird, um so früher und aussichtsreicher kann sie angegangen zu werden. Kinder, die Schwierigkeiten beim Lernen mathematischer Inhalte in ihrem Unterricht haben, sind nach längerem Schulbesuch gezwungen zu versuchen, sich mit Hilfsstrategien über Wasser zu halten. Die Zählmethode im Anfangsunterricht, die bis zur 6.–8. Klasse bestehen bleiben kann, ist dafür ein Beispiel.

Die nachfolgende Beschreibung allgemeiner diagnostischer Verfahren geht davon aus, daß diese sich in den Unterricht einbinden lassen. Viele Vermutungen über die Verursachungen der Rechenschwäche eines Schülers werden während des Lehr-Lern-Prozesses gebildet und machen dann den gezielten Einsatz diagnostischer Verfahren notwendig. Damit ist nicht gemeint, die Diagnostik und die Fördermaßnahmen müßten in einer Hand liegen. Beide Bereiche haben sich so umfangreich entwickelt, daß der Einzelne, wollte er beide Teile berücksichtigen, zum oberflächlichen Arbeiten und Dilletieren gezwungen wäre.

Auch Mathematiklehrerinnen sollten den Mut besitzen, *frühzeitig* andere Stellen wie Schulpsychologinnen oder Schulberatung bei Problemfällen heranzuziehen.

Wenn im folgenden von Diagnose gesprochen wird, dann heißt dies nicht, jedes Kind mit einer Rechenschwäche sei krank und bedürfe einer Diagnostik.

2.1 Früherkennung

2.1.1 Hinweise im Vorschulalter

So wenig wie Kinder der Schrift zum ersten Mal in der Schule begegnen, so wenig treffen sie dort zum ersten Mal auf Zahlen und auf die Notwendigkeit, sie zu addieren oder zu subtrahieren. Neu für sie ist lediglich der soziale Rahmen: Es geschieht im Beisein und unter Anleitung eines Erwachsenen, der Lehrerin, in festgelegten Stunden der Woche, mit immer gleichen Klassenkameraden und anhand von Material, das sie meist nur hier, im Klassenzimmer, vorfinden.

Das heißt, der Kontext, in dem Mathematik sich für die Schüler von nun an vollzieht, hat sich geändert, nicht aber notwendigerweise auch die Anforderung an ihre kognitiven Fähigkeiten, diese existierte im vorschulischen Leben auch schon. Dort liegt sie im Alltagshandeln versteckt, in immer wiederkehrenden Situationen, in denen die Kinder ihre Stärken und Schwächen dem offenbaren, der sie als solche interpretieren kann.

Je eher nun erkannt wird, daß ein Kind die für das Rechnenlernen notwendigen Fähigkeiten noch nicht entwickelt hat, um so erfolgversprechender läßt sich durch spielerisches Üben diese Entwicklung nachholen und beschleunigen, ohne daß für den Schüler bereits Mißerfolge seine Lernbiographie belasten und sich eine Mathematikangst auswächst, die den Schulerfolg bedroht. Solche spielerischen Übungen erscheinen ihm nicht als zusätzliche Trainingseinheiten, als einengende und abwertende „Nachhilfe", um erlebte Minderleistung zu beheben.

Ein Wort der Vorsicht ist allerdings geboten: Es handelt sich bei den Früherkennungshinweisen eben um *Hinweise*, die als solche zwar einerseits ernstzunehmen sind, aber auch nicht zu panischer Überreaktion verführen sollten. Nicht jedes Kind, das die eine oder andere Symptomatik im diesem Sinne aufweist, wird notwendigerweise später zum Rechenversager. Halsschmerzen führen nicht automatisch zur Grippe, Früherkennungszeichen nicht zur Rechenschwäche.

Die Früherkennung hat ihre Bedeutung dadurch, daß die kindliche Entwicklung in einem bestimmten Bereich genauer beobachtet wird, daß in der Zukunft die Daten hierzu präziser gesammelt werden und die Bezugspersonen, wie Eltern und Kindergärtnerin, gezielter und mit wachem Auge mit dem Kind spielen und dazu ausgewählte Spiele verwenden. Eine frühzeitige Nervosität und hektische diagnostische Betriebsamkeit ist der Entwicklung des Kindes in dieser Altersstufe sicherlich nicht förderlich.

Nimmt man für das Lernen im arithmetischen Anfangsunterricht bestimmte Fähigkeiten als notwendig an, wie wir dies im vorangehenden Kapitel getan haben, dann besteht die Aufgabe nun darin, solche Alltagssituationen aufzuspüren, in denen diese Fähigkeiten von den Kindern erbracht werden müssen. Auch ohne standardisiert zu sein, liefern sie oft eine Fülle diagnostischer Hinweise. Die Beispiele lassen sich fast beliebig erweitern und sollen nur beispielhaften Charakter haben.

Das visuelle Gedächtnis

Eine notwendige Fähigkeit für das Durchführen der arithmetischen Operationen ist das visuelle Erinnern der im Unterricht dargebotenen oder selbst durchgeführten Handlungen. Im Vorschulalter wird diese Fähigkeit bereits bei Spielen wie Memory, Puzzles, Bauklötzen und ähnlichem verlangt.

Bei **Memory-Spielen** müssen die Kinder eine einmal gesehene Form zu einem späteren Zeitpunkt wiedererkennen, das heißt, sie müssen sie in genau derselben Form als solche von anderen, ähnlichen unterscheiden, die sie auch im Gedächtnis speichern müssen, und ihre Lage im Plättchenhaufen erinnern.

Beim **Puzzle** ist die Lage insofern scheinbar einfacher, als korrigierendes Ausprobieren möglich ist. Die Kinder werden aber mit einer schlichten Versuch-Irrtum-Strategie kaum ein Puzzle lösen können, indem sie beispielsweise an alle Teile der bereits gelegten Figur ihr aktuelles Teil anzupassen versuchen. Vielmehr gelingt es ihnen nur dann, wenn sie sich an möglichst passende, das heißt nicht notwendigerweise richtige, aber fast richtige Anlegelinien erinnern und so den Versuchsaufwand minimieren.

Beim **Bauen mit Klötzen** ist es in der Regel den Kindern überlassen, was sie auftürmen. In diesem freien Spiel ist diagnostisch wenig zu beobachten. Es wird allerdings schon anders, wenn man eine Zielvorgabe macht, etwa eine Figur vorgibt, die es nachzubauen gilt (für Beispiele siehe NIKITIN & NIKITIN, 1984).

Hier lassen sich verschiedene Variationen einführen:

– Aufbauen der Figur vor den Augen des Kindes und anschließendes Verdecken, so daß bei Bedarf wieder nachgesehen werden kann;

– die Figur wird nur einmal aufgebaut, dann eingerissen, und das Kind muß mit den gleichen Steinen nachlegen;

– die Figur wird unter einem Tuch aufgebaut, das Kind darf die Figur ertasten, aber nicht sehen. Es muß also das visuelle Bild aus dem Ertasteten erst aufbauen;

– dem Kind wird lediglich ein Foto oder eine Zeichnung der Figur gegeben;

– und schließlich, als schwierigste Aufgabe, erhält das Kind nur noch Umrißzeichnungen in den drei Raumachsen (Aufsicht, Seitsicht, Frontsicht).

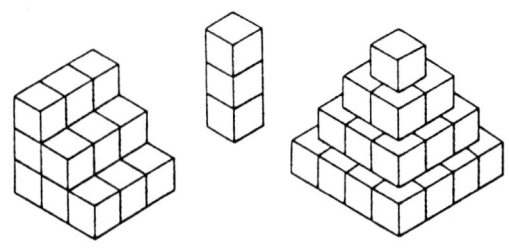

Nachbauen mit Klötzen

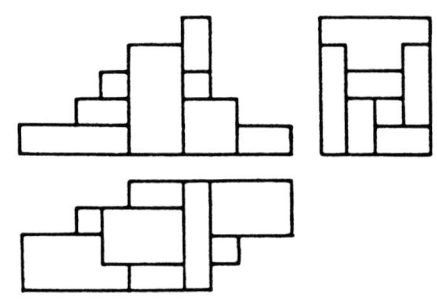

Beispiel für eine Raumachsendarstellung; die Figur muß vom Kind mit Hilfe von Bauklötzen gelegt werden (aus NIKITIN & NIKITIN, 1984)

Ähnliche Anforderungen bestehen beim **Nachzeichnen**. Während beim Bauen und in der freien Zeichnung die Kinder vornehmlich von ihrer Intuition beim Ausfüllen des Blattes geleitet werden und gemeinhin hier noch eine Blume und da noch ein Ornament unterbringen, um ihrem stilistischen Anspruch und ästhetischen Bedürfnis zu genügen, wird beim Nachzeichnen das visuelle Gedächtnis gefordert. Die einfachste Form ist eine Strichzeichnung, die nach Darbietung und dann Entfernung der Vorgabe aus dem Gedächtnis nachgemalt werden muß. Diese diagnostische Möglichkeit machen sich auch eine Reihe von Tests zu eigen (siehe 6.4).

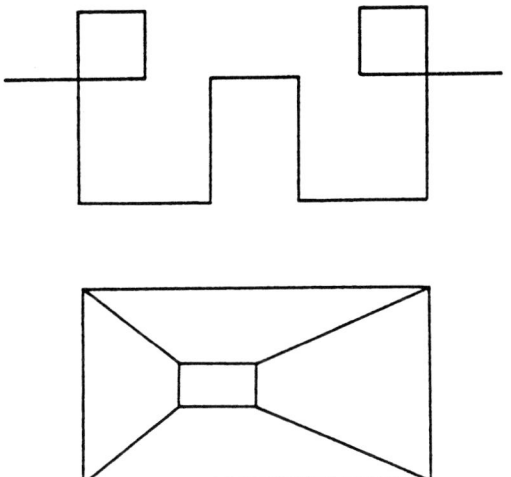

Bilder zum Nachmalen (aus Schenk-Danzinger: Entwicklungstest für das Schulalter, Wien: Jugend und Volk, 1971)

Im Vorschulalter sind aber jene Zeichnungen für die Kinder interessanter, in denen sie Begebenheiten aus ihrem Alltagserleben malen, beispielsweise den besuchten Warenladen, das Kaufhaus, den Spielplatz mit der Anordnung der Rutschbahn, Schaukel, Wippe, Sandkasten etc. oder ihr eigenes Kinderzimmer, in dem Tisch, Bett, Regale usw. in ihrer räumlichen Lage zueinander anzugeben sind. Es lassen sich auch Geschichten erzählen, die von den Kindern zu malen sind, wobei als Erschwerung nun **Abfolge-Bilder** entstehen sollen.

Eine Variation besteht darin, den Kindern die Augen zu verbinden und sie dann sich im Zimmer, Haus oder Schulgebäude zurechtfinden zu lassen. Eine weitere Möglichkeit ist das Ertasten geometrischer Figuren oder von Objekten ihrer Alltagswelt.

Das visuelle Operieren

Nicht nur das visuelle Erinnern, über das viele Kinder dieser Altersstufe noch im Sinne eines fast photographischen Gedächtnisses verfügen, wird später im Unterricht verlangt, sondern das Operieren mit vorgestellten Inhalten, *das Verändern in der Anschauung*. Zwar kann man nicht mit etwas in der Vorstellung operieren, was sich nicht im Gedächtnis halten läßt, aber beim Verändern des Inhaltes handelt es sich um eine gesonderte und keinesfalls triviale Fähigkeit. Sie läßt sich beim Spielen mit *Lego-* bzw. *Duplo-Steinen*, der *Fischertechnik* etc. beobachten. Hier liegt das Augenmerk auf der planerischen Gestaltung des Objektes, das erstellt werden soll:

– Wie viele Steine einer bestimmten Art benötige ich noch?
– Wie muß die Grundfläche aussehen, damit ich das Oberteil aufsetzen kann?
– Welche Steine müssen weggenommen, hinzugefügt werden, wenn ich an dieser Stelle etwas ändern möchte?

Es handelt sich um die Fähigkeit, sich in der Vorstellung das Objekt aus verschiedenen Perspektiven anzusehen, es abzuändern, die Änderungen zu verwerfen, neue versuchsweise anzubringen etc., ohne die Handlungen jeweils konkret ausführen zu müssen: Es findet in der Anschauung ein *Probehandeln* statt.

Auch bei **Würfeldrehungen** liegt diese Anforderung vor. Hier kann das Kind durchaus erst die Erfahrungen mit konkreten Handlungen sammeln, den Würfel selbst drehen und die Lageveränderungen beobachten.

– Was liegt oben, wenn ich den Würfel nach vorne kippe?
– Ihn nach links kippe?
– Ihn zweimal nach hinten drehe?
– Ihn nach vorne und dann nach rechts drehe?
– Liegt das gleich oben, wenn ich ihn nach rechts und dann nach vorne drehe?

Schwieriger wird es, wenn das Kind den Würfel unter einem Tuch verdeckt dreht, noch schwieriger, wenn es sich die Drehung nur vorstellen soll, während ein anderer die Drehrichtung lediglich sprachlich beschrieben. Hier ist auf das Sprachverständnis des Kindes zu achten, da sonst nicht die Anschauung sondern mangelndes Sprachvermögen festgestellt wird. Würfel bieten sich aufgrund ihrer vielfältigen Möglichkeiten an, die gleichen Aufgaben lassen sich aber an jedem anderen Material auch durchführen.

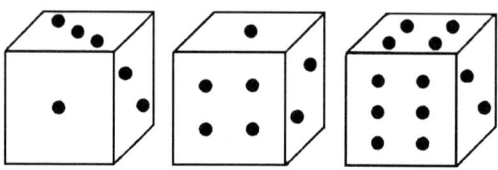

Hier siehst Du drei Spielwürfel. Addiere die Augenzahlen, die Du nicht siehst. Bei welchem Würfel ist diese Augenzahl am größten?

Selbst bei so alltäglichen Handlungen wie Marmelade aufs Brot streichen oder den Teller beim Mittagessen füllen, ist visuelles Operieren notwendig: Das Kind muß die Mengen abschätzen, die jeweils darauf passen und die es verspeisen kann. Es handelt sich darum, zwei verschiedene Mengen oder Größen in der Anschauung miteinander in Beziehung zu setzen.

„Manche der Kinder lernen nur schwer, mit ihrer Kleidung richtig umzugehen oder beim Essen richtig einzuteilen. Typischer Kommentar der Eltern: 'Wenn er ißt, überschätzt er immer die Menge dessen, was er auf die Gabel bekommen kann, deshalb macht er immer ein ziemliches Geschmiere auf dem Tisch' ... 'er kann niemals abschätzen, wieviel Milch in ein Glas geht und wie schell er einschenken kann. Selbst jetzt, im Alter von zwölf Jahren, kommt er nicht immer damit zurecht, den Honig mit dem Löffel aus dem Glas auf sein Brot zu befördern, und so läßt er es seinen sechsjährigen Bruder für sich tun' " (JOHNSON & MYKLEBUST, 1971, über Kinder mit Rechenstörungen).

Motorik

Motorische Störungen, meist von Eltern und Betreuerinnen als bloße Ungeschicklichkeit abgetan, zeigen sich in sämtlichen Handlungen und Bewegungen, die eine Koordination der Extremitäten erfordern. So sollten die Kinder in der Lage sein, sich die Jacke und den Mantel zuzuknöpfen und den Reißverschluß einzufädeln.

Beobachtet die Lehrerin hierbei Schwierigkeiten, dann kann sie leicht weitere gezielte Aufgaben stellen, um die motorische Koordination zu überprüfen:

– auf einem schmalen Weg, später nur noch auf einem Strich, der mit der Kreide auf den Fußboden gemalt ist, langsam zu gehen, dann schnell zu laufen und letztlich mit weiten Sprüngen zu hüpfen;
– auf einem Strich mit dem rechten Bein, dann mit dem linken Bein zu hüpfen, beidbeinig zu hüpfen;
– einen Ball zu fangen (verschieden schwierige Wurfbahnen!);
– einen Ball auf ein Ziel, z. B. in den Papierkorb, zu werfen.

> Besondere Schwierigkeiten kann es für Kinder bedeuten, Bewegungen zu imitieren. Dies bedarf nicht nur der sicheren Beherrschung der eigenen Motorik, sondern auch der Veränderung in der Vorstellung, da es die vorgemachten Bewegungen *seitenverkehrt* nachmachen muß. Meist versucht das Kind die Bewegungen so zu kopieren, wie es diese im Spiegel sehen würde.

Auch das **Schleifen**- oder **Schnürsenkelbinden** ist eine Fähigkeit, an der die Kinder nicht nur aufgrund motorischer Ungeschicklichkeit scheitern, sondern weil sie entweder die notwendige Bewegung nicht behalten oder sie sich das abschließende Ergebnis nicht vorstellen können: Wie gelingt es den beiden parallelen Senkeln, sich so zu verquirlen, daß die schöne Schleife entsteht?

Sprache

Der Unterricht bedient sich der Sprache: Das von der Lehrerin oder Mitschülern Gesagte soll verstanden und in der Anschauung umgesetzt werden, Aufgaben müssen kurzfristig behalten werden, bevor sie ausgerechnet werden können etc. Es handelt sich hierbei um eine Stützfunktion, die Mathematiklernen in der Unterrichtssituation erst ermöglicht, da die Sprache das Kommunikationsmittel ist.

Verbales Gedächtnis

Im Kindergarten wird dies beim Instruktionsverständnis, das heißt durch das Ausführen komplexer Anweisungen, erprobt und geübt, aber selten als bedeutsam für die Schulleistung angesehen. Zu Hause fallen Kinder mit diesbezüglicher Störung dadurch auf, daß sie Weihnachtslieder und für den anstehenden Geburts- oder Muttertag Gedichte nicht auswendig lernen können. Erst in der Schule merken die Eltern dann überrascht Schwierigkeiten beim Einmaleins oder bei Automatismen wie der Beherrschung des Zahlraumes bis 20.

Mangelndes sprachliches Gedächtnis verhindert, aus der Fülle einströmender sprachlicher Informationen notwendige und wichtige Einzelheiten zu behalten. So führen die Kinder die geforderten Handlungen am Anschauungsmaterial unvollständig oder falsch aus, so daß die zugrundeliegende arithmetische Operation damit unverbunden bleibt oder mit unangemessenen Handlungsstrukturen verknüpft wird.

Sprachstruktur

Die Redeweise der Vorschulkinder klingt für Erwachsenenohren noch unbeholfen, die Grammatik und Wortverwendung läßt zu wünschen übrig, „aber das gibt sich ja". Bestimmte Unzulänglichkeiten der Sprache weisen aber auf Schwierigkeiten des quantitativen Verstehens hin:

– Vergleiche (größer – kleiner, länger – kürzer, mehr – weniger etc.),
– Beziehungen (liegt auf, unter, über; Mutter von, Frau des Bruders von; vor – nach, sowohl räumlich als auch zeitlich).

> Kinder mit Problemen in diesem Bereich sind keineswegs sprachgestört, sie können aber Schwierigkeiten nicht nur bei Textaufgaben, sondern im arithmetischen Anfangsunterricht überhaupt entwickeln: Sie führen die geforderten Handlungen nicht richtig aus und bilden daher auch nicht entsprechende Vorstellungen der Rechenoperationen.

Der Zusammenhang zwischen Sprache und Vorstellung ist hier doppelt: Zum einen kann sprachlich nur ausgedrückt werden, was in einem gewissen Sinne verstanden ist, und das bedeutet im Vorschulalter gemeinhin, daß davon ein inneres Bild existieren muß. Insofern ist die Sprache und die (Nicht-)Verwendung vergleichender und quantitativer Begriffe ein Hinweis auf mögliche Anschauungsprobleme.

Andererseits bildet sich die Vorstellungsfähigkeit auch in Abhängigkeit von der sprachlichen Entwicklung des Kindes aus, da häufig etwas visuell unterscheidbar wird, wenn dafür der entsprechende Sprachbegriff zur Verfügung steht. Da Anschauungsschwierigkeiten oft erst durch die verbalen Äußerungen des Kindes feststellbar sind, kommt der Unterscheidung zwischen Sprach- und Vorstellungsproblemen große Bedeutung zu. Hat das Kind die falsche Lösung angegeben, weil ihm sprachlich keine angemessene Beschreibungsmöglichkeit seines Anschauungsbildes zur Verfügung stand oder weil die Anschauung selbst unzureichend war? Fehldiagnosen sind hier aufgrund der Überlappung häufig.

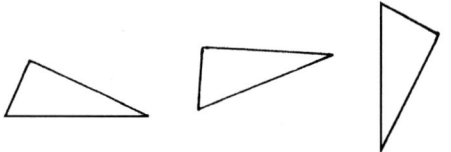

Die mittlere Figur hat nach Meinung vieler Schüler der Eingangsklassen drei Seiten, die beiden äußeren dagegen nur zwei. Sie interpretieren bzw. benennen die waagerechte und die senkrechte Linie nicht als Seite, da sie von den anderen beiden vermeintlich qualitativ verschieden sind. Und Verschiedenes muß auch verschiedene Namen tragen. Dazu ist Sprache ja da.

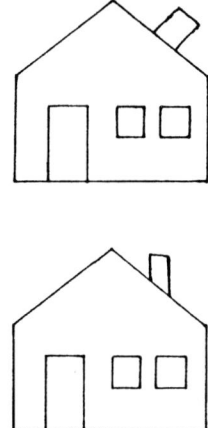

Bild eines Hauses von einem 5-Jährigen (oben) und einem 7-Jährigen (unten). Der Begriff „senkrecht" ist hinzugekommen, was zu dem obigen Fehler führt.

2.1.2 Hinweise in der 1. Klasse

Das rechtzeitige Erkennen von Rechenschwierigkeiten ist Aufgabe der Grundschullehrerin, sei es, weil die Eltern die durchaus erkennbaren Hinweise aus Unkenntnis nicht zu deuten vermögen und als Eigentümlichkeit ihres Kindes abtun oder weil sie die vorhandenen Defizite zwar wahrnehmen, aber aus Selbstschutz oder Selbstentlastung nicht als bedeutsam wahrhaben wollen.

Der Kenntnisstand, kognitive Entwicklungsbesonderheiten mit dem Lernen von Mathematik in Verbindung zu bringen, ist bei Eltern und den außerschulischen Institutionen (Ärzten, Beratungsstellen) eher unbefriedigend. Somit werden die Schwächen des Kindes zuerst von der Lehrerin im Mathematikunterricht festgestellt. Hierzu dienen die in 2.2 bis 2.4 beschriebenen Fehler als Ausgangspunkt. Trotzdem ist nicht jede derartige Fehllösung eines Schülers ein Zeichen für eine Schwäche, die in eine Rechenstörung münden muß.

In der Anfangsphase der Schulzeit, in der noch außerhalb des Curriculums gearbeitet wird, fallen die kritischen Schüler durch ihren **Umgang mit dem Spielmaterial** auf: Es gelingt ihnen nicht, Objekte nach räumlichen Kategorien zu ordnen und zu klassifizieren (liegt vor, hinter, über, neben; ist größer, kleiner, gleich groß; ist rot und rund, viereckig und klein; hat mehr/weniger Ecken als etc.), sie können nur in geringem Umfang bildliche Darbietungen im Gedächtnis behalten und später wiedergeben. Ihre Zeichnungen sind nicht altersentsprechend, vor allem die Anordnung auf dem Blatt ist unausgewogen, wirkt bizarr.

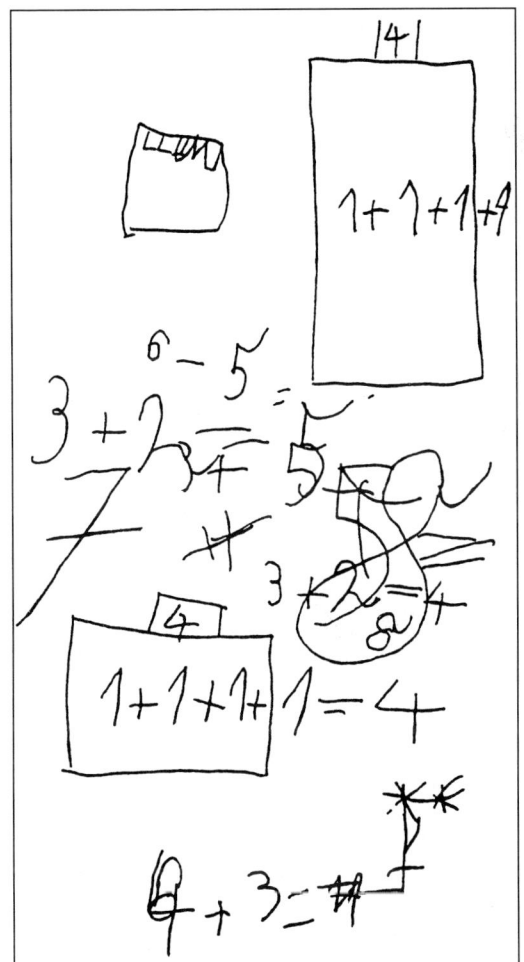

Arbeitsblätter eines Schülers

Aber nicht nur die Anordnung auf dem Arbeitsblatt, die entgegen der Absicht der Lehrerin eher nach „künstlerischen Gesichtspunkten" ausfällt, weist auf mögliche visuelle Störungen hin. Die Kinder finden nur unter Schwierigkeiten eine eben abgeschriebene oder abgemalte Aufgabe auf ihrer Heftseite wieder, sie fallen dadurch auf, daß sie jedesmal neu auf der Tafel nach der aktuellen Aufgabe suchen und ihnen die Schulbuchseite wie ein Wimmelbild vorkommt.

„Wenn ich 15 solcher Riesenbleistifte aneinanderlege, wie weit komme ich dann?"

Auch die Aufgabe, die Gegenstände, die vor dem Kind auf dem Tisch liegen, unter Beachtung ihrer räumlichen Anordnung abzumalen, kann Schwächen offenbaren. Wird die Aufgabe noch dadurch erschwert, daß räumliche Beziehungen aus dem Gedächtnis zu zeichnen sind, dann stellt dies für einige Kinder eine Überforderung auch dann dar, wenn ihnen die Objekte bekannt sind. So ist es für Kinder mit Gedächtnis- oder Raumvorstellungsproblemen fast unmöglich, die Anordnung in ihrem Kinderzimmer zuhause wiederzugeben.

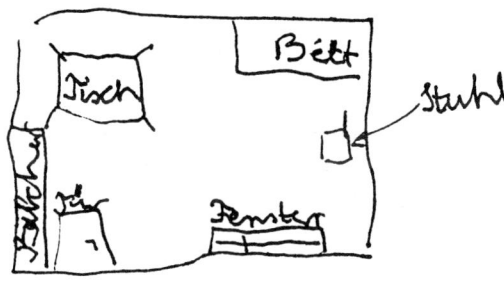

Die von dem Kind angegebene Anordnung der Möbel stimmt mit der tatsächlichen in keiner Weise überein (Mutteraussage).

Für die curricularen Inhalte ist es jetzt wesentlich, daß die Schüler *Größenbeziehungen* erkennen. Dazu gehört als einfachste Aufgabe, Längen und Abstände vergleichen und schätzen zu können: Wie viele Bleistifte muß ich noch anlegen, bis ich an der Tischkante ankomme? Wie viele Schritte brauche ich bis zur Tür?

Orientierung

Häufig fallen Schüler auf, die die Operationsrichtung umkehren (14 – 3 = 17) oder Zahlen invertiert lesen (31 – 13). Zwar geschieht dies auch zuweilen im Erstleseunterricht, doch dort gelingt es dieser Schwierigkeit häufig, über die Erfassung des Kontexts unerkannt zu bleiben. Im Vorschulalter werden Orientierungen bei der Unterscheidung oben – unten, vorne – hinten und links – rechts verwendet. Während Kindern bei den ersten beiden im allgemeinen wenige Fehler unterlaufen, lernen sie die Rechts-Links-Unterscheidung spät und einige fallen noch in der 2. Klasse damit auf. Ihnen gelingt es dann kaum, sich beispielsweise am Zahlenstrahl die Subtraktion vorzustellen, da sie nicht wissen, in welche Richtung sie zu „springen" haben.

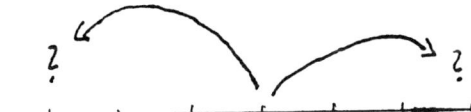

Wohin geht's am Zahlenstrahl, wenn ich 3 addiere, nach rechts oder nach links?

Kinder mit diesbezüglichen Störungen fallen auch bei Erzählungen auf. Ihnen gelingt es nicht immer, die *zeitlich-räumliche Abfolge* einer Geschichte oder eines Erlebnisses, z.B. aus dem Urlaub, wiederzugeben, sie bringen unzusammenhängende Teile der Geschehnisse in eine solche Reihenfolge, daß ihre Berichte für andere unverständlich und irritierend wirken.

Die Lehrerin hat somit auch aus dem muttersprachlichen Unterricht Hinweise auf Stärken und Schwächen der Schüler, die mit der bildhaften Vorstellung zusammenhängen und die für den mathematischen Lernprozeß von Bedeutung sind: Kann das Kind Geschichten und Begebenheiten nacherzählen, kann es diese sinnvoll verändern und begonnene Veränderungen fortsetzen? Kann es Bildgeschichten in die richtige Reihenfolge bringen? Auch hierfür ist es notwendig, sich die Handlung, die nur in Bruchstücken auf den Bildern erzählt wird, in ihrer Gesamtheit und in ihrem Ablauf vorzustellen.

Es ist nach unseren Erfahrungen überraschend, wie viele Kinder sich *verdeckte Operationen* nicht vorstellen können. Selbst gegen Ende der Eingangsklasse gelingt es nicht allen Schülern, die Anzahl von Objekten zu bestimmen, die nacheinander unter ein Tuch geschoben werden.

Die Zahl 12 wird an der Rechenkette geschoben

... und dann abgedeckt.

Wie viele Perlen sind jetzt noch unter dem Tuch?

Diese Perlen schiebe ich unter das Tuch. Zeichne den Teil der Kette, der unter dem Tuch liegt!

Drei Hunderterplatten und zwei Zehnerstangen werden unter ein Tuch gelegt.

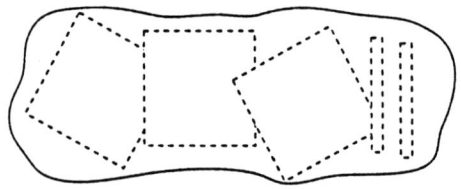

Unter das Tuch werden noch 4 Stangen geschoben. Wie heißt jetzt die Zahl?
Was muß ich noch unter das Tuch schieben, damit dort die Zahl 500 liegt?

Am Ende des 1. Grundschuljahres verlangen jene Schüler besonderes Augenmerk, die den Zahlraum bis 10 noch nicht automatisiert haben und die Zahlzerlegungen nicht beherrschen. Ebenso muß auf dann noch vorhandene Zählstrategien geachtet werden, da sie sich zu verfestigen drohen und die Ausbildung effizienter Strategien verhindern.

2.1.3 Hinweise auf Schwierigkeiten in der 2. Klasse

Zu Beginn der 2. Klasse ist auf jene Kinder zu achten, die noch Schwierigkeiten mit dem Zehner-Übergang besitzen und entsprechende Verallgemeinerungen (8+5, 18+5, 28+5, ...) nicht vollziehen, da diese nicht an diesbezüglich kraftvolle Vorstellungsbilder gebunden sind.

Auch Schwierigkeiten bei Bündelungsaufgaben (insbesondere der Zehnerbündelung) weisen darauf hin, daß allgemeinere Fähigkeiten wie Anschauungsprobleme, Handlungsverallgemeinerungen im Sinne eines Abstraktionsvermögens, Handlung-Symbol-Zusammenhang u.ä. betroffen sein können.

Eine Orientierungsstörung, v.a. die *Rechts-Links-Unterscheidungsschwäche*, kann sich noch immer darin zeigen, daß Ziffern vertauscht werden (46 statt 64), ohne daß ähnliche Verdrehungen im Lese-Schreib-Prozeß zu beobachten sind. Hier ist diagnostisch abzuklären, inwieweit das Zahlenverständis mitbetroffen ist. Häufig werden die intellektuellen Fähigkeiten der Kinder mit einer Orientierungsschwäche unterschätzt, weil sie vermeintlich unerklärbare, willkürliche und bizarre Fehler produzieren, z.B. 67+5=26 oder 17 oder 18, 48−7=14 oder 18. Eine genauere Analyse dieser Fehler zeigt dann meist, daß nicht nur die Ziffern sondern auch die Rechenoperation verdreht wurden: Addition statt Subtraktion und umgekehrt, so daß gerechnet wird 67+5 als 67−5 und das Ergebnis 62 als 26, oder es wird 67+5 als 76+5 gerechnet und das Ergebnis, 81, verdreht zu 18 (oder 76–5=71 wird zu 17).

Die einzelnen Rechenschritte sind dabei meist durchaus richtig ausgeführt; die Vertauschungen und Verdrehungen sind keineswegs auf mangelnde Rechenfähigkeit zurückzuführen, sondern auf eine isolierte Störung, die altersentsprechend häufig vorkommt und behebbar ist. Allerdings stellen sich als Konsequenz dieser fortwährenden Falschlösungen häufig Ängstlichkeit, Mißerfolgsorientierung und Selbstwertprobleme neben falschen Begriffen über den Stellenwertaufbau der Zahlen ein.

In für den Mathematikunterricht neuem Maße wird in der 2. Klasse das *Gedächtnis* gefordert. Viele Kinder, die bislang unauffällig erschienen, scheitern nun am Kleinen Einmaleins, während andere Schüler glänzen können. So kommt es häufig vor, daß jene Kinder, die eine Orientierungsstörung besitzen, ihr sprachliches Gedächtnis außerordentlich gut ausgebildet haben, weil sie es kompensatorisch zu ihren Schwächen verwenden. Dies kommt ihnen beim Auswendiglernen sprachlicher Ketten zugute.

Gedächtnisprobleme werden nicht nur beim Erlernen mathematischer Inhalte offensichtlich, sondern zeigen sich im Unterricht oft als Schwäche des Verständnisses von Anweisungen. Auch dieses wird häufig zu Unrecht als Intelligenzproblem angesehen, eine genauere Eingrenzung fördert aber meist zutage, daß Verständnisschwierigkeiten nicht durch die Komplexität oder Abstraktheit der Anweisung verursacht sind, sondern durch die Fülle. Diese überfordert gewisse Kinder. Meist wird man Hilfsstrategien beobachten, die sich die Schüler angeeignet haben und die auf ihre Probleme hindeuten: Sie fragen nach („Was hast Du gerade gesagt, Frau Müller?"), sie wiederholen leise bis stumm Teile der Anweisung oder scheinen unaufhörlich bei Rechnungen Teile der Aufgabe oder der Zwischenlösung vor sich hin zu sprechen.

In den folgenden Klassen treten keine Störungen auf, die sich nicht schon vorher hätten erkennen lassen. Mit den je neu eingeführten Veranschaulichungsmitteln ändert sich zwar die Manifestationsform der Störung, nicht aber ihre Qualität oder ihr Bereich. Außer bei Erkrankungen entwickeln sich jetzt keine visuelle Vorstellungsschwäche, Gedächtnis- oder Sprachprobleme mehr, diese waren, vielleicht unerkannt, immer schon da, sie wechseln nur ihr Gewand.

© 1992 CREATORS/Distr. BULLS

2.2 Zum Erstellen eines Mathematikprofils

Vor der eigentlichen Förderung eines rechenschwachen Schülers kommt es darauf an, die sog. Lernausgangslage oder den Lernstand zu erfassen. Welche inhaltlichen Grundanforderungen des aktuellen aber auch des vorangegangenen Mathematikunterrichts kann der betreffende Schüler erfüllen? Wo liegen seine stofflichen Schwierigkeiten? Welche Fehler treten besonders häufig auf? Sind stabile Fehlertechniken bzw. Fehlermuster erkennbar? Welche Vorstellungen von den Zahlen, Zahlbeziehungen und den Rechenoperationen hat der Schüler? Sind besondere Lösungsverfahren bzw. Strategien (aber auch "Rechentricks") erkennbar? ... Das Wissen über diese weitgehend inhaltlich bestimmten Fähigkeiten oder Schwächen bildet neben Kenntnissen über mögliche inhaltsübergreifende Besonderheiten (vgl. Kap. 2.5 oder 2.6) die Grundlage für eine gezielte Förderung. – Beim Erstellen eines Mathematikprofils steht nicht die quantitative Zusammenstellung der gelösten bzw. der nicht gelösten Aufgaben aus dem Mathematikunterricht im Vordergrund. Für die individuelle Hilfe und Förderung sind wesentlich wichtiger Antworten auf die anfangs angesprochenen Fragen.

Die Kenntnisse und die Schwächen des einzelnen Schülers in den arithmetischen Themenkreisen der Grundschulmathematik sind der Mathematiklehrerin i.d.R. über die Übungsarbeiten, über die Mitarbeit des Schülers im Unterricht, über den Förderunterricht oder Einzelgespräche weitgehend bekannt. Sie hält detailliert und aktuell die schriftlichen wie auch die mündlichen Leistungen der einzelnen Schüler fest, so daß sie sich durch die in Kapitel 7 vorgestellten Aufgabensätze allenfalls anregen lassen kann, ihr Wissen über das Können einzelner Schüler zu ergänzen.

Das Mathematikprofil muß jedoch immer von (Schul-)Psychologen, von Nachhilfelehrern oder von Förderinstitutionen erfaßt werden, um die von den Eltern und der Lehrerin erhaltenen Informationen über das mathematische Können eines Kindes zu präzisieren, so daß darauf aufbauend Hilfs- und Fördermaßnahmen eingeleitet werden können. Im vorliegenden Handbuch werden in Kapitel 7 diagnostische Aufgabensätze zum Bestimmen des Mathematikprofils angeboten. Sie haben sich in den beiden Beratungsstellen für Lernschwierigkeiten im Mathematikunterricht an den Universitäten Bielefeld und Göttingen bewährt. Die Aufgabensätze orientieren sich zunächst an den Anforderungen der Rahmenrichtlinien für den Mathematikunterricht an Grundschulen (hier exemplarisch des Landes Niedersachsen), sie beschränken sich bzgl. dieser Anforderungen auf die Inhalte der Schuljahre 1 bis 3. Grundschüler mit einer ausgesprochenen Rechenschwäche sind von ihren Kenntnissen und Fähigkeiten her durchweg ein oder mehrere Schuljahre hinter den 'offiziellen' Mathematiklehrplänen zurück. Ein rechenschwacher Dritt- oder Viertkläßler kann evtl. Aufgaben des 2. Schuljahres bearbeiten und lösen, nicht aber die meisten Anforderungen des Schuljahres erfüllen, in dem er sich gerade befindet. Ergänzt werden die rein arithmetischen Aufgaben des Mathematikprofils (Kap. 7.1) durch Aufgaben zu den grundlegenden Anforderungen des elementaren Sachrechnens (Kap. 7.2) mit additiver bzw. mit multiplikativer Simplexstruktur

Zu den Schwierigkeiten bei den schriftlichen Rechenverfahren im 3./4. Schuljahr sei verwiesen auf Kapitel 4.5 sowie auf das Buch von GERSTER, 1982. Hier werden sowohl diagnostische Aufgabensätze wie auch zahlreiche Förderanregungen gegeben.

Das Schema eines Mathematikprofils kann nicht alle möglichen Diagnoseaspekte aufnehmen, wie zum Beispiel:

– Wird die Aufgabe mit Hilfe von Materialien, mit Unterstützung von Darstellungen/Bildern oder rein symbolisch bearbeitet?
– Mit welchen Materialien wird die Aufgabe bearbeitet?

- Wird die Aufgabe mündlich oder schriftlich dem Schüler gegeben? Wird sie allein im Kopf gelöst oder halbschriftlich?
- Wie löst der Schüler die Aufgabe? Mit Hilfe von Zählstrategien, durch Rückführstrategien oder kennt er die Lösung auswendig?
- u.v.a.m..

Das Schema eines Mathematikprofils würde zu umfangreich und unhandlich, würde man all die möglichen Diagnoseaspekte aufnehmen. Diese muß die Lehrerin im Hinterkopf haben. Es erscheint praktikabler und hilfreicher, in ein überschaubares Profilschema die Beobachtungen selbst einzutragen, als zu den mathematisch-inhaltlichen Aspekten auch noch alle Variationen der Aufgabenstellung oder der Aufgabenlösung aufzulisten.

Exemplarisch wird nachfolgend der *Ablauf möglicher Fragestellungen zur Ermittlung des Wissensstandes für das Lösen einfacher Kopfrechenaufgaben* dargestellt (nach KORNMANN & SCHÄFFLER, 1988, S. 92).

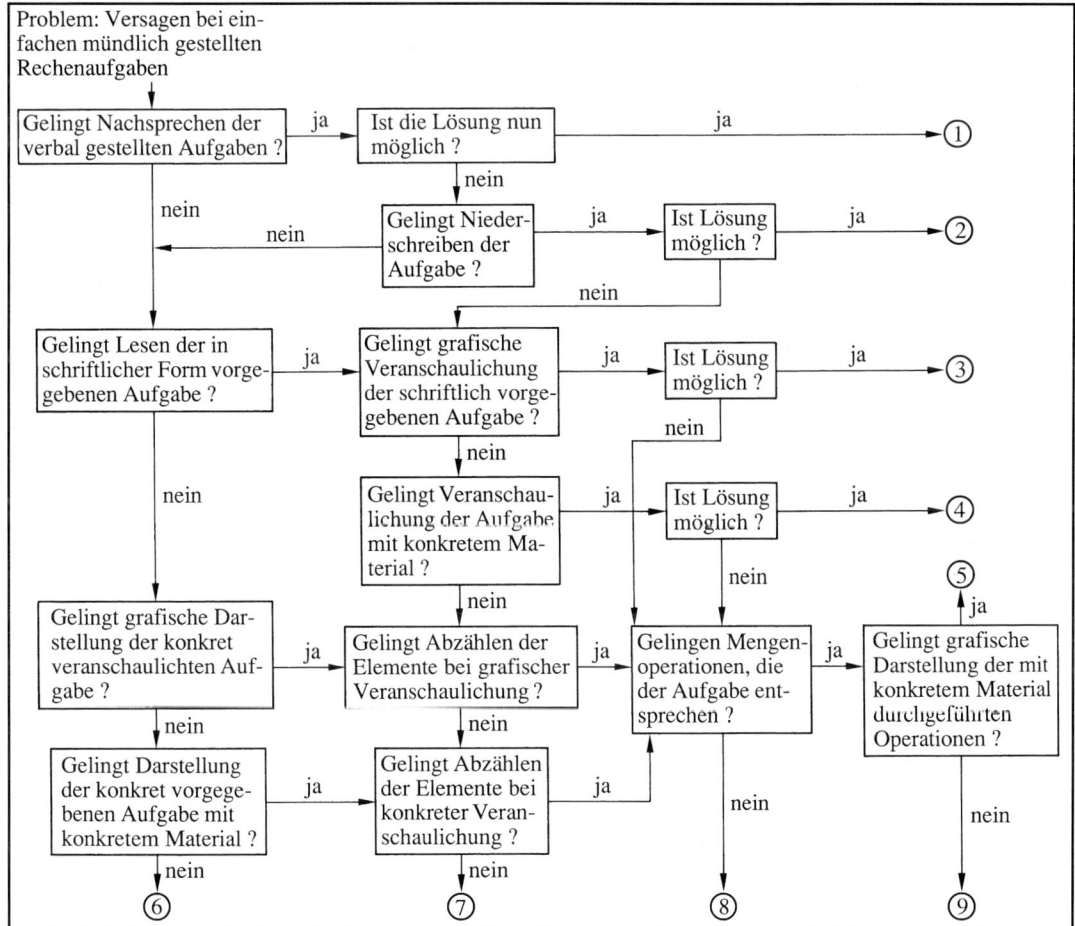

1 – 5: Lösungen auf unterschiedlichen Niveaustufen der Aufgabenrepräsentation,
6 – 9: Weitere Überprüfungen bzw. spezifische Fördermaßnahmen sind notwendig.

2.3 Schülervorstellungen von Zahlen und von den mathematischen Operationen

Gerade im Mathematikunterricht der Grundschule erarbeiten wir die meisten Begriffe und mathematischen Verfahren in der Abfolge eines altbewährten methodischen Dreischrittes: Ausgehend von Realitätserfahrungen oder Tätigkeiten an konkreten Materialien (enaktive Phase) wird der neue Unterrichtsinhalt den Schülern dann über Darstellungen bzw. sogenannte Veranschaulichungen angeboten (ikonische Phase), um schließlich nur noch mit mathematischen Symbolen und Zeichen zu arbeiten (symbolische Phase). Die Hoffnung ist bei diesem Vorgehen, daß möglichst alle Schüler diese Übersetzungs- und Abstraktionsprozesse nachvollziehen und somit die mathematischen Beziehungen oder Begriffe verinnerlichen. Zudem erwarten wir von den Schülern, daß sie Vorstellungen entwickeln, um sicher zwischen den drei Repräsentationsebenen hin und her übersetzen zu können, und daß sie bei der Bearbeitung einer schwierigen Rechenaufgabe auf konkrete Vorstellungen zurückgreifen können (siehe auch Kap. 1.1).

Zahlreiche Untersuchungen machen deutlich, daß das Verständnis mathematischer Begriffe, Operationen und Beziehungen sehr eng verknüpft ist mit den darauf bezogenen Vorstellungen bzw. Repräsentationen (vgl. LORENZ, 1991). Vorstellungen und Vorstellungsbilder bestimmen die Qualität des mathematischen Denkens und helfen dem Verständnis, sie sind nach PIAGET und AEBLI gerade im Grundschulalter das wichtige Bindeglied zwischen den Handlungserfahrungen und der Verinnerlichung. Die visuellen Vorstellungsbilder entwickeln sich bei Grundschülern auf der Basis von selbstausgeführten Handlungen, selten allein durch die Beobachtung von Handlungen anderer oder durch das Betrachten von Bildern. Diese individuellen Vorstellungsbilder repräsentieren das Wissen und Verständnis des einzelnen Schülers über Zahlen, Zahlbeziehungen und Rechenoperationen, sie sind 'Bilder' des Verständnisses. So muß an dieser Stelle wieder auf die Bedeutung folgender Aspekte für ein erfolgreiches Mathematiklernen hingewiesen werden:

© 1978 United Feature Syndicate, Inc.

– Das rechtzeitige Erfassen der Lernausgangslage der Schulanfänger und das evtl. notwendige Fördern gerade der visuellen Wahrnehmungsfähigkeiten (siehe dazu die Kapitel 2.1, 3.3, 5.1 und 6.1).
– Die Auswahl hilfreicher Arbeitsmittel und ein ausreichend langes Bereitstellen als eine innere Differenzierungsmaßnahme (siehe dazu die Kapitel 3.2 und 4).
– Die regelmäßige Analyse der Schülerfehler, einerseits als wichtiges diagnostisches Verfahren, zum andern als Grundlage für didaktische Fördermaßnahmen (vgl. dazu Kapitel 2.4).

Es bieten sich einige Möglichkeiten an, die Vorstellungen der Schüler von Zahlen und von den Rechenoperationen zu erfahren. Sehr hilfreich ist das Verfahren „Indianergeschichte" (vgl. HUGHES, 1986). Den Schülern wird eine einleitende Geschichte erzählt, etwa: „Stellt Euch vor, zu uns kommt ein Indianerkind aus dem Amazonasurwald zu Besuch. Dieses Indianerkind kann unsere Sprache nicht sprechen und natürlich auch nicht verstehen. Es kann auch unsere Schrift, unsere Zahlen und die Rechenzeichen nicht lesen. – Wie könnten wir dem Indianerkind verständlich machen, was zum Beispiel ein 'Baum' ist?" In der nun anschließenden Diskussion muß den Schülern deutlich werden, daß zur Beschreibung keine Worte, Buchstaben, Ziffern oder Zeichen benutzt werden können, sondern allgemeinverständliche Bilder gezeichnet werden müssen. So etwa das Bild eines Baumes zum genannten Beispiel. – Die Anweisung geht weiter: „Ich schreibe Euch gleich einige Begriffe an die Tafel, für die Ihr jeweils eine kleine Zeichnung anfertigen sollt, die auch das Indianerkind verstehen kann."

Schüler ab Ende des ersten Schuljahres zeichnen nacheinander (Vorstellungs-)Bilder zu: Ein Haus, das Auge, die Zahl 6, $7 - 2 = 5$, $4 + 3 = 7$, die Zahl Null, $4 = \_\_ - 5$ o. a. Auch ältere Schüler (Viert- bis Sechstkläßler) erfüllen diesen Zeichenauftrag durchweg mit großer Begeisterung.

Bei den Vorstellungsbildern zu Rechenoperationen lassen sich drei Klassen unterscheiden:

① Zu den Zahlensätzen bzw. den Operationen werden Bildgeschichten oder Handlungen gezeichnet, die den Additions-/Subtraktionsprozeß besonders deutlich machen. Derartige Repräsentationen von Handlungserfahrungen oder konkreten Vorstellungen werden durchweg nur von guten Rechenschülern angeboten, Schüler mit Rechenschwächen verbinden dagegen sehr selten mit den Zahlensätzen bzw. den Rechenoperationen konkrete Handlungen.

Leider ist die Phase des konkreten Handelns und des Erfahrens von Realitätsbezügen einer mathematischen Operation in der Unterrichtspraxis für einige Schüler viel zu kurz.

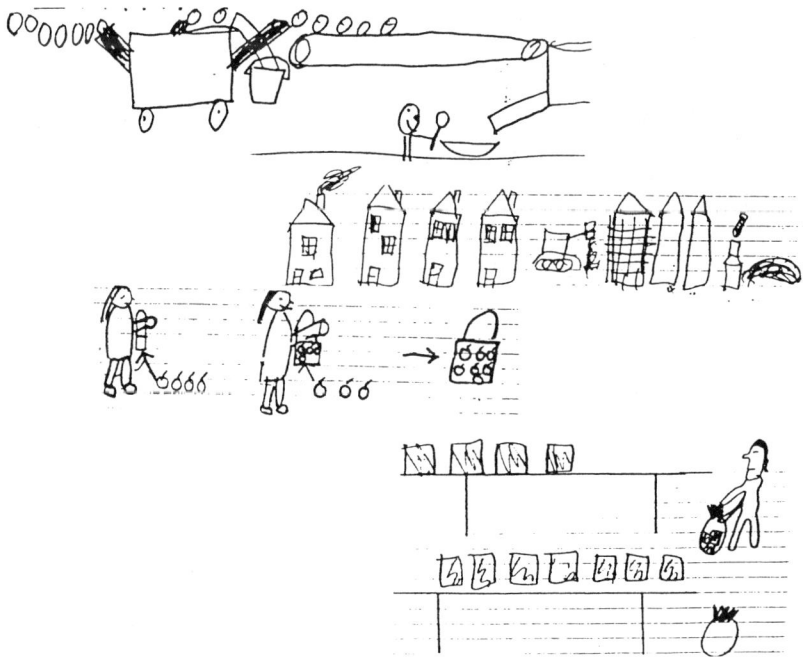

zu ①: *Bildgeschichten zu $4 + 3 = 7$ bzw. $7 - 2 = 5$*

② Von vielen Schülern werden Bilder gezeichnet, die sich anlehnen an die im Unterricht oder in den Schulbüchern angebotenen Modelle des Vereinigens, des Dazukommens ... bzw. des Bildens einer Restmenge, des Wegstreichens u. a..

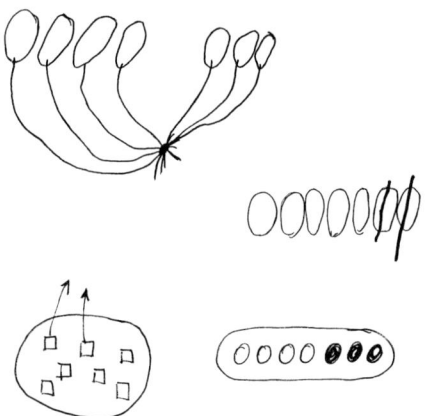

zu ②: *Mengenoperationen zu den Gleichungen 4 + 3 = 7 bzw. 7 – 2 = 5*

③ Die dritte Repräsentationsform wird durchweg von rechenschwachen Grundschülern gewählt: Die Zahlengleichungen werden dabei in eine andere abstrakte Form übertragen, d. h. alle Zahlen werden durch Mengen repräsentiert, und für das Operations- sowie das Gleichheitszeichen werden oft neue Symbole erfunden.

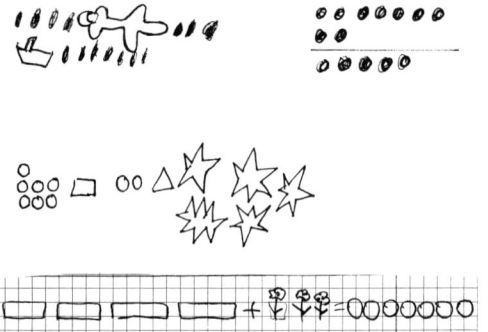

zu ③: *symbolische Darstellungen der Gleichungen 4 + 3 = 7 bzw. 7 – 2 = 5*

Untersuchungen (RADATZ, 1989, 1991) weisen auf signifikante Unterschiede zwischen den guten und den weniger guten Rechnern hin. Es ist ganz offensichtlich, daß die Schüler mit Lern- bzw. Verständnisschwierigkeiten im Mathematikunterricht die anfangs beschriebene Reihenfolge didaktischer Schritte nicht wie erwartet durchlaufen. Für sie bestehen kaum Verbindungen und somit auch keine Übersetzungsmöglichkeiten zwischen Handlungserfahrungen, bildhaften Darstellungen (sogenannten Veranschaulichungen) und schließlich den rein symbolischen Darstellungen von Rechenoperationen. Rechenschwache Schüler verstehen Gleichungen oder Ungleichungen mit Ziffern und mathematischen Symbolen als eine Art Geheimcode (HUGHES, 1986), in dem man kontext- und vorstellungsfrei nach bestimmten (Rechen-)Regeln manipulieren kann. Sollen diese Schüler einen derartigen Geheimcode konkretisieren bzw. dazu Vorstellungsbilder zeichnen, dann erfolgt oft nur die Übersetzung in einen anderen Geheimcode, nur selten ist die Rückübersetzung in Handlungserfahrungen oder konkret-bildhafte Vorstellungen möglich.

Leistungsstärkeren Rechnern gelingt dagegen das Hin- und Herübersetzen zwischen den Repräsentationsebenen eines mathematischen Begriffes oder einer Operation relativ problemlos. Sie verfügen über vielfältige Vorstellungen und flexible Lösungsstrategien zu vielen mathematischen Themen oder Problemen. Auf die möglichen Ursachen für diese Unterschiede sowie Diagnose- und Förderaspekte wird in diesem Handbuch an anderen Stellen eingegangen, u.a. in Kap. 1.3 (Lernprozesse), 2.1 (Früherkennung), 3.3 (Bedeutung der Geometrie) und 5.1 (visuelle Wahrnehmungsförderung). Die drei beschriebenen Möglichkeiten für Vorstellungsbilder beschränken sich nicht nur auf die Addition/Subtraktion, sie sind entsprechend auch zur Multiplikation und Division beobachtbar. Beispiele für „Schülersichtweisen":

Darstellung für 3 · 4   gesehen als 2 · 4

Schülervorstellungen

Nachfolgend ein paar Schülerdarstellungen zu den Zahlen 6 und 0.

Schülervorstellungen von der Zahl 6

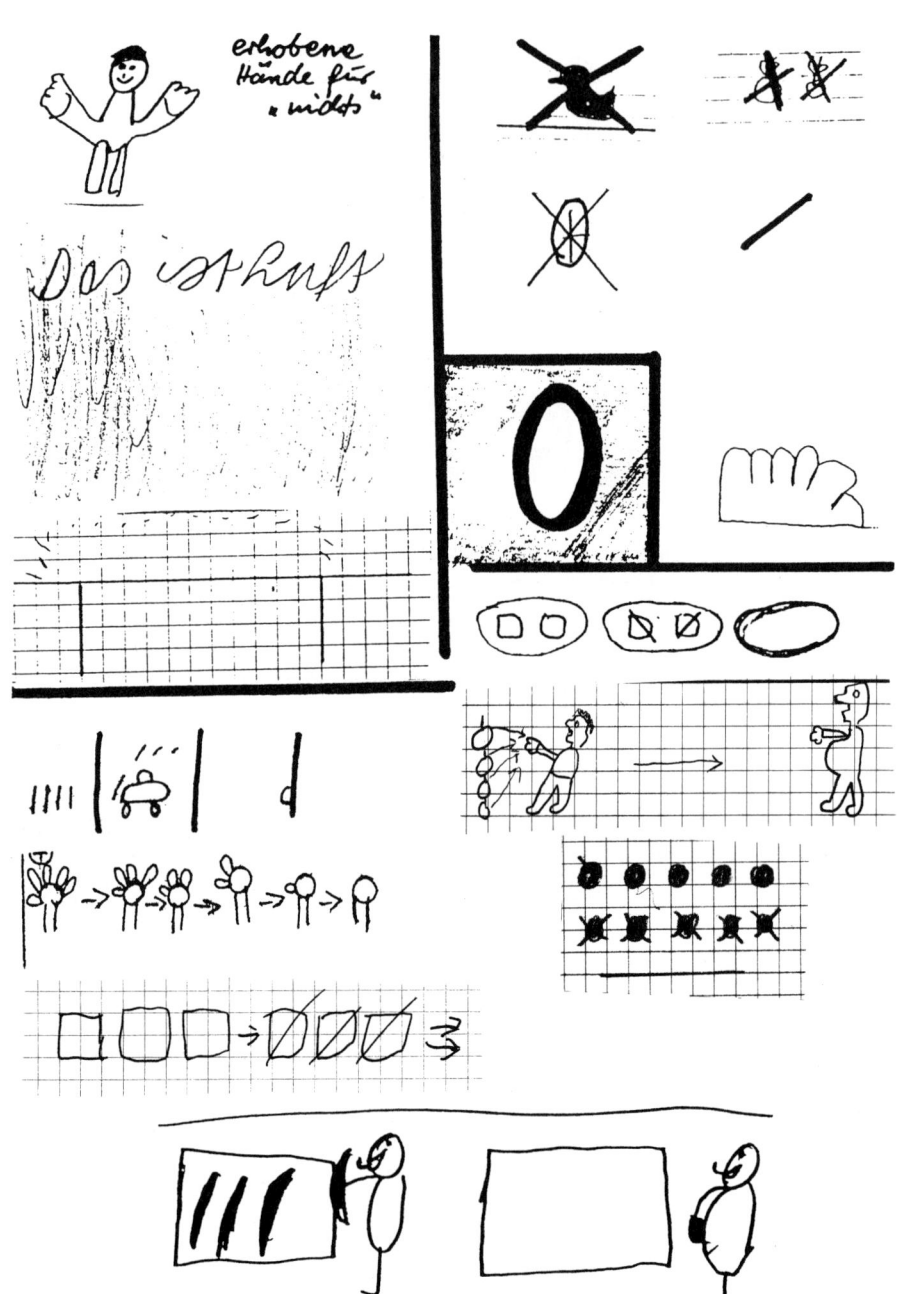

Schülervorstellungen von der Zahl 0

Die Beispiele auf den folgenden Seiten zu Vorstellungen vom Zahlraum und den Rechenoperationen einzelner Schüler machen die Individualität des Lern- und Verständnisprozesses deutlich (nach LORENZ, 1991):

SIMON (2. Schuljahr, 8;8 Jahre alt) ist teilweise gelähmt und hat Störungen des visuellen Gedächtnisses sowie der Vorstellungsfähigkeit. Er zeichnet die Anordnungen auf den Würfelseiten oder auf Spielkarten anders als gewohnt.

OLIVER (4. Schuljahr, 11;10 Jahre alt) erinnert sich nicht an visuelle Bilder, sondern er versucht, aus seinem Wissen um die Zahlen Bilder zu konstruieren. Dabei handelt es sich aber nicht um ein Wissen um die Zeichenkonfigurationen, sondern um die Zahlen-Sequenzen. Bei den Würfelbildern muß immer ein Punkt hinzukommen. So kommt es zu Zählfehlern, die Oliver nicht wahrnimmt, da er seine Zeichnungen nicht mit einer gespeicherten Konfiguration der Würfelseiten vergleicht.

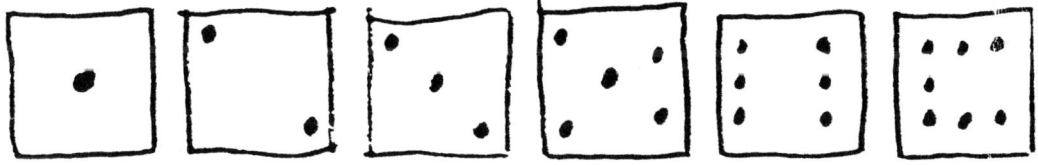

RALF (3. Schuljahr, 10;0 Jahre alt) stellt Ergänzungsaufgaben über die Dienes-Blöcke so dar:

BERND (2. Schuljahr, 7;3 Jahre) benutzt das in der Schule verwendete Bild des Zahlenstrahles auch für seine Hausaufgaben, er hat es immer vor sich liegen. Die Aufgabe 20 + 7 löst er im Kopf als 7 + 3 + 10 + 7 = 27, da sein visuelles Bild seinem Handlungsvollzug am Zahlenstrahl entspricht. Die Anwendung der Kommutativität (7 + 20 = 20 + 7) ist für Bernd nicht möglich, weil ein Ansetzen der 20 von links mit der Handlung im Modell inkompatibel und daher auch nicht vorstellbar erscheint.

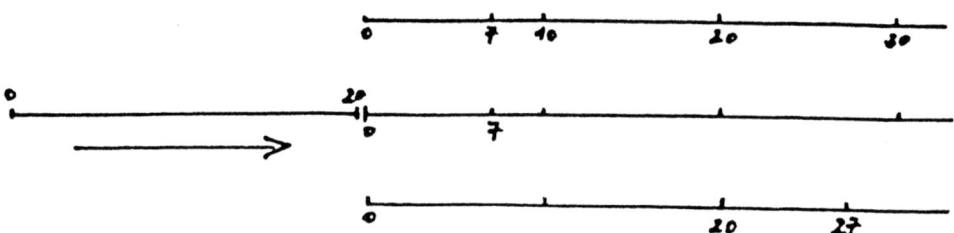

ANDRE (3. Schuljahr, 9;2 Jahre alt) verbindet mit dem im Unterricht verwendeten Zahlenstrahl lediglich das Bild eines 'Weges', den es abzulaufen oder zu fahren gilt. Aufgaben wie 350 + 80 löst er, indem er bis zum nächsten Hunderter (400) geht und dann noch 80 hinzuaddiert.

DAVID (1. Schuljahr, 6;11 Jahre alt) verbindet mit dem Zahlenstrahl eine Art Ratespiel. Er glaubt, er müsse bei jeder Aufgabe die Zuordnung Strich - Zahl neu bestimmen. Von sich aus sieht er keine Regelmäßigkeiten bzw. Strukturen in der Anordnung der Zahlen auf den Strichen. David kann zwar sicher vorwärts bis 20 und auch rückwärts zählen, er überträgt dieses Wissen aber nicht auf das sog. Veranschaulichungsmittel 'Zahlenstrahl'. Es scheint so, als vermute er einen weiteren, darüber hinausgehenden Sinn in diesem Medium. Die Zahlen und ihre Abfolge kennt er ja, wozu braucht man dann noch diesen Strahl?

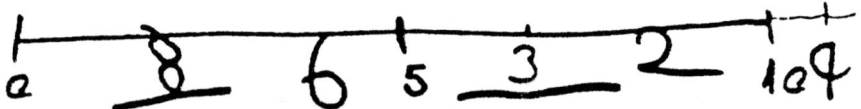

SVEN (3. Schuljahr, 9;2 Jahre alt) hat Orientierungsstörungen. Für ihn stellte sich das Problem der Einheiten erst, als es im Mathematikunterricht zu Zehnerüberträgen kommt. Zwar ist Sven nie der Fehler unterlaufen, verschiedene Einheiten (Einer, Zehner, Hunderter) zusammenzufassen, aber er weigert sich umgekehrt, Tauschoperationen vorzunehmen. In seiner Vorstellung muß 'Zusammengehörendes' auch zusammenbleiben und darf nicht mit anderem vermischt werden. So entsprechen vom Aussehen her etwa 10 Einer qualitativ nicht einem Zehner. Dagegen ist die Ziffernschreibweise für Sven willkürlich, beliebig und abwandelbar.

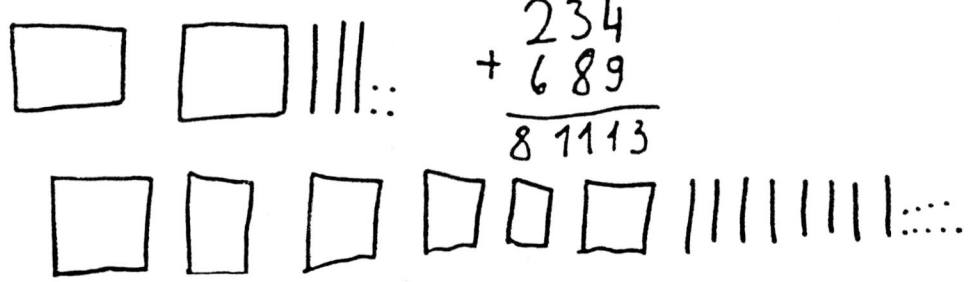

Zur Subtraktion sagt Sven: „Von der 3 bis zur 7 sind es 4, von der 4 bis zur 6 sind es 2 und (nach dem Abzählen der einzelnen Punkte) von der 2 bis zur 5 ist 7."

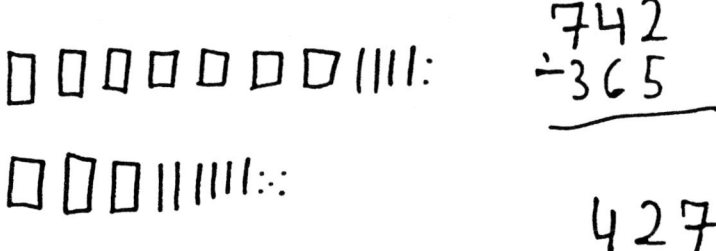

SANDRA *(3. Schuljahr, 9;2 Jahre alt) mit Orientierungsstörungen und links-rechts-Diskriminationsschwächen vertauscht die Zeilen und Spalten in der Hundertertafel. Sandra's Vorstellungsbilder zur Umgebung der 84 bzw. der 67:*

HENK *(2. Schuljahr, 8;5 Jahre alt) hat in sein Vorstellungsbild von der Hundertertafel bestimmte äußerliche Eigenschaften der im Klassenraum stehenden Tafel aufgenommen. Zudem konfligieren die Aufbauregeln für Spalten und Reihen der Zahlen.*

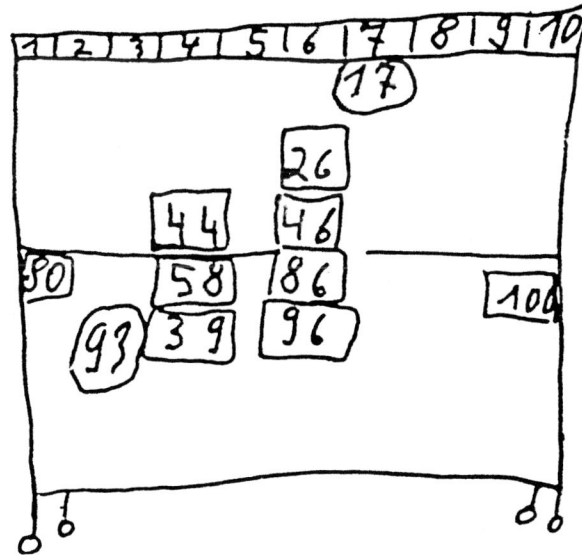

SEBASTIAN (2. Schuljahr, 8;11 Jahre alt) arbeitet mit der 'russischen Rechenmaschine'.

Dieses Arbeitsmittel hat bei ihm keine Vorstellungsbilder als Prototypen etwa für die Addition oder die Subtraktion hervorgerufen. Sebastian wendet bei der Rechenmaschine die Zählstrategie an, d. h. er schiebt und zählt einzelne Perlen, ohne strukturelle Möglichkeiten des Arbeitsmittels zu erkennen. Beispiel: Sebastians Vorstellung und Berechnung der Aufgabe 27 + 8:

Die beschriebenen Fälle machen deutlich, daß Schüler sehr oft nicht die von der Lehrerin angestrebten Vorstellungen zu Operationen oder zu Zahlräumen übernehmen, sondern individuelle Interpretationen konstruieren. Aus verschiedenen Gründen entwickeln Schüler eigene, individuelle Vorstellungen, die den Lern- bzw. den Verstehensprozeß behindern können. Konkrete Arbeitsmittel und sog. Veranschaulichungen sind nicht selbstsprechend, sie müssen von den Schülern erst gelernt und im Sinne des Mathematikunterrichts interpretiert werden. Daher kann ein angewandtes Prinzip der Variation von Veranschaulichungsmitteln (überspitzt: möglichst viele verschiedene Modelle/Darstellungen zu einem mathematischen Thema) eher zu Lern- und Verständnisschwierigkeiten führen als zu den erhofften Einsichten.

Als Grundlage einer gezielten Förderung kommt der Diagnose der Schülervorstellungen von Zahlen und von Rechenoperationen eine zentrale Rolle zu, indem die Schüler aufgefordert werden

– Vorstellungsbilder zu den Zahlen und den Rechenoperationen zu zeichnen,
– Zahlbeziehungen und Rechenoperationen zu beschreiben,
– Transformationen/Operationen „im Kopf" an den Vorstellungsbildern vorzunehmen
  und die Ergebnisse zu zeichnen bzw. zu beschreiben,
– während der Bearbeitung einer Aufgabe „laut zu denken"
  (Sag mir, was du jetzt denkst/im Kopf rechnest ...).

2.4 Zur Analyse von Schülerfehlern

Die Fehleranalyse ist ein interessanter Forschungsbereich der Mathematikdidaktik, in dem Aufschluß über Vermittlungsprozesse zwischen dem Curriculum und den Lehrerhandlungen einerseits und den Schülerlösungen andererseits gesucht werden (vgl. LORENZ, 1987). Die Methode der Fehleranalyse ist nicht neu und sie ist keine spezifisch mathematikdidaktische. In der unterrichtspraktischen Anwendung sowie in der fachdidaktischen Forschung insbesondere der sprachlichen Unterrichtsfächer (Rechtschreibung, Grammatik, Fremdsprachenerwerb) spielt sie eine wichtige Rolle.

Zum Thema des vorliegenden Handbuches kommt der Fehleranalyse im Unterricht eine große Bedeutung zu. Sie ist eine hilfreiche und praktikable Methode, die Lernschwierigkeiten einzelner Schüler beim Lösen von mathematischen Aufgaben zu erkennen. Schülerfehler und die ihnen zugrundeliegenden Strategien/Fehlermuster der einzelnen Schüler bilden für die Lehrerin einen hilfreichen diagnostischen Informationshintergrund, um gezielt Förder- und Differenzierungsmaßnahmen einleiten zu können.

2.4.1 Die Möglichkeiten der Fehleranalyse

Schülerfehler im Mathematikunterricht entstehen nur selten zufällig oder durch flüchtiges Verrechnen, ihnen liegt fast immer eine bestimmte Lösungsstrategie bzw. Rechenregel des Schülers zugrunde, die für den Schüler selber sinnvoll ist. Diese Fehlermuster wenden die Schüler bei gleichartigen Aufgaben durchweg systematisch und konsequent an.

Viele Schüler verstehen unter Mathematik eine Art „Regelspiel" ohne Beziehungen zur Realität. Für sie sind alle Aufgaben in Mathematik immer irgendwie lösbar bzw. berechenbar, man muß eben nur die Regel, die Rechentechnik oder den Rechentrick kennen. Notfalls werden diese auf dem Hintergrund des instrumentellen Verständnisses von Mathematik selber konstruiert. Schwächere Rechner bemühen sich, zu allen Rechenaufgaben irgendwie eine Lösung zu finden. Dabei auftretende Unvereinbarkeiten bestimmter Lösungen mit den inneren Bedingungen einer Aufgabe oder den Realitätserfahrungen werden von ihnen nicht empfunden.

Kurz: Schülerfehler sind die „Bilder" individueller Schwierigkeiten und Mißverständnisse.

Schülerfehler treten in verschiedenen Phasen des Unterrichtsprozesses auf, wobei ihnen sehr verschiedene methodisch-didaktische Funktionen zugewiesen werden können: Schülerfehler in der Vorbereitungsphase als Informationen über die Lernausgangslage, Schülerfehler im Laufe einer Erarbeitungsphase als Indikatoren für bestimmte Lerneffekte, Fehler in der Übungsphase als Grundlage für eine Leistungsbeurteilung aber auch als Hinweise für eine zusätzlich notwendige Fördermaßnahme u. a. (vgl. MAIER, 1982).

© 1992 CREATORS/Distr. BULLS

Die Fehleranalyse sollte ein wichtiges Prinzip bei der Planung, der Durchführung und bei der Auswertung von Mathematikunterricht sein.

- Die Analyse von Schülerfehlern bildet eine praktikable Grundlage für die innere Differenzierung des Mathematikunterrichts, sie gibt direkt Hinweise auf passende Fördermaßnahmen, insbesondere zur Einzelförderung.
- Das Auseinandersetzen mit den Schülerfehlern kann der Lehrerin eigene methodische Probleme und didaktische Schwierigkeiten bewußt machen.
- Fehler sind ein notwendiges Zwischenstadium und unverzichtbare Bestandteile eines Lernprozesses. Bei ihrer Überwindung kommt dem Schüler eine aktive Rolle zu (*Volksmund: Aus Fehlern lernt man*).

Das unerreichbare Ziel der Fehlervermeidung verhindert im Unterricht oft, die Schüler auf das Erkennen, das Finden und Überwinden von Fehlern vorzubereiten. Fehler sollten auch von den Schülern als etwas Natürliches und Nützliches angesehen werden. Mit einer negativ-ängstlichen Einstellung gegenüber einer Fehlermöglichkeit vermeiden Schüler, im Mathematikunterricht bei Problemstellungen zu experimentieren oder etwas zu erproben. Erst die bedeutsame (pädagogische) Erfindung des Tintenkillers erlaubt im Mathematikunterricht wieder freiere Lösungsversuche und bietet zudem einen gewissen Schutz vor der negativen Beurteilung (Lörcher, 1984).

Schüler entdecken und entwickeln individuelle Regeln!
Bitte versuchen Sie, die nachfolgenden Schülerfehler zu analysieren und die Fehlertechniken zu beschreiben. Mögliche „Lösungen" s. u..

a) $14 - 6 = 12$
   $12 - 5 = 13$
b) $7 + 6 = 12$
   $8 + 5 = 12$
c) $23 - 5 = 19$
   $11 - 8 = 4$
d) $17 - 9 = 6$
   $15 - 8 = 3$
e) $36 + 6 = 40$
   $48 + 8 = 50$
f) $67 - 28 = 41$
   $52 - 26 = 34$
g) $56 - 3 = 8$
   $35 - 2 = 6$
h) $28 - 19 = 1$
   $32 - 24 = 6$
i) $625 \cdot 5$
   4005
j) $96 : 16 = 10$

Nachfolgend Erklärungen zu den Fehllösungen a) bis j), wobei zum Teil auch andere Fehlermuster möglich sind:
a) Stellenwertfehler ($6 - 4 = 2$, dann $10 + 2 = 12$);
b) Typischer Zählfehler beim Addieren (die erste Zahl wird mitgezählt: 7, 8, ...);
c) Zählfehler beim Subtrahieren (Ergebnis ist die letzte Zählzahl);
d) Falsche Zerlegung ($10 - 9 = 1$ und dann $7 - 1 = 6$);
e) Übertragen eines „Rechentricks" aus der Subtraktion ($36 - 6 = 30$);
f) Stellenwertfehler (immer größerer Einer minus kleinerer Einer);
g) Stellenwerte werden nicht berücksichtigt ($5 + 6 - 3 = 8$);
h) Der Einer in der ersten Zahl wird vernachlässigt ($20 - 10 - 9 = 1$);
i) Der Übertrag wird dem ersten Faktor zugeschlagen ($5 \cdot 5 = 25$, dann $5 \cdot 4 = 20$ ...);
j) „Vorteilhaftes Kopfrechnen" ($90 : 10 = 9$, $6 : 6 = 1$ und dann $9 + 1 = 10$).

2.4.2 Zur Methode der Fehleranalyse

Für die Unterrichtspraxis bieten sich einige methodische Möglichkeiten für die Analyse von Schülerfehlern an, die sich gegenseitig ergänzen (vgl. RADATZ, 1980):

- Die Analyse von Schülerfehlern *aus schriftlich vorliegenden Aufgabenlösungen* (Tests, Klassenarbeiten, Übungsaufgaben, selbständig gelöste Hausaufgaben u. a.). Diese Methode ist leicht anwendbar. Jedoch sind manche Schülerfehler auf diesem Wege nicht analysierbar, wie es auch zu einem Fehlerbild sehr unterschiedliche Fehlertechniken geben kann (die Leserin vergleiche ihre „Lösungen" zu den nebenstehenden Schülerfehlern mit den oben angebotenen Erklärungen!).
- Während der Bearbeitung einer Aufgabe kann man die Schüler „*laut denken*" lassen. Bei dieser wie auch bei der folgende Methode muß man einschränkend bedenken, daß Schüler beim „lauten Denken" Schwierigkeiten haben können,

- weil die Fähigkeiten der Introspektion über das eigene Denken noch nicht ausreichend entwickelt sind,
- weil die Sprachgewandtheit für das Verbalisieren der eigenen Gedankengänge nicht ausreicht oder
- weil manche Schüler nicht gleichzeitig rechnen (bzw. denken) und sprechen können.

- Sehr hilfreich ist ein diagnostisches Gespräch zwischen Lehrerin und Schüler als Ergänzung zur Analyse eines Fehlers aus schriftlich vorliegenden Lösungen. Durch das Nachfragen in einem Gespräch sind auch Analysen von mündlichen Schülerlösungen möglich. Das wohl größte Problem dieser Methode liegt in der Gefahr, daß die Lehrerin durch ihre Denkanstöße und Fragen den Schüler in eine Richtung verleitet bzw. zu einer Erklärung bringt, die er von sich aus nicht gegeben hätte.

Felix (2. Schuljahr, 8;2 Jahre alt) bietet die folgende Lösung an: $7 \cdot 5 = 38$. Nachfolgend das informelle, diagnostische Gespräch zwischen der Lehrerin (L) und Felix (F) (aus RADATZ, 1980, S. 6):

L.: Wie hast du das gerechnet?
F.: Ich habe zuerst die Königsaufgabe gerechnet.
L.: Wie lautet diese Königsaufgabe?
F.: $5 \cdot 5 = 25$.
L.: Und wie geht es dann weiter?
F.: Dann habe ich noch $1 \cdot 6$ dazugerechnet, ist ... 31, und dann noch die 7, ist zusammen 38.
L.: Aber warum hast du die 6 und dann noch die 7 addiert?
F.: Beim Malnehmen mit 7 rechnet man doch erst die Königsaufgabe mit 5 und dann noch zwei dazu.
L.: Welche zwei dazu?
F.: Bei mal7 noch die 6 und die 7. ... 5 und 2 gibt 7.

- Seit einigen Jahren gibt es zu bestimmten Themenkreisen des Mathematikunterrichts *diagnostische Aufgabensätze bzw. Tests*, die speziell für die Analyse von Schülerfehlern entwickelt worden sind. Bekannt sind die diagnostischen Aufgabensätze von GERSTER, 1982, zu den vier schriftlichen Rechenverfahren. Die Aufgaben sind dabei so ausgewählt bzw. konstruiert, daß die möglichen Schwierigkeiten eines Rechenverfahrens berücksichtigt werden. Werden diagnostische Aufgabensätze von der ganzen Klasse bearbeitet, kann die Lehrerin einen Überblick über die häufigsten Fehler gewinnen, indem sie einen Fehler-Klassenspiegel zu einem bestimmten Anforderungsbereich erstellt.

		keine Null	Null in der oberen Zahl	Null in der unteren Zahl
kein Übertrag		1 45 − 32	2 608 − 203 (7)	3 958 − 104
		5 479 − 27	6 309 − 4	7 867 − 40
ein Übertrag		9 72 − 49	10 704 − 262	11 773 − 407 (3)
		13 849 − 62 (1)	14 690 − 23	15 657 − 8
zwei Überträge		17 821 − 788 (8)(10)	18 900 − 439	19 506 − 207 (9)(4)
		21 613 − 25 (1)	22 604 − 8 (1)(2)	23 703 − 97 (1)(6)
Sonderfälle		25 593 − 739 (12)	26 1000 − 694 (8)(6)	27 43 − 102 (12)

– Zahlenraum bis 1000
– Aufgaben ohne bzw. mit Stellenunterschied wechseln zeilen...

Ein Ausschnitt aus dem Test 1 zur schriftlichen Subtraktion nach GERSTER, 1982, S. 49.

2.4.3 Grenzen der Fehleranalyse

Die Analyse von Schülerfehlern in der Unterrichtspraxis muß sich weitgehend auf die Beschreibung von mathematisch-inhaltlichen oder verfahrensbezogenen Aspekten beschränken. Wahrnehmbar, nachvollziehbar und beschreibbar sind Fehlermuster. Sie erlauben eine inhaltlich-deskriptive Fehlertypologie bzw. Fehlerklassen (z. B. Zählfehler bei der mündlichen Addition, Übertragsfehler bei der schriftlichen Subtraktion), aus denen sich didaktisch akzentuierte Hilfs- und Fördermaßnahmen ableiten lassen. Dieser durchaus hilfreiche Aspekt einer Diagnose/Analyse bei rechenschwachen Schülern kann aber nur Aufschlüsse über die curricularen, äußeren Erscheinungsbilder geben.

Bei der Diagnose und Therapie auf den anderen Erklärungsebenen für Lernschwierigkeiten, etwa die Aufnahme und Verarbeitung von Informationen während des Bearbeitungsprozesses oder Ursachen bei den kognitiven Stützfunktionen betreffend, hilft eine Fehleranalyse wenig.

Zudem ist nicht jeder Fehler analysierbar, die Leserin möge nur das diagnostische Gespräch am Ende dieses Kapitels durchlesen.

Trotz derartiger Einschränkungen kann man die Fehleranalyse als eine besonders hilfreiche Möglichkeit ansehen, um die Lernschwierigkeiten eines Schülers in einem speziellen Lernbereich zu erkennen, in inhaltlich qualifizierter Weise zu beschreiben und aus dem erkannten Fehlermuster curriculare Hinweise für Fördermaßnahmen zu gewinnen. Es wäre bereits ein großer pädagogischer Fortschritt,
– wenn für die Schüler die Angst vor Fehlern im Mathematikunterricht abgebaut werden könnte und
– wenn die positiven Aspekte des Fehlermachens und des Überwindens eigener Fehler stärker bewußt würden.

Beide Ziele setzen allerdings voraus, daß die Lehrerin Schülerfehler nicht nur quantitativ nutzt (z. B. bei der Zensurgebung), sondern insbesondere qualitativ.

STACY (3. Schuljahr, 9;3 Jahre alt) hat große Schwierigkeiten beim Mathematiklernen.

L.: Kannst du das lesen?
S.: Jimmy hat acht Katzen. Er gibt Brian zwei Katzen.
L.: Was kommt als nächstes?
S.: Wie viele hat Jimmy?
L.: Was glaubst du, wie viele er hat?
S.: Fünf.
L.: Wie kommst du darauf?
S.: Er hatte 8 und 2 und eine.
L.: Wie hast du das gerechnet? Er hatte acht Katzen und gab zwei Katzen an Brian. Wie viele hatte er übrig?
S.: Fünf. Er hatte fünf und zwei andere gingen weg.
L.: So, wie viele behielt er zurück?
S.: Acht Katzen, ich habe zurückgezählt.
L.: Wie hast du zurückgezählt?
S.: Acht, und ich erhielt drei mehr, und dann nahm ich zwei weg.
L.: Was meinst Du mit „drei mehr"? Laß uns von vorn anfangen. Zeig mir, wie du rückwärtszählst.
S.: 8, 7, 6, 5, 4. Er hat vier zurückbehalten.
L.: Wie kommst du darauf, bei 4 zu stoppen? Du zählst 8, 7, 6, 5, 4. Warum stoppst du bei der 4?
S.: Weil da die 7 ist!

2.5 Informelle Diagnose kognitiver Schwächen und Fähigkeiten

Die im Schulalltag verwendbaren informellen Verfahren zur Erfassung derjenigen Faktoren, die für Rechenstörungen verantwortlich sind, unterscheiden sich kaum von jenen, die bereits im Vorschulalter zum Einsatz kommen. Sie können es auch nicht, da sie ja auf dieselben Fähigkeiten abzielen. Wie dort soll in entspannter Atmosphäre und ohne den sonst die unterrichtliche Situation begleitenden Druck in möglichst spielerischer Weise das Kind angehalten sein, seine Fähigkeiten und Schwächen zu zeigen. Die im folgenden beschriebenen Tätigkeiten können sowohl in Vertretungsstunden und im regulären Unterricht durchgeführt werden als auch in Förderstunden, in denen individueller auf das einzelne Kind eingegangen werden kann. Die einzelnen Beispiele sind als Hinweise auf Bereiche gedacht, auf die die Lehrerin im Unterricht achten sollte.

2.5.1 Diagnose visueller Fähigkeiten

Würfeldrehungen

Mit Würfeln lassen sich unterschiedliche Aufgabenstellungen durchführen:

- Es wird das Bild eines Würfels gezeigt, und aus einer Reihe von Vorlagen soll derjenige Würfel bestimmt werden, der durch Drehung aus dem Ausgangswürfel hervorgeht.

- Wie im vorangehenden Beispiel sollen drehgleiche Würfel angegeben werden, wobei mehrere Lösungen möglich sind.

- Ein Würfel trägt auf seinen sechs Flächen folgende Zeichen:

Hier siehst du drei verschiedene Ansichten dieses Würfels:

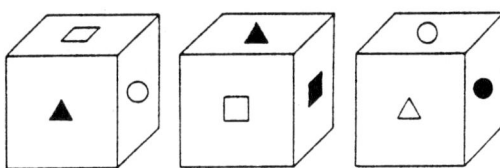

Welches Zeichen befindet sich auf der gegenüberliegenden Seite von ◯ (▲.☐) ?

- Ein Würfel wird sichtbar vor den Schüler gelegt, der ihn sich genau betrachten kann. Danach wird der Würfel durch ein Tuch verdeckt und nach links, rechts, vorne oder hinten gedreht. Der Schüler muß die auf den sechs Flächen nun befindlichen Zahlen angeben.

- Mehrere aufeinanderfolgende Drehungen sind möglich.

- Die Präsentationsform kann geändert werden. So ist es für den Schüler leichter, die Lösung zu finden, wenn er die Würfeldrehung unter dem Tuch selbst durchführt, nicht weil er dann die Punktmuster ertasten kann, sondern weil der Aufbau des inneren Bildes eine taktil-kinästhetische Stütze erfährt. Es genügt häufig, wenn er den Würfel mit dem Tuch rotieren darf. Eine Variation besteht darin, nicht die jeweilige Augenzahl anzugeben, sondern den Schüler das entstandene Bild malen zu lassen. Auch hier ist es hilfreich, die für die Erwachsenen standardisierte Perspektivform vorzugeben, da Schüler diese gemeinhin erst lernen müssen. Die drehvarianten (1,4,5) und drehinvarianten Punktmuster (2,3,6) müssen beachtet werden.

Unter dem Tuch erfühlt das Kind die Drehungen

Spiegelbilder

Spiegelbilder werden im herkömmlichen Unterricht durchgenommen. Aus diesem Grund brauchen an dieser Stelle die üblichen Zeichenaufgaben und Symmetrieachsenbestimmungen nicht weiter behandelt zu werden (vgl. RADATZ & RICKMEYER, 1991). Es erweist sich als hilfreich, von symmetrischen Figuren nur eine Hälfte anzugeben, die andere ausführen zu lassen, wie dies in der Abbildung für Buchstaben gezeigt ist (auch dies wird in einigen Schulbüchern behandelt). Es kommt vor, daß Schüler zwar sofort angeben können, um welchen Buchstaben es sich handelt, sie können aber die fehlenden Striche nicht auf einem anderen Blatt zeichnen. Komplexere Muster können mit dem *Formenspiel* gelegt werden (Partnerarbeit).

„Halbe" Buchstaben

Kopfgeometrie

Der Bereich der Kopfgeometrie ist beklagenswerterweise aus dem Unterricht verbannt worden, wobei böse Zungen behaupten, daß er auch für einige Lehrerinnen zu schwierig geworden sei. Die Aufgaben lassen sich in jedem Schwierigkeitsgrad präsentieren. Sie beginnen z.B. mit der Aufforderung, die Augen zu schließen und sich dann vorzustellen,
– daß man zur Klassentüre hereinkommt, an der linken Wand zwei Schritte entlang macht, sich dreht und zum Fenster blickt und nun drei Schritte nach vorne geht. Wo steht man dann?
– oder daß an einem festgelegten Punkt im Klassenzimmer eine Fliege sitzt, die ihre Reise beginnt und von dort 20 cm nach oben, 40 cm nach rechts, 1 m diagonal nach links unten etc. läuft. Der diesbezüglichen Verschachtelung und Aufreihung sind keine Grenzen gesetzt. Es ist leichter, die Krabbeltiere in jeder Stunde von dem gleichen Punkt loslaufen zu lassen.

Verlangt wird dabei immer, sich die sprachliche Beschreibung als Bewegung vorzustellen, sie in der Anschauung nachzuvollziehen und mit neuen Bewegungen zu verbinden. Nicht der einzelne Handlungsablauf bildet dabei das Problem, sondern die Abfolge, die Fülle, die eine hohe Anforderung an das Konzentrationsvermögen stellt.

Nun ist der *Konzentrationsaufwand* immer gebunden an die geforderte Fähigkeit, das heißt die durch Anspannung bewirkte Erschöpfung tritt um so schneller ein, je geringer die geforderte Fähigkeit bei dem Schüler ausgebildet ist. Insofern ist der Zeitpunkt, an dem ein Schüler aus einer solchen Kopfgeometriegeschichte „aussteigt", auch ein gutes Maß für seine Raumanschauung.

Nachbauen

das **Nachbauen** von vorgebauten oder gezeichneten Objekten, wobei die Darstellung (Umrißzeichnung, konkrete Bauten, Beachtung der Farbgebung etc.) variieren kann.

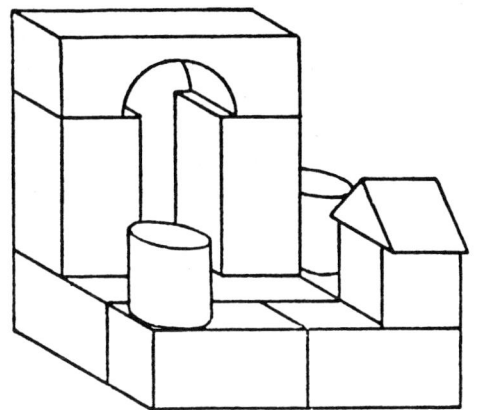

Turmnachbau (vgl. für ähnliche Aufgaben SCHENK-DANZINGER, 1971; GUDER, 1988, 1991)

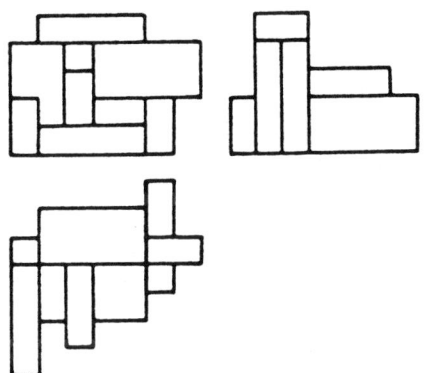

Grundriß, Vorder- und Seitenansicht eines zu bauenden Objekts (für weitere Aufgaben siehe NIKITIN & NIKITIN, 1984)

Als besonders geeignet erwiesen haben sich das flächenhafte **Nachlegen von Mustern** mit Hilfe farbiger Würfel, etwa den 64 Vero-Würfeln (ähnlich dem HAWIK-Mosaik-Test; für Vorlagen siehe NIKITIN & NIKITIN, 1984) mit praktisch unbegrenzt steigendem Schwierigkeitsgrad sowie die Verwendung des *Körperspiels* (BAUERSFELD ET AL., 1973).

Mosaik, das mit den Vero-Würfeln nachgebaut werden muß

Die Aufgabe, sich einen außen blau angemalten Holzwürfel vorzustellen und in kleinere Teile zu zersägen, wird von den Schülern unterschiedlich erfolgreich gelöst. Die Kinder können dabei die Zersägung in der Vorstellung vornehmen und lassen häufig ihre Hände wie Kreissägen die Bewegung vollführen. Sie müssen dann bestimmen, wie viele Teile sie erhalten haben, also je nach Anzahl gleichzeitiger Schnitte 2 oder 3. Dann führen sie dieselbe Operation nun in einer anderen Ebene aus, zuletzt in der dritten. Es ergeben sich dann 8er-, 27er- oder gar 64er-Würfel. Jetzt soll gesagt werden, wie viele der kleinen Würfel 1, 2, 3, 4, 5 oder 6 blaue Flächen besitzen (keiner hat mehr als 3 blaue Flächen, aber außer beim 8er-Würfel gibt es welche ohne blaue Seitenflächen). Zuletzt können die Schüler den betreffenden großen Würfel zusammenbauen.

Das **Zählen verdeckter Objekte** ist als Spiel von Kindergeburtstagen bekannt. Hier besteht zum einen die Möglichkeit, diverse Objekte auf dem Tisch zu verteilen, vom Kind eine angemessene Zeit betrachten zu lassen und dann wieder zu verdecken. Dies erfaßt das visuelle Gedächtnis, da das Kind wenig Möglichkeiten hat, systematisch die Vollständigkeit seiner Aufzählung zu prüfen. Anders hingegen bei Aufgaben, die vom Kind verlangen, bei einer Zeichnung auch jene Teile mitzuberücksichtigen, die hinter der Vorderansicht verborgen liegen.

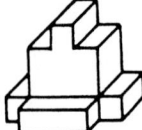 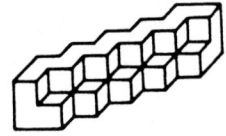

Verdeckte Würfel zählen. Hierbei muß das Kind sich vorstellen, das Objekt selbst zu bauen (ähnlich auch NIKITIN & NIKITIN, 1984).

Eine andere Variante besteht darin, ein Objekt (Würfel, Quader, Tetraeder) zu zeigen, dann wegzulegen und nach der Anzahl der Kanten, Seitenflächen und Ecken zu fragen. Hierbei müssen die Kinder sich das Objekt vorstellen und es in der Vorstellung drehen bzw. aus verschiedenen Perspektiven betrachten. Auch die Leserinnen werden sich bei der Frage nach der Anzahl der Tetraederkanten, sollte sie nicht bekannt sein, das Objekt vorstellen und dann beginnen müssen, am Vorstellungsbild abzuzählen. Und wie viele Ecken, Kanten und Flächen hat das Objekt, das durch zwei aneinander gelegte Würfel (Quader, Tetraeder) entsteht?

Auch beim **Nachzeichnen** sind unterschiedliche Schwierigkeitsstufen denkbar, von einfachen Objekten bis zu komplexen Bauten. Um Orientierungsstörungen zu ermitteln, hat es sich als günstig erwiesen, die Schüler einfache Streckenzüge nachmalen zu lassen, da hierbei die Rechts-Links-Unterscheidung in besonderem Maße gefordert wird. Das Kind besitzt dabei keine andere Korrekturmöglichkeit als den visuellen Vergleich mit der Vorlage, wohingegen bei einer Mannzeichnung u.ä. etwa das Wissen von Objekten der Alltagswelt einfließt, daß z.B. in einem Gesicht der Mund unter den Augen liegt oder bei einem Hund die Beine unten sind. Auch lassen sich Längenabschätzungen und das In-Beziehung-Setzen von Längenabschnitten leichter beobachten. Bei Schülern mit Rechenstörungen zeigen sich typische Fehler wie Verdrehungen, Klappungen und Spiegelungen des gesamten Bildes oder von Teilen.

Zeichnungen von Personen und Tieren sind aus dem Kunstunterricht verfügbar. Häufig fallen diese Zeichnungen durch extreme Unproportioniertheit auf, der riesige Kopf steht auf dünnen Streichholzbeinchen, die Hände sind genauso groß wie der ganze Arm, der Hals dreimal so dick wie beide Beine zusammen. Hier ist die altersentsprechende Zeichenfertigkeit zu berücksichtigen, da Kinder bis ins hohe Schulalter die Proportion Kopf-Rumpf meist falsch, insbesondere mit einer Überbetonung des Kopfes malen.

Zeichnung eines der beiden Autoren durch einen Schüler der 1. Klasse: unausgewogene Proportionen (so schlank wäre er gerne) und Schnurrbart unter dem Mund

Eine andere Fähigkeit wird gefordert, wenn die Schüler etwas *aus ihrer Erinnerung zeichnen* sollen, etwa ihren Schulweg unter Angabe der Straßenüberquerungen, wo der Bäckerladen ist, die Kirche steht etc., oder ihr Kinderzimmer mit Schrank, Bett und Tisch. Gerade beim letzteren ist häufig eine Vertauschung der Richtungen beobachtbar: Der Schrank steht rechts statt links, das Fenster neben der Tür, das Bett unter dem Fenster, und in extremen Fällen liegt eine vollständige Unfähigkeit vor, die Aufteilung des seit mehreren Jahren bewohnten Zimmers anzugeben.

Versuche einer 9;7jährigen rechenschwachen Schülerin, die Vorlage (links oben) abzuzeichnen

Das **Größenschätzen** kommt leider im Unterricht zu wenig vor. Größen werden im Unterricht zwar behandelt, meist werden aber nur Umrechnungen von einer Größe in andere im Sinne eines arithmetischen Fertigkeitstrainings vorgenommen oder als Einführungen in Maßzahlen (cm, km, m, kg, g, l, hl und andere mehr oder weniger gebräuchliche, oft nur noch in Schulbüchern auftauchende Einheiten) bzw. als Umgang mit Geld verstanden. Hier ist das Schätzen von Entfernungen, Gewichten, Höhen, Flächen etc. gemeint, wobei die Kinder noch nicht über den Erfahrungsschatz eines Erwachsenen verfügen und daher nicht die oben genannten Einheiten verwendet werden sollten („Wie lang ist das Schulgebäude?", „Wieviel Meter sind es von zu Hause bis zur Schule?", „Wie schwer ist Deine Schulmappe?"), auch wenn dies im Unterricht seinen Platz hat.

Die Einheit sollte vorgegeben und sichtbar sein. So kann man nach der Anzahl der Schritte bis zur Tür fragen (Länge des Klassenzimmers, des Flurs, des Schulhofs) und die Einheiten (Schritte, Würfel, Daumenbreite) variieren. Entsprechend läßt sich mit Gewichten und Flächen verfahren, bei denen ein Einheitsgewicht (Milchtüte, Bleistiftmäppchen) bzw. ein Quadrat, Rechteck, Dreieck oder ein anderes zur Parkettierung geeignetes Maß auf dem Tisch liegt.

Beim **Papierfalten** wird ein Blatt vor das Kind gelegt, ein anderes, gleich großes Blatt vor seinen Augen gefaltet und Teile davon ab- oder herausgeschnitten. Das Kind soll auf seinem Papier nun angeben, welche Stücke fehlen. Hierzu muß der Schüler die Faltoperation umkehren, d. h. in seiner Vorstellung das Blatt wieder aufklappen und die herausgeschnittenen Teile in den beiden spiegelsymmetrischen Hälften auffinden. Von anderen Aufgaben zur Spiegelung unterscheidet sich diese dadurch, daß der Schüler zum einen erkennen muß, daß es sich um achsensymmetrische Darstellungen handelt, und zum anderen wird dies durch eine vorgestellte Handlung erreicht, die aber nicht der beobachteten, sondern der rückwärts ablaufenden Bewegung entspricht.

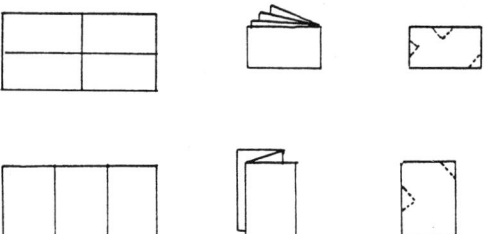

Gefaltetes Papier und abgeschnittene Stücke

2.5.2 Gedächtnis

Die informelle Überprüfung des Gedächtnisses ist schwieriger, da sich im Unterricht nur wenige Möglichkeiten ergeben, die Merkfähigkeit außerhalb der curricularen Inhalte zu beobachten. Und diese zu behalten ist nun immer auch von dem Verständnis abhängig. Es ergibt sich also fortwährend für die Lehrerin das Problem zu verstehen, ob der Schüler den Stoff nicht kann, weil er ihn vergessen hat oder weil er ihn nicht verstanden hat und sich deshalb auch nicht richtig erinnern kann.

Trotzdem wird sie am Verhalten des Schülers häufig bemerken, ob sein *Kurzzeitgedächtnis* hinreichend ist:

– Der Schüler fragt ständig nach, auch wenn die Information kurz und knapp ist;
– er kann im muttersprachlichen Bereich Sätze oder Wortfolgen nicht behalten, so daß sie ihm erneut diktiert werden müssen;
– er kann kurze Geschichten nicht richtig wiedergeben;
– es bereitet ihm überdurchschnittliche Mühe, die kurzen Lieder für den Morgenkreis auswendig zu lernen;
– auch die von ihm selbst vorgelesenen Aufgaben findet er auf der Heft- oder Buchseite nicht wieder;
– er kann sich an einfache Aufgabensätze nicht mehr erinnern, auch wenn er sie vor wenigen Minuten gelöst hat, so daß jede Aufgabe für ihn ein neues Problem darstellt;
– er findet seine weggelegten Sachen nicht mehr (Jacke, Bleistift etc.).

Die Abgrenzung von der Konzentration ist im Alltag nur schwer möglich, und auch wir Erwachsenen kokettieren mit unserer Vergeßlichkeit, die ja in der Figur des zerstreuten Professors sogar auf ein sehr gutes Gedächtnis für die „wichtigen" Dinge hinweist (und wer will schon ernsthaft behaupten, daß der Schulstoff wichtig sei?).

Um Gedächtnisstörungen abzuklären, ist es daher günstiger, die Behaltensleistung des Schülers in einer entspannten, konzentrierten Atmosphäre und *ohne Störung durch andere Schüler* zu erheben (Einzelstunde, ruhige Ecke in einer Förderstunde u. ä.). Es eignet sich das Nachsprechen von kurzen Sätzen, auch sinnlosen Silben- und Zahlenfolgen, die keine offensichtliche Struktur aufweisen (also nicht 2, 4, 6, 8, ...). Schüler der Eingangsklasse sollten etwa vier Zahlen nachsprechen können.

Zahlen- oder Silbenfolgen können auch rückwärts vom Schüler wiederholt werden (5, 3, 9 → 9, 3, 5). Dies verlangt eine höhere Gedächtnisleistung, so daß nur 3 bis 4 Zahlen erwartet werden können.

Störungen des Langzeitgedächtnisses lassen sich im Unterricht kaum feststellen. Jedes Kind verfügt über eine Fülle von Gedächtnisinhalten, die es in Erzählungen und Berichten verwendet. Meist liegt nicht eine Störung des Gedächtnisses vor, sondern es fehlen dem Schüler geeignete Einprägestrategien, die wahrgenommene Information, sei sie gehört oder gesehen, zu ordnen und im Gedächtnis abzulegen. Da diese Einprägestrategien aber mit dem zu lernenden Inhalt und mit dem verstehenden Ordnen der Information verbunden sind, gehören sie selbst zum Gegenstand des Unterrichts (vgl. Kap. 5.2 und 5.4).

2.5.3 Sprache

Sprache ist das wesentlichste Kommunikationsmittel zwischen Schüler und Lehrerin, sie verständigen sich wechselweise darin über Lerninhalte und Meinungen, tauschen Erfahrungen und aktuelle Gefühle aus. Aber es werden nicht nur Informationen vermittelt, sondern die Sprache selbst wird von der Lehrerin als Zeichen für Lernfortschritt und Lernstand verwendet. Gerade in der Eingangsklasse ist die Sprache meist noch mehr. Lehrerin und Schüler begegnen sich in der Sprache, so daß sich die Lehrerin ihr (vorläufiges) Urteil über den Schüler zuerst durch dessen

Sprachverwendung bildet. Stotterndes, holperndes, lispelndes und polterndes Sprechen beeinflußt auch dann ihr Urteil, wenn sie sich dessen bewußt zu sein versucht, denn es geht in ihren zumindest unbewußten Eindruck mit ein (und so wird machmal schnell von dem Sprachniveau auf die Intelligenz und von der Intelligenz auf die zu erwartende Rechenleistung geschlossen).

Die Sprache der Vorschulkinder verfügt noch nicht über den Umfang und die Genauigkeit der Begriffe, die bei Erwachsenen anzutreffen sind. Ihre Grammatik und Wortverwendung läßt zu wünschen übrig, denn ihre Welterfahrung hat der Einübung der Worte noch nicht genügend Gelegenheit geboten. Dies mag im ersten Moment erstaunlich klingen, denn es sollte doch für einen Grundschüler genauso leicht sein, Das Wort „Hund", „Apfel" oder „Zahlenstrahl" zu lernen wie für einen Gymnasiasten. Aber Worte und Begriffe werden nicht durch eine Definition gelernt und verstanden („ein Hund ist ein Tier mit vier Beinen, Fell, Schnauze, ..."), sondern es werden *Situationen* gelernt, in denen man ein bestimmtes Wort verwendet.

Insofern ist für das Lernen mathematischer Inhalte die Erfahrung des Kindes mit Längen-, Zeit-, Vergleichs- und Kausalbegriffen wesentlich. In welchen verschiedenen Situationen bzw. beim Auftreten welcher Gegenstände hat es bisher von „größer", „länger", „ähnlich" usf. gesprochen und Gelegenheit gehabt, diese Begriffe *über die Verwendung der Worte* auszubilden. Gewisse Unzulänglichkeiten der Sprache weisen daher auf Schwierigkeiten des quantitativen Verstehens hin.

Da diese für den Mathematikunterricht bedeutsamen Begriffe aber kaum global zu erfassen sind (und, wie gewohnt, helfen hier standardisierte Wortschatz-Tests nicht weiter), wird die Lehrerin die Verwendung der kritischen Begriffe auch im Sachkunde- und muttersprachlichen Unterricht beobachten. Sie stellt dabei fest, ob der Schüler Bezeichnungen aus den folgenden Bereichen auch in Erzählungen und Beschreibungen richtig wählt:

- *Vergleiche* (groß-klein, lang-kurz, viel-wenig etc.; jünger, älter, schwerer, leichter, später, früher, kürzer, länger, dicker, dünner als u.v.m.; der Längste, der Kürzeste, der Mittlere, das Meiste, der Erste, der Letzte, der Schwerste)
- *Beziehungen von Dingen und Zeiten* (liegt in, neben, auf, unter, über, rechts, links, hinter; vor-nach, beides sowohl räumlich als auch zeitlich)
- *Beziehungen von Personen* (ist Vater von, Schwester des Vaters von)
- *Kausalität* (dann ... wenn, immer dann ... wenn, nie, wenn nicht etc.)
- *Klassifikation* nach mehreren Merkmalen (rund und rot, quadratisch und dick, blau, aber nicht dünn)

Natürlich wird die Lehrerin nicht darauf warten, bis entsprechende, richtige oder falsche Formulierungen vom Schüler selbst kommen, denn wenn ein Kind nicht über diese Begriffe verfügt, wird es sie von sich aus auch nicht verwenden. Stattdessen wird die Lehrerin die Reaktion des Schülers auf Fragen, Arbeitsaufträge oder Aufforderungen beobachten, die vergleichende, verneinende oder Beziehungen herstellende Begriffe enthalten. Für Kinder, die im Mathematikunterricht auffallen, ist es notwendig, die sprachlichen Ausdrucks- und Verstehensmöglichkeiten in den einzelnen Bereichen sehr genau zu beschreiben.

2.5.4 Seitigkeit

Zum Abschluß soll noch auf ein leicht durchführbares Verfahren hingewiesen werden, das Aufschluß über die bevorzugte (dominante) Gehirnhälfte erlaubt. Es ersetzt zwar keine eingehende neurologische Untersuchung, gibt aber Aufschlüsse, die eine solche dann rechtfertigen. Nach Befragung der Eltern über in der Vergangenheit bevorzugte Extremitäten und diesbezügliche Auffälligkeiten (s. auch 2.7), können folgende Dominanzen im einzelnen geprüft werden:

Die *Händigkeit* erkennt man im allgemeinen an der Bevorzugung einer Hand beim Schreiben, Gabel halten und der Begrüßung. Da es sich um eine angelernte Verhaltensweise handeln kann und gerade bei diesen alltäglichen Ausführungen, die von den Eltern beachtet, kontrolliert und geändert werden, ein Rechtshänder von einem umgestellten Linkshänder kaum unterscheidbar ist, ist es günstiger, das Kind zu einer spontanen Bewegung zu veranlassen. Dies kann durch Zuwerfen eines Balles geschehen oder dadurch, daß man ihm plötzlich einen Gegenstand reicht. Dies läßt sich kombinieren mit der Untersuchung der

Augendominanz. Hierbei wird dem Kind ein Fernrohr gereicht (es genügt ein zu einer Tüte gerolltes Blatt Papier; mit welcher Hand greift das Kind zu?), und es wird aufgefordert durchzuschauen. Das Kind wird das Fernrohr an das dominante, stärkere Auge halten (Sehstörung beachten!).

Die *Fußdominanz* läßt sich durch einbeiniges Hüpfen von der Tür zum Fenster ermitteln. Fragt das Kind, mit welchem Bein es dies tun solle, ist ihm dies freizustellen.

Die *Ohrdominanz* zeigt sich, wenn man, hinter dem Kind stehend, diesem leise, fast unhörbar etwas zuflüstert. Es wird den Kopf in die eine oder andere Richtung wenden, um mit dem dominanten Ohr besser zu hören.

Eine unausgeprägte Händigkeit oder eine unterschiedliche Richtungsbevorzugung bei Hand, Bein, Auge oder Ohr kann die Ursache für Orientierungsstörungen sein. Diese Kinder fallen zum Beispiel dadurch auf, daß sie das Fernrohr mit der rechten Hand ans linke Auge halten.

2.5.5 Beobachtung der Problemlösestrategie

Das schlichte Produkt des Denkvorganges, d.h. die korrekte Lösung so wenig wie der Fehler, liefert hinreichenden Aufschluß über die zugrundeliegenden Denkprozesse, die hierzu geführt haben. Was hat ein Schüler gedacht und sich vorgestellt, der auf die Frage „Wieviel ist $10-7$?" mit „4" antwortet?

(a) Die Antwort „4" kann durch die bei Zählern häufig anzutreffende Vermischung zweier richtiger Zählstrategien zustandekommen:

– Beim Rückwärtszählen wird die Ausgangszahl mitgezählt „10, 9, 8", nicht aber die letzte Zahl (7); entsprechendes kann beim Vorwärtszählen geschehen, also „7, 8, 9", wobei die 10 nicht mitgesprochen wird;

– die Ausgangszahl wird nicht genannt, hingegen die letzte Zahl: „9, 8, 7" bzw. beim Vorwärtszählen „8, 9, 10", d.h. die Lösung ist in beiden Fällen „3".

Hier zählt aber der Schüler tatsächlich „10, 9, 8, 7", indem er gleichzeitig beide Verfahren benutzt, und erhält so als Lösung (= Anzahl der gesprochenen Zahlen) „4".

(b) Ein von uns beobachteter Schüler der 2. Klasse mit Störung der Rechts-Links-Unterscheidung zeigte bei dieser Aufgabe die Zahl 7 (statt 10) mit den Fingern, nahm dann die eine Hand (= 5) weg und ergänzte nochmal die verbleibenden 2 Finger: Ergebnis ebenfalls „4".

Das Ergebnis, ob richtig oder falsch, kann also auf unterschiedliche Weisen zustandekommen. Daher sollten die Kinder angehalten werden, laut zu denken und auch die Zwischenschritte anzugeben. Da es sich um ein Vorgehen in der Abklärungsphase handelt, das der Lehrerin helfen soll, das Denken des Schülers zu verstehen, ist es ungünstig, durch geschickte Fragen dem Schüler auf den Lösungsweg zu helfen. Dem Schüler sollte bei seinen Lösungsversuchen sämtliches im Unterricht verfügbare Material zur Verfügung stehen und auch weiteres, das von ihm zu Hause benutzt wird oder werden könnte. Die Kenntnis der vom Schüler bevorzugten Veranschaulichungsmittel liefert Hinweise auf seine individuellen Strategien, auf wahrscheinliche, mit diesem Material verknüpfte Vorstellungsbilder und damit auf entsprechende Schwierigkeiten, die mit diesem Arbeitsmaterial verbunden sind (siehe Kap. 3.2).

Bei der Einzelarbeit mit rechenschwachen Kindern empfiehlt es sich, sie vollständig im Blick zu haben, das heißt, während sie Aufgaben lösen, den ganzen Körper zu beobachten, auch ihre Beine und Füße. Häufig benutzen sie für ihre Zählstrategie nicht mehr offen die Finger, da ihnen dies von der Lehrerin oder den Eltern untersagt wurde, greifen aber aufgrund unvollkommener anderer Strategien auf neue Zähltricks zurück: Sie zählen fast unsichtbar, nur durch Druck der Finger auf den Tisch, durch Muskelanspannung in den Fingern oder Beinen, durch Druck der Knie gegen die Tischkante, Klopfen der Füße, leichtes Bewegen der Fußzehen usf.

Bei diesen individuellen Zählformen erreichen die Kinder oft zum einen eine ungeahnte Schnelligkeit, die durch die fortwährende Übung zustandekommt und damit schon Hinweise auf die Dauer der von ihnen benutzten Strategie gibt, zum anderen sind sie sich bald der Vertuschungsabsicht selbst nicht mehr bewußt und würden auf Befragen ehrlich leugnen. Um trotzdem diese Tricks aufzudecken, sollte die Lehrerin neben dem Kind sitzen und nicht ihm gegenüber.

Bei der Verhaltensbeobachtung der Kinder sollten die von ihnen verwendeten Hilfsmittel beachtet werden. Benutzen sie gedächtnisentlastende Verfahren, schreiben sie sich zum Beispiel etwas auf? Machen sie von sich aus eine Zeichnung, wenn sie glauben, ein Bild nicht behalten zu können? Verwenden sie eine sprachliche Steuerung, ist etwa ein leises Vorsichhinsagen zu beobachten, oder ist dies zu vermuten, da die Kinder bei Störungen oder Zwischenfragen leicht in Verwirrung geraten (Fragen der Lehrerin stören häufig mehr, als daß sie hilfreich sind!)?

Über die kognitiven Stützfunktionen ist die Lehrerin aus dem Unterricht her informiert. Die Intensität und die maximale Dauer der *Konzentration*, die das Kind aufzubringen vermag, geben Aufschluß darüber, in welchem Maße die Aufgabenstellung den Schüler anstrengt, und damit auch, in welchen Bereichen seine Schwierigkeiten liegen. Häufig können Schüler nicht genug von Einmaleins-Aufgaben bekommen, wirken keineswegs ermüdbar, um dann einen unerwarteten Konzentrationsverfall bei Additions- und Subtraktionsaufgaben zu zeigen. Während aber im ersten Fall schlichte Gedächtnisleistung verlangt wird und leicht erbracht werden kann, müssen beim zweiten Fall in der Vorstellung Operationen vollzogen werden.

Daß diese Kinder dann bei denjenigen Aufgaben mit motorischer Unruhe reagieren, die sie aufgrund ihrer niedrigen Fähigkeiten überfordern, überrascht nicht. Allerdings wird hier zu leicht diese Reaktion als psychisches Problem angesehen, die Zerfahrenheit und Zappeligkeit des Kindes als Krankheit aufgefaßt und unter dem Etikett Hyperkinese abgebucht. Es erweist sich aber als durchaus verständliche Reaktion auf subjektiv empfundene Überlastung, die eingrenzbar und beschreibbar ist. Auch hier hilft eine genaue Beschreibung der Auftretenszeitpunkte und der Aufgabenbereiche weiter.

© 1980 United Feature Syndicate, Inc.

2.6 Nicht-kognitive Bedingungen des Mathematiklernens

Jede Handlung und damit auch jedes Lernen unterliegt nicht nur kognitiven Anforderungen, sondern ist auch abhängig von einer Reihe weiterer Faktoren. Für die Schule sind vor allem die sozialen Bedingungen wesentlich, unter denen Lernen stattfindet, denn die Kinder haben in ihrer bisherigen Lebenserfahrung im wesentlichen nur soziale Situationen kennengelernt. Auf diese haben sie reagiert, sie haben darin sich selbst und andere erlebt und ihre eigenen Stile gefunden, mit äußeren Anforderungen umzugehen (ob und wieviel davon angeboren ist, wollen wir dem akademisch-polemischen Disput überlassen).

Die bisherige Erfahrung läßt sie ängstlich oder selbstbewußt an Aufgaben herangehen, konzentriert und motiviert, aufmerksam und ausdauernd. Oder eben nicht.

2.6.1 Konzentration

Keiner wird bezweifeln, daß zu jeder Aufgabenbewältigung ein bestimmtes Maß an Aufmerksamkeit und Konzentration notwendig ist. Aber was ist Aufmerksamkeit? In der Literatur findet sich eine Reihe von Definitionen, sehr spezielle aus der Experimental-Psychologie und sehr allgemeine aus der Pädagogik. Man kann sich darauf einigen, daß ein bestimmtes Verhalten dazugehört: Wenn ein Schüler, den Kopf in die Hände gestützt, über einer Aufgabe brütet und sie dann löst, dann wird man eher eine hohe Konzentration vermuten, als wenn er sich umdreht, mit dem Nachbarn schwatzt, Papierflieger faltet oder „träumend" aus dem Fenster blickt. Ein bestimmtes Verhalten gehört wohl dazu, aber über den inneren Vorgang, was sich in diesem Moment im Kopf des Schülers abspielt, kann man nicht sicher sein.

Aufmerksamkeit bedingt, so wird man auch übereinkommen können, eine *Auswahl* dessen, was gerade wahrgenommen wird. Wichtiges für das Problem wird ausgewählt, Unwichtiges gar nicht bemerkt. Und Aufmerksamkeit und Konzentration können *willentlich* gesteuert werden.

Aber wieviel Konzentration benötigt denn ein Schüler, der dem Unterricht folgen will (soll)? Wesentlich ist natürlich die „unterrichts-bezogene" Konzentration, denn auch das nicht-unterrichtsbezogene Verhalten, wie die Unterhaltung mit dem Nachbarn, unter dem Tisch herumkriechen, den Bleistift balancieren, Marsmännchen malen etc. kann durchaus hoch-konzentriert vonstatten gehen, zumindest in dem Erleben des Schülers.

Vielleicht könnte man konzentriertes und unaufmerksames Verhalten so gegenüberstellen:

unkonzentriertes Verhalten	konzentriertes Verhalten
spielerisch	aufgabenorientiert
ohne festes Ziel	mit festem Ziel
impulsiv	reflektierend
durch Außenreize bestimmt	innengesteuert
Wahrnehmung ist offen	Wahrnehmung ist beschränkt (selektiv)
Phantasie anregend (divergent)	auf Lösung gerichtet (konvergent)

Nun ist nicht jedes unaufmerksame Verhalten gleich als Konzentrationsstörung zu betrachten. Niemand, und schon gar nicht ein Grundschüler, ist in der Lage, ein hohes Maß an Konzentration über einen längeren Zeitraum aufrecht zu erhalten. Dann bedarf es einer Ruhe- oder Entspannungsphase, bevor man sich erneut konzentrieren kann. Die Zeiträume, während derer ein Schulkind sich konzentrieren kann, sind altersabhängig. Dem jeweiligen Alter angemessene Aufmerksamkeitsspannen gibt die folgende Tabelle wider (Wagner, 1984, S. 42):

Alter	Aufmerksamkeit
5. Lebensjahr	10 Minuten
6. Lebensjahr	15 Minuten
7. Lebensjahr	17 Minuten
8. Lebensjahr	21 Minuten
9. Lebensjahr	25 Minuten
10. Lebensjahr	35 Minuten

Dies zeigt, daß kein Grundschüler eine ganze Unterrichtsstunde aufmerksam sein kann, daß also unkonzentriertes Verhalten, das von der Lehrerin meist als Störung angesehen wird, *vorkommen muß*. Dies beinhaltet keine Konzentrationsstörung, von der erst gesprochen werden kann, wenn eine längerfristige Minderleistung der willkürlichen Aufmerksamkeit vorliegt (Wagner, 1984, S. 41). Dabei ist es schwierig, zwischen dem Verhalten und der Fähigkeit, sich zu konzentrieren, zu unterscheiden. Viele vermeintlich unaufmerksame Kinder erweisen sich als durchaus konzentrationsfähig, wenn sie nicht mehr überfordert oder höher motiviert sind.

Um die Konzentrations*fähigkeit* eines Schülers festzustellen, wird man ihn in verschiedenen Situationen erleben müssen. Und hierzu hat die Grundschullehrerin Gelegenheit, da sie ihn in unterschiedlichen Anforderungsaugenblicken sieht und seine Aufmerksamkeit bei vielfältigen Problemen wahrnimmt. Ist er in mehreren Fächern „unaufmerksam" und „unkonzentriert", dann sollten zusätzliche Maßnahmen (Test und Training) eingeleitet werden.

In diesem Sinne wäre es sicher falsch (auch wenn man es hin und wieder hört) zu sagen, ein Schüler habe eine niedrige Mathematikkonzentration, seine mathematische Aufmerksamkeit sei gering, und dies erkläre seine schlechte Rechenleistung.
Aber es gibt einen Hinweis darauf, daß der Schüler möglicherweise überfordert ist und seine Schwierigkeiten von ihm alleine nicht bewältigt werden können.

2.6.2 Motivation

Motivation ist ein zu schillernder und unklarer Begriff, als daß er hier kurz abgehandelt werden könnte. Für schulische Belange kann es nicht um die kurzfristige Motivation gehen, etwas jetzt und hier zu tun, denn kaum ein Kind ist hochmotiviert für seine Schularbeiten oder den morgigen Mathe-Test. In diesem Sinne ist es fraglich, ob man überhaupt von einer Motivation bzgl. eines Schulfaches sprechen kann.

Motivation besitzt aber andere Seiten, die von der häuslichen Einstellung geprägt sein können. Kinder sind für solche Aktivitäten motiviert, in denen sie gut sind. Und dies gilt nicht nur für Kinder: Die Leserin wird von sich selbst wissen, daß sie jene Tätigkeiten meidet, die ihr nicht liegen, in denen ihr andere überlegen sind. Sie wird hingegen jene Aktivitäten aufsuchen, in denen sie glaubt, bessere Leistungen als andere vollbringen zu können. Und sollte ihr dabei doch einmal ein Mißerfolg unterlaufen, dann wird sie sich das nächste Mal mehr anstrengen; sie weiß, daß sich der Einsatz lohnt.

Wesentlich ist also das *Selbstbild*, das Bild der eigenen Leistungsfähigkeit. Ein hohes Selbstbild führt dazu, die Tätigkeit gerne zu tun, hierzu motiviert zu sein und sich anzustrengen, eine niedrige Einschätzung eigener Fähigkeit führt zu Vermeidung und geringer Anstrengung, weil diese sich ja nicht lohnen kann: Trotz hoher Anstrengung hätte man Mißerfolg, weil die Fähigkeit fehlt.

2.6.3 Ängstlichkeit

Nun gibt es durchaus Kinder, die nicht glauben, daß sie sehr schlechte Rechner seien, und sich dennoch nur zögernd an eine Rechenaufgabe wagen. Ihre Zurückhaltung entspringt einer Ängstlichkeit, die fachübergreifend ist und eher als Persönlichkeitseigenschaft angesehen werden muß.

Sie ist sozialer Natur: Für diese Kinder ist es schwierig, vor andere zu treten und etwas zu sagen, sich *als Person* vor der Klasse darzustellen, und sei es auch nur beim Melden und Antworten, oder gar an der Tafel etwas vorzurechnen. Lieber nehmen sie in Kauf, gar nichts zu tun, denn dann fallen sie nicht auf, sie gehen unter und werden übersehen.

Was auch immer die Gründe hierfür sein mögen (und dafür gibt es leider zu viele), das ängstliche Verhalten ist, wie bei der Konzentrationsunfähigkeit, *fachübergreifend* und auch in Situationen zu beobachten, in denen keine Leistungs- aber Sozialanforderungen bestehen. Der betreffende Schüler steht auch auf dem Schulhof am Rand, während die anderen Fangen spielen und herumtoben, er hält sich abseits, wenn es darum geht, Funktionen in der Klasse zu übernehmen, und er meldet sich nicht oder nur sehr selten im Unterricht. Dies tut er aber nicht nur in Mathematik, sondern in fast allen Fächern.

Häufig beobachtet die Lehrerin eine Entwicklung im Verhalten des Schülers. So kann er zu Beginn der ersten Klasse durchaus seine Aufgaben in ähnlicher Weise angegangen sein wie seine Klassenkameraden, wenn er sie still und zurückgezogen für sich machen durfte, mit geringem Kontakt zu anderen. Seine Lösungen waren durchaus zufriedenstellend. Erst als zunehmend die soziale Rolle des Lernens in den Vordergrund trat, als eigene Gedanken und Lösungsversuche öffentlich gemacht werden mußten, zog der Schüler sich zurück und ging die Aufgaben nur noch ängstlich an.

Die Lehrerin merkt dies häufig an ihrem eigenen Gefühl, an dieser sie selbst verunsichernden Mischung aus Unverständnis („Ich weiß nicht, warum er sich nichts zutraut, er kann es doch"), Mitleid und dem Wunsch, das Kind aufzumuntern und anzutreiben. Aber diese Ängstlichkeit beim Schüler abzubauen, erfordert mehr, als im Fachunterricht alleine zu leisten wäre.

© 1992 CREATORS/Distr. BULLS

2.6.4 Kognitive Stile

Unter kognitiven Stilen versteht man bestimmte Stützfunktionen, mit denen in unterschiedlicher Weise Aufgaben bearbeitet werden.

Die **Impulsivität** eines Schülers (und eines Erwachsenen, denn auch ein Teil der Grundschullehrerinnen ist impulsiv) erkennt man an der schnellen Hypothesenbildung beim Beginn des Problemlösungsversuchs. Der Schüler beginnt sofort, hat gleich eine Vermutung parat, die er abarbeitet, und merkt erst spät, daß diese nicht zum Ziel führt.

Die **Reflektiertheit** hingegen veranlaßt den Schüler, längere Zeit seine Hypothesen zu überprüfen und gegeneinander abzuwägen, bevor er sich für eine entscheidet. Während der impulsive Schüler schnell und zügig, aber in hohem Maße fehleranfällig arbeitet, geht der reflektierte

Schüler bedächtig, scheinbar langsam aber mit weniger Fehlern vor.

Bei der Impulsivität/Reflektiertheit handelt es sich keineswegs um das, was im sozialen Bereich so bezeichnet wird, sondern um ein Verhalten beim Problemlösen. Die gemeinhin als „impulsiv" im Sinne von überschäumend und spontan bezeichneten Kinder können sich als durchaus reflektiert erweisen, wenn es sich um die Bearbeitung arithmetischer Aufgaben handelt, und umgekehrt.

Für das Lernen von Mathematik bzw. das Lösen mathematischer Probleme ist reflektiertes Vorgehen günstiger, was nicht bedeutet, daß es ein anzustrebendes Verhalten sein muß. Denn in anderen, insbesondere den sozialen und musischen Fächern zeigt sich Impulsivität von seiner starken Seite und führt dort zu besseren Leistungen. Und wer wollte zwischen diesen Bereichen abwägen?

Die **Feldabhängigkeit** (versus Feldunabhängigkeit) führt dazu, bei Aufgaben auch Unbedeutsames, unwichtige Informationen in die Bearbeitung mit einzubeziehen. Der Kontext (das „Feld") spielt bei der Bearbeitung eine wesentliche Rolle, aus dem Relevantes nicht herausgelöst werden kann. Feldabhängige Kinder wirken von der Fülle der Informationen irritiert, sie haben Auswahlschwierigkeiten und stürzen sich bei der Bearbeitung auf anscheinend Beliebiges. Insbesondere bei Textaufgaben können sie die ja so wesentliche mathematische Struktur nicht aus dem Kontext lösen und bleiben schließlich an vermeintlich Äußerlichem und ihren diesbezüglichen Assoziationen hängen.

Impulsivität/Reflektiertheit und Feldunabhängigkeit/Feldabhängigkeit sind Stile, Informationen zu verarbeiten. Aus diesem Grund wird die Lehrerin sie auch in anderen Fächern und bei andersartigen Aufgaben beobachten. Auch wenn sie Auswirkungen auf das Lernen arithmetischer Inhalte haben, so sind sie hierfür keineswegs spezifisch. Erst wenn sie auch außerhalb des Mathematikunterrichts wahrgenommen werden, kann man auf ihr Vorhandensein schließen und damit einen möglichen Grund für eine schlechte Rechenleistung vermuten.

Der für das Rechnenlernen ungünstige Stil, die Feldabhängigkeit, kann aber ebenso wie die Impulsivität positive Auswirkungen in anderen Lernbereichen haben. Es kann sich also durchaus die Situation einstellen, daß eine Lehrerin eine Komponente erkennt, die einen negativen Einfluß auf die Mathematikleistung ausübt, ohne diese beheben zu wollen.

2.7 Zum Einfluß des Elternhauses

2.7.1 Die vermeintliche Anlage

Wenn eine Lehrerin geneigt ist, gerade Leistungen im mathematischen, dem „logischen und abstrakten" Bereich, auf Begabung zurückzuführen und weniger auf das eigene methodisch-didaktische Vorgehen, dann liegt es nahe, den Einfluß des Elternhauses zu überschätzen. Wenn die Intelligenz die Rechenleistung bestimmt, dann werden, so die irrige Annahme, die ererbten Anteile über Erfolg oder Mißerfolg entscheiden. Und wie es um das Elternhaus und die daraus entspringende Begabung bestellt ist, glaubt fast jeder beurteilen zu können.

Aber dem ist nicht so. Das Urteil vom Anblick der Eltern und ihres sozialen und (nicht-)akademischen Standes auf die zukünftige Rechenleistung des Sprößlings ist nicht nur pädagogisch zweifelhaft, sondern vorschnell und in der Regel falsch. Die Rechenleistung ist durch eine Fülle von Faktoren bestimmt, ein einzelnes Gen kann dafür nicht verantwortlich gemacht werden.

Wenn schon das Elternhaus nicht durch vererbte Faktoren Einfluß nimmt, dann aber vielleicht durch das häusliche „Milieu"? Schon eher, wenn man genauer beschreiben könnte, was dies eigentlich ist. Auch wenn dies ein Buch zum Fördern für Lehrerinnen ist, so wäre es doch vermessen anzunehmen, nur Lehrerinnen oder entsprechend ausgebildete Personen wären zum Fördern in der Lage. Auch Eltern tun dies, und sie tun dies schon in der Vorschulzeit.

Anregende Situationen fordern und fördern Kinder bereits dann, wenn es noch nicht um Zahlen und Buchstaben geht, und Problemlösen tritt nicht erst in der Schule auf. Insofern, und da ist die Lehrerinnenwahrnehmung sicher richtig, gibt es bereits bei Schuleintritt Unterschiede zwischen den Kindern, die sich später als schulischer Erfolg oder Mißerfolg auswirken können. Nur sind sie nicht an den sozialen Stand des Elternhauses gebunden.

Vielmehr liegen sie in der *Beziehung der Eltern zu ihrem Kind*, in den Formen miteinander und mit Leistung umzugehen, in der Motivation zu lernen und sich Wissen anzueignen, man könnte auch sagen: in der Einstellung zum Lernen.

2.7.2 Motivation und Selbstbild

Die Einstellung zu einem Schulfach, d.h. das Selbstbild eigener Fähigkeiten, wird von den Eltern mitgeprägt. Das Vertrauen in die eigene Leistungsmöglichkeit, auch dann, wenn sich vorübergehend Mißerfolg einstellt, führt zu höherer Anstrengungsbereitschaft („Ich kann das ja") und damit tatsächlich zu mehr Erfolg.

Der positive Einfluß des Elternhauses besteht also darin, eine geringe Rechenleistung des Kindes nicht auf mangelnde Begabung zurückzuführen sondern auf zu geringe Anstrengung, hingegen den sich einstellenden Erfolg, die gute Leistung im Mathe-Test auf die hinreichende Fähigkeit.

Wenn Eltern in dieser Weise sowohl bei Erfolg als auch bei Mißerfolg ich-stärkend auf ihre Kinder reagieren, dann unterstützt dies die Fördermaßnahmen der Schule. Das Kind bemüht sich in dem Wissen, daß es das Klassenziel erreichen wird und daß seine Anstrengung sich auszahlt. Insbesondere die stützende, das Selbstvertrauen fördernde Einstellung der Eltern auch bei länger anhaltenden Lernschwierigkeiten lassen die curricularen Maßnahmen wirksam werden. Niedriges Selbstbild läßt schon verzweifeln, bevor die notwendige Anstrengung überhaupt eingesetzt wurde.

Frühes Konterfei eines der Autoren mit seinen Eltern. Ob deren freundliche Mienen seine Mathematikleistung beflügelten?

Gerade bei Schülerinnen tritt aber häufig das Gegenteil ein: Geringe Mathe-Leistung ist nicht nur ein Kavaliersdelikt, es erfährt noch dadurch eine Unterstützung, daß sie als schon immer in der Familie vorhanden hingestellt wird („Mathe habe ich auch nie verstanden", „Da war ich auch immer schlecht"), und häufig wird gute Mathematikleistung als geradezu unweiblich angesehen („Wozu brauchen Mädchen das? Das ist was für Jungen!"). Auf diese Weise fördern die Eltern (und manchmal auch die Lehrer und Lehrerinnen mit ähnlicher Einstellung) den Mißerfolg der Schülerinnen.

2.7.3 Häuslicher Druck

Geringe Rechenleistung ist für den betreffenden Schüler schon selbst Belastung genug. Wenn über einen längeren Zeitraum das langersehnte Erfolgserlebnis ausbleibt und mit Ängsten der nächsten Mathe-Arbeit entgegengezittert wird, dann stellen sich leicht Vermeidungsreaktionen bis hin zu Fluchtgedanken und neurotischer Schulangst ein. Eine Vielzahl der Kinder aus Förderkursen ist „nebenbei", d.h. wegen anderer Beschwerden wie chronische Kopfschmerzen, morgendliches Magendrücken, Einschlafstörungen, Alpträume u. ä., in psychotherapeutischer Behandlung. Diese Beschwerden erweisen sich aber schnell als körperliche Reaktionen auf die schulische Überlastungssituation.

Die Reaktion der Eltern ist oft ein zusätzlicher Druck, mit dem das Lernen und das nachmittägliche Üben veranlaßt und begleitet wird. Zwar steht dahinter die Annahme, daß das Kind über hinreichende Fähigkeiten verfüge und nur zu faul sei, sich also nur mehr anstrengen müsse (und diese Haltung ist nicht verwerflich, wie oben beschrieben). Aber Lernen wird damit in einer emotional belasteten Atmosphäre versucht, die es eher hemmt.

Übernimmt die Mutter das Üben mit dem Kind, dann zeigt sich schnell, daß sie ungeduldig ist und durch noch mehr Druck versucht, das Wissen in den Kopf des Kindes zu trichtern. Es liegt keineswegs nur an ihrer mangelnden didaktischen Ausbildung, denn dieses verkrampfte Bemühen, den emotionalen Druck und die zeitliche Überforderung zeigen auch Lehrerinnen bei den eigenen Kindern.

Die Mißerfolge des Kindes werden von den Eltern als eigene Verletzungen erlebt, sie sind betroffen und verzweifelt, als hätten sie selbst den Grundschulstoff nicht verstanden. Aus der emotionalen Verstrickung mit dem Kind, unter dessen Leistungsstörungen sie leiden, als wären es ihre eigenen Schwächen, können sie sich nicht lösen. Sie geben sich die Schuld am Versagen des Kindes, und sie glauben, durch ihre eigene, wenn auch rigorose Hilfe dem entgegenwirken zu können. Daher gilt unabhängig von ihrem fachlichen Wissen:

Eltern sind die schlechtesten Nachhilfelehrer!

Aus diesem Grund verbieten wir bei den Fördermaßnahmen in den Beratungsstellen den Eltern jegliche häusliche Mitarbeit, außer in wohldefinierten Übungseinheiten wie dem Einmaleins, in das sie von uns eingeführt werden, und zu einer klar definierten Zeitspanne am Tag (nie mehr als 15 min). Sollten die Eltern dennoch zusätzliche Förderung für notwendig erachten, dann sollte dies durch einen neutralen, außerfamiliären und somit emotional unbeteiligten Nachhilfelehrer erfolgen. Es zeigt sich, daß nicht nur der Lernerfolg ansteigt, sondern sich auch das häusliche Klima entspannt.

2.7.4 Die didaktischen Experten

Rechenstörungen stellen sich nicht über Nacht ein und sind dann am anderen Morgen sichtbar. Sie entwickeln sich langsam, anfangs nur zögernd und schleichend. Das Kind glaubt, alles über das halbschriftliche Multiplikationsverfahren verstanden zu haben, aber sein Verständnis stimmt nicht mit der offiziellen Schulversion überein, es macht Fehler, bemerkt seine Schwierigkeiten und fragt schließlich zu Hause nach. Dies ruft die erfahrenen Familienmitglieder auf den Plan, und wer hätte im Kreise der weiteren Familie nicht hinreichend Erfahrung im Grundschulstoff.

Großvater erklärt die schriftliche Multiplikation, indem er mit dem Einer des zweiten Faktors beginnt, Oma kennt dies nur, wenn mit den Hundertern begonnen wird, der große Bruder verweist als Mann von Welt auf den Taschenrechner, die auslandserfahrene Schwester auf die vereinfachte amerikanische Methode, Mutter und Vater streiten sich, wo die Überträge untergebracht werden müssen (Vater plädiert dafür, sie im Kopf zu behalten, Mutter will sie auf einem Notizblock notieren). Dies hilft dem Schüler nicht weiter, der eigentlich die Schwierigkeit hat, beim halbschriftlichen Verfahren die Ziffern in der richtigen Ordnung untereinander zu schreiben, im Gegenteil.

Die Familienmitglieder besuchten zu unterschiedlichen Zeiten die Schule, und sie waren verschiedenen, ja konträren didaktischen Konzepten ausgesetzt. Die verschiedenen Erklärungen, die darauf beruhen, verwirren gerade den unsicheren, leistungsschwachen Schüler mehr, als daß sie ihm helfen. So wie eine Vielfalt von Veranschaulichungsmitteln dem Verständnis rechenschwacher Kinder eher entgegensteht, so auch das sicher große, aber diffuse und sich widersprechende Bemühen der beteiligten Familie.

Auch der Blick ins Schulbuch hilft meist nicht weiter, weil die Mathe-Lehrerin nicht unbedingt den modischen Strömungen der vom Lehrbuch vertretenen Fachdidaktik folgen muß, sondern ihrem bewährten Stil vertrauend davon abweichen kann („Die Multiplikation führe ich seit 35 Jahren so ein"). Und Eltern glauben zuunrecht, so wie sie es verstanden hätten, müsse es auch das Kind verstehen lernen, so sei es ja richtig und habe sich in ihrem Leben bewährt.

Dies ist keineswegs ein Plädoyer für die Behauptung, Mathematik könne nur von ausgebildeten Fachkräften, Lehrerinnen genannt, und nur in der Schule unterrichtet werden. Lediglich gegen die verwirrende Vielzahl konkurrierender Methodiken sei hier gesprochen.

2.7.5 Hinweise durch die Eltern bei der Ursachenfeststellung einer Rechenstörung

Um die Ursachen einer Rechenstörung genauer abklären zu können, sind Daten aus der vorschulischen und frühkindlichen Entwicklung und des außerschulischen Feldes hilfreich. Diese Daten dienen keineswegs der bloßen Neugier der Lehrerin oder dazu, ihr Gewissen zu entlasten („Ich wußte schon immer, daß es an der Familie liegt; da kann nichts draus werden"), sondern sollen ein möglichst umfassendes Bild des Kindes vermitteln. Es lassen sich eventuelle Hinweise für eine außerschulische, begleitende Förderung (siehe Kap. 5) ableiten, aber auch für schulische Maßnahmen und die Abstimmung mit Kollegen ist eine breite Kenntnis des Verursachungszusammenhangs notwendig.

Diese Daten sind allerdings von der Schule meist nur schwierig zu beschaffen, betreffen sie doch die Privatsphäre der Familie und stoßen im Falle von Kindern mit Rechenproblemen, die sich bereits zu Schulschwierigkeiten ausgewachsen haben, auf den Widerstand der Betroffenen. Die Eltern sind im allgemeinen eher bereit, Informationen an Ärzte, Beratungsstellen, Sozialarbeiter und Psychologen zu geben, als an die Lehrerin, die ja im Verdacht steht, selbst Ursache der Lernstörung zu sein und deren didaktisches Vorgehen und deren Umgang mit dem Kind argwöhnisch verfolgt werden. So werden nicht selten Kinder mit Rechenstörungen in Beratungsstellen vorgestellt, ohne daß die Schule davon informiert ist oder werden soll. Die notwendige Zusammenarbeit scheitert nicht zuletzt auch am Einspruch der Eltern.

Für die Abklärung und die darauf aufbauenden Fördermaßnahmen hilfreich wären Informationen zu

– der **motorischen Entwicklung** des Kindes. In unserem Modell der Entwicklung der Rechenstörung wird davon ausgegangen, daß sich die (notwendige) Vorstellungsfähigkeit durch Verinnerlichung von Bewegungen vollzieht, die selbst durchgeführt werden, und somit neben dem schlichten Bild, das in späteren Altersstufen ausreicht, anfangs noch zusätzliche, gedächtnisstützende Faktoren wie taktile, kinästhetische, propriozeptive (die Muskelstellung betreffende) Reize und die Raumlage des eigenen Körpers erinnert werden. Daher ist es naheliegend, daß Störungen der Motorik, die möglicherweise durch längere Bettlägerigkeit, Tragen eines Gipsverbandes oder -korsetts und ähnliches verursacht sind, den Aufbau innerer Bilder beeinträchtigen können.

– **Verhaltensauffälligkeiten.** Hier ist daran zu denken, ob die im Mathematikunterricht bei spezifischen Aufgabenklassen beobachteten Konzentrationsschwierigkeiten sich auch in anderen Situationen feststellen lassen bzw. von den Eltern berichtet werden. Zwingend ist auch hier eine präzise Beschreibung (wann tritt die Ermüdung ein, bei welchen Spielen schlafft das Kind ab, wann nicht (!), ist es tageszeitabhängig, tritt es nur mit bestimmten Spielkameraden auf, nur wenn der Vater dabei ist, wie ist es in den Ferien, am Wochenende etc.).

Die jeweilige Einschränkung ist notwendig, weil universelle Ursachen meist auch allgemeine Wirkungen zeigen, d. h. kaum für so etwas Spezifisches wie Rechenstörungen verantwortlich gemacht werden können, ohne auch in anderem Unterricht beobachtet zu werden.

Hinzu kommen Momente der innerfamiliären Dynamik, deren Kenntnis erforderlich ist, um die curricular-gebundene Lernschwierigkeit von psychogenen Faktoren abzugrenzen. Bekannt sollten die Beziehungen zu den Bezugspersonen (Eltern, Geschwister, im Haus oder in der Nähe lebende Großeltern) sein, eventuelle Scheidungssituation, Arbeitslosigkeit des Vaters, Berufstätigkeit der Mutter etc.

Da in der Regel auch nebenschulische Fördermaßnahmen erforderlich sind, und sei es nur häusliches Üben in einem bestimmten Umfang, ist eine intakte familiäre Situation für eine günstige Prognose zwingend. Für anstehende Sonderschul-Überweisungsverfahren werden beispielsweise gestörte Familienverhältnisse als stabile Faktoren angesehen, die eine negative Schullaufbahnentscheidung auch bei durchschnittlicher Intelligenz wegen der prognostisch ungünstigen und kaum veränderbaren Lernsituation rechtfertigen.

– dem **Spielverhalten** des Kindes. Neben dem Durchhaltevermögen des Kindes ist die Spielauswahl relevant: Welche Spiele benutzt es häufig zu Hause bzw. hat es im Kindergarten benutzt? Wichtiger allerdings als Hinweise für die Ursachen von Rechenschwierigkeiten ist die Kenntnis, welche Spiele, die die notwendigen kognitiven Fähigkeiten verlangen und fördern, das Kind vermieden hat. Kinder neigen dazu, jene Aktivitäten zu umgehen, in denen sie nicht so erfolgreich wie ihre Alterskameraden sind.

© 1992 CREATORS/Distr. BULLS

Aus diesem Grunde sollte routinemäßig nach der vorschulischen und aktuellen Beschäftigung mit Spielen gefragt werden. Allerdings ist dabei zu berücksichtigen, inwieweit dazu innerhalb der Familie die Möglichkeit bestand und Anreize und Elternbeteiligung gegeben waren und sind.

– bereits durchgeführten **heilpädagogischen Fördermaßnahmen**. Diese können sich auf motopädagogische Rehabilitationsprogramme oder sprachtherapeutisches Training beziehen. Meist sind die Eltern auch hier sehr zurückhaltend, die Schule davon in Kenntnis zu setzen, befürchten sie doch negative Auswirkungen auf den Schüler durch eine festgeformte, wenig korrigierbare Voreinstellung der Lehrerin. Dies tritt um so eher auf, wenn die jeweilige Störung zum Einschulungszeitpunkt nicht mehr bemerkbar ist und damit der Klassenlehrerin verborgen bleibt.

In der Arbeit mit rechenschwachen Kindern zeigt sich allerdings, daß die ehemals vorhandene Störung verdeckt weiter bestehen kann, auch wenn die Therapie vermeintlich erfolgreich beendet wurde. So zeigen ehemals motorisch gestörte Kinder zwar keine Schwierigkeiten mehr in ihrer Körperbeherrschung, die damit zusammenhängenden Orientierungsstörungen, z. B. eine Rechts-Links-Verwechslung mit entsprechenden curricularen Problemen der Ziffern- und Operationsumkehrung, bleiben allerdings weiter bestehen, da sie auch nicht Gegenstand der therapeutischen Interventionen waren.

Diese Früherkennungsmöglichkeit wird von Eltern kaum erkannt, die Vorlieben und Abneigungen werden verschönernd als persönliche Eigenart des Kindes abgetan („Er spielt halt gerne Fußball, für Memory hat er sich nie interessiert", „Die Bauklötze und Legosteine, mit denen sein älterer Bruder immer so gerne gespielt hat, haben bei ihm immer in der Ecke gelegen. Er hat lieber ferngesehen", „Gemalt hat sie nicht, das konnte sie nicht so gut. Sie hat lieber stundenlang mit ihren Puppen hantiert").

Die Elternaussagen und außerschulischen Daten haben den Zweck, das im Mathematikunterricht gewonnene Bild über die Ursachen der Rechenstörung zu korrigieren, zu bestätigen und abzurunden. Sie sind nicht geeignet, die Beobachtung der Problemlöseprozesse des Kindes zu ersetzen. Meist dienen sie aber der Steigerung der subjektiven Sicherheit der Lehrerin, die nun die Lernschwierigkeit enger einzukreisen, genauer zu beschreiben und damit anzugehen vermag.

3. Allgemeine Fördermöglichkeiten

Die Entwicklungen der gesellschaftlichen Rahmenbedingungen in den letzten 20–30 Jahren haben u.a. zu einer grundlegenden Veränderung der Kindheit geführt. Recht präzise kann man heute die *Veränderungen der Familienrealität* (Einelternfamilien, Scheidungskinder, Fassadenfamilien u. a.), die *Veränderungen der kindlichen Erfahrungswelten* (Straßensozialisation, Spielerfahrungen, Medienerfahrungen u. a.) sowie die *Veränderungen der kognitiven und sozialen Entwicklung* der Kinder und Jugendlichen beschreiben (vgl. CLOER, 1992; OEVESTE, 1987 oder ROLFF & ZIMMERMANN, 1990). Diese Veränderungen haben neben Auffälligkeiten im sozialen Bereich und im Verhalten der Kinder gerade auch zu einer deutlich größeren Differenziertheit der Lernvoraussetzungen geführt. Verglichen mit den Schülern vor einigen Jahrzehnten sind die Erfahrungswelten und Leistungsvoraussetzungen der Kinder heute vom ersten Schultag an ungleich andere sowie unterschiedlicher. In der Anfangsphase der Grundschulzeit kann die Lehrerin in einer Klasse neben Schülern mit Lernbehinderungen und -störungen auch solche beobachten, die im Lesen oder in Mathematik bereits auf dem Leistungsstand des 3. Schuljahres sind.

Somit wird Fördern und Differenzieren zu einem zentralen Prinzip des Grundschulunterrichts in allen Klassenstufen. Die traditionelle Orientierung des Unterrichts an dem imaginären Durchschnittsschüler wird weder den schnellen noch den langsamen Lernern gerecht. Gerade der überholte Frontalunterricht orientiert sich an diesem Durchschnittsschüler, aber auch die meisten Schulbücher.

Den Schülern mit ihren sehr unterschiedlichen Lernvoraussetzungen kann man innerhalb des Klassenunterrichts kaum durch die Verbesserung einzelner Differenzierungstechniken (z. B. eine feinere Stufung der Schwierigkeiten bei mathematischen Aufgaben) oder durch oberflächliche Motivationen (z. B. kopierte Arbeitsblätter zum Ausmalen oder Ausschneiden) gerecht werden. Vielmehr muß es um fördernde Arbeitsweisen gehen, die in der Konzeption des Mathematikunterrichts selbst angelegt sind und für die andere Unterrichtsfächer bereits entwickelte Modelle erproben (vgl. ALPHEUS & KIRSCH, 1990).

Seit Anfang der 80er-Jahre reagieren sehr viele Grundschulen auf die veränderten Bedingungen durch eine Reformbewegung unter dem Schlagwort „Öffnung". In der schulischen Praxis und Diskussion wird diese Innovation häufig zu eng nur als „offener Unterricht" gesehen. Das Konzept ist jedoch umfassender und beinhaltet drei Aspekte (vgl. BENNER, 1989; WALLRABENSTEIN, 1991):

– die Öffnung der Schule (institutionelle Offenheit für Integrationen u. a.),
– die methodisch-didaktische Offenheit des Unterrichts (Freiarbeit, Wochenplan, fachübergreifende Vorhaben, selbständig-entdeckendes Lernen u. a.),
– die thematisch-curriculare Offenheit insbesondere der Lehrpläne und auch der Medien.

Gerade diese Öffnungen erlauben, auf individuell sehr unterschiedliche Voraussetzungen, Fähigkeiten und Interessen angemessen durch die vielfältigen Maßnahmen einer inneren Differenzierung des Unterrichts zu reagieren. Fördern in einem offenen Unterricht setzt jedoch voraus, daß auch die Lehrpläne offener werden (wie es z.B. in Nordrhein-Westfalen bereits der Fall ist), um exemplarisches und ganzheitliches Lernen ohne Zeitdruck, Stoffdruck und Lernzielgängeleien zu ermöglichen.

In diesem Kapitel des Handbuches beschränken wir uns zu den allgemeinen Fördermöglichkeiten auf drei Aspekte, die für rechenschwache Kinder von besonderer Wichtigkeit sind:

1. die Möglichkeiten und Grenzen einzelner Übungsformen,
2. die Diskussion hilfreicher und weniger hilfreicher Arbeitsmittel und
3. die besondere Bedeutung geometrischer Erfahrungen und Förderungen gerade für rechenschwache Schüler.

Weitere allgemeine Fördermöglichkeiten werden an anderen Stellen des vorliegenden Handbuches angesprochen und diskutiert. Zum offenen Unterricht sei auf die besondere Literaturliste verwiesen.

© 1981 United Feature Syndicate, Inc.

3.1 Vom Üben

Denn eine verhaßte Leier war mir das eins und eins macht zwei, zwei und zwei macht vier. **Augustinus, 395**

Amt und Pflicht zwingen den Lehrer, für Anhäufung und Aufbewahrung der vorgeschriebenen Unterrichtsstoffe in seinen Schülern zu sorgen. **O. Krull, 1915**

Was ich bekämpfe, und zwar mit allem Nachdruck, das ist nur eine ganz besondere Art des Übens, das ist der Drill. ... Besonders schlimm sind im Rechnen die Zustände in den drei unteren Jahren. **A. Gerlach, 1921**

Man drille, aber freudig! Ein frohes, ja fröhliches Üben ist anzustreben. **H. Kempinsky, 1946**

Es liegt im Begriff des Übens, daß üben erst eintreten kann, wenn das Verständnis gewonnen ist. **W. Breidenbach, 1963**

Insgesamt läßt sich somit die These vertreten, daß Ziel und Organisation des Übens im Rahmen eines Konzepts des Lernens durch gelenkte Entdeckung weitaus besser aufgehoben sind als im genannten alternativen Konzept des belehrenden Unterrichts. **H. Winter, 1984**

Es gibt eine Reihe von mathematischen Unterrichtsgegenständen und Lernsituationen, bei denen sehr wohl schlichtere Übungsformen, wie z. B. „isoliertes" und „stufiges Üben", angebracht sind. **E. B. Wagemann, 1986**

Aus den obigen Zitaten wird deutlich, welche unterschiedlichen theoretischen Vorstellungen und welche unterschiedlichen praktischen Erwartungen mit dem Üben im Mathematikunterricht verbunden wurden und auch noch werden. Ein geschichtlicher Vergleich zeigt, daß dem Üben in Zeiten, in denen die Schule eher eine Institution des Paukens, des Drills und der Dressur war, eine grundlegend andere Ausprägung und Bedeutung beigemessen wurde als in Zeiten mit anderen Vorstellungen von Erziehung bzw. vom Menschen. Die jeweils favorisierte Art und die generelle Wertschätzung des Übens werden weitgehend mitbestimmt vom politisch-gesellschaftlichen Umfeld der Schule. Gerade in den verschiedenen Theorien des Übens spiegeln sich bei uns geschichtliche Pendelschläge wider (Wertschätzung des Paukens, des Drills etwa vor 1918 und während der Nazizeit, dagegen offenere und am Schüler orientierte Übungsformen in den 20er-Jahren und durchweg nach 1948, obwohl die einzelnen Epochen in sich nicht einheitlich waren).

Zum Üben wie zu jedem Aspekt des Lernens gibt es verschiedene Modelle oder Formen, die jeweils ihre spezifischen Aufgaben und Berechtigungen haben. Man sollte sich davor hüten, nur ein Modell zu einem allgemeingültigen Prinzip oder pädagogischen Glaubensgrundsatz zu erheben. Aus der täglichen Unterrichtspraxis ist leicht zu erfahren, daß es keine für alle Schüler und Lehrerinnen optimale Methode oder das beste Lehrbuch geben kann, es verblaßt schnell der Glaube an die Allmacht einer Methode oder die Gültigkeit nur einer Theorie.

Die Art des Unterrichts, der Unterrichtsmethode oder die Übungsform hängen wesentlich ab vom jeweiligen Unterrichtsgegenstand, von den angestrebten Zielen und natürlich von den Schülern mit ihren individuellen Voraussetzungen oder altersmäßigen Besonderheiten. Gerade bei Schülern mit Lernschwierigkeiten im Mathematikunterricht kommt es darauf an, gezielte und jeweils passende Übungsformen auszuwählen. So gibt es beispielsweise rechenschwache Grundschüler, die durchaus in der Lage sind, etwa die Sätze des kleinen Einspluseins oder des Einmaleins schnell über eine schlichte Übungsform auswendigzulernen und als Automatismen lange im Gedächtnis zu behalten. Andere Schüler lernen diese Grundaufgaben beim besten Willen nicht, weder durch kleinschrittiges noch durch entdeckend-beziehungshaltiges Üben.

Die Einseitigkeit mancher Diskussionsbeiträge geht an den Bedürfnissen sowie der Realität der Unterrichtspraxis vorbei. Manche Prinzipien und Übungsmodelle (z.B. WINTER, 1984, WITTMANN & MÜLLER, 1990) haben einen sehr hohen Anspruch und vernachlässigen einige wichtige Aspekte des Lehr-Lern-Prozesses im Mathematikunterricht. Es gibt sicher eine Reihe von mathematischen Unterrichtsgegenständen und Lernsituationen, bei denen sehr wohl auch „isoliertes" oder „stufiges" Üben angebracht sind (WAGEMANN, 1988).

Üben ist immer wichtiger Bestandteil eines Lernprozesses, wobei einerseits Einsicht vorausgesetzt werden muß, zum andern aber auch neue Einsicht erreicht werden soll.

© 1992 CREATORS/Distr. BULLS

Im Mathematikunterricht aller Schulformen und Schulstufen zeigen sich häufig große Unterschiede in der Entwickeltheit der Einpräge- und der Einübungstechniken, besonders deutlich zwischen den meisten guten und den nicht so guten Mathematikschülern. So ist das Lernen ökonomischer und sinnvoller Einprägestrategien sicher ein wichtiger Aspekt des „Lernen-lernens" (vgl. Anregungen dazu in den Kapiteln 5.2 bis 5.4).

Nachfolgend werden die sog. Übungsgesetze aufgelistet, die WAGEMANN, 1988, auf dem Hintergrund der Ansätze von ROTH und von ODENBACH zusammengestellt hat. Diese sog. Übungsgesetze machen einerseits die Einbettung des Übens in den gesamten Lernprozeß deutlich und zeigen zum andern die Vielfalt der Funktionszusammenhänge auf. Sie scheinen gerade für jüngere Lehrerinnen interessant und als altbekannte methodisch-didaktische Regeln wichtiger als manche aktuelle Prinzipiendiskussion.

Übungsgesetze
gekürzt aus WAGEMANN, 1988, Kap. 4:

1. REGELGRUPPE:
   Von der Übungsbereitschaft

☞ Ohne Übungsbereitschaft / Motivation kein Übungserfolg !

☞ Das Erlebnis des Erfolges weckt neue Übungsbereitschaft. Das Üben muß ein Bewußtsein des Könnens erwirken.

2. REGELGRUPPE:
   Von der Einsicht beim Üben

☞ Einsicht in die Lerninhalte ist grundlegend für das Behalten und steigert den Übungsertrag.

☞ Beim einsichtigen Lernen läßt sich das Üben stark einschränken.

☞ Je gegliederter und strukturierter ein Lernstoff ist, um so leichter und um so besser kann er behalten werden.

☞ Das durch Selbständigkeit Erworbene hat größere Aussicht behalten zu werden als das lediglich von der Lehrerin Übernommene.

- ☞ Je besser das Gelernte integriert und operativ durchgearbeitet worden ist, desto besser wird es behalten.

3. REGELGRUPPE:
Vom Einprägen im engeren Sinne

- ☞ Beim Einprägen muß auf die verschiedenen Vorstellungs- oder Gedächtnistypen der Schüler Rücksicht genommen werden.
- ☞ Schleichen sich mit der Übung Fehler ein, so werden sie ohne sofortiges Erkennen und Eingehen durch die Lehrerin im Laufe des weiteren Übens bestärkt und verfestigt.
- ☞ Das Üben in sinnvollen Zusammenhängen ist erfolgreicher als das Üben zerstückelten Wissens.

4. REGELGRUPPE:
Vom Üben im Rahmen des gesamten Lernvorganges

- ☞ Der Übungseffekt ist abhängig von der Häufigkeit der Wiederholung.
- ☞ Was auf Dauer 'sitzen' soll, muß 'überlernt' werden.
- ☞ Die ersten Übungen und Wiederholungen müssen möglichst bald nach der Neueinführung stattfinden.
- ☞ Kurze, über einen längeren Zeitraum verteilte Wiederholungen sind bei weitem ergiebiger als langes, zeitlich konzentriertes Üben.
- ☞ Gegen den natürlichen und individuellen Lernrhythmus das Üben zu forcieren und zu beschleunigen, führt zu negativen Ergebnissen.
- ☞ Bei manchen Übungen ist ein 'Warmwerden' der Schüler erforderlich.
- ☞ Indirektes Wiederholen ist besonders wirksam.
- ☞ Der Wechsel in der Übungsform und die Variation der Übungsinhalte halten die Übungsbereitschaft aufrecht und führen im allgemeinen auch zu besseren Übungserfolgen.
- ☞ Richtiges Üben kann gelernt werden !

Sicher könnten manche dieser alten sog. Übungsgesetze hinterfragt, weitere Aspekte müßten ergänzt werden. Von den altgedienten Lehrerinnen werden viele die Übungsgesetze als selbstverständlich beurteilen und mehr oder weniger bewußt in ihrem Unterricht anwenden. Die oben genannten Regeln sind an dieser Stelle eher zur Anregung jüngerer Lehrerinnen gedacht, insbesondere auf dem Hintergrund des Förderns rechenschwacher Grundschüler.

Bei der nachfolgenden Auflistung von Übungsformen im Mathematikunterricht ist keine Vollständigkeit angestrebt. Die einzelnen Übungsformen haben sich in den Jahrzehnten mathematikdidaktischer Tradition sowie unterrichtlicher Erfahrungen ergeben. Die Abgrenzungen sind nicht starr sondern fließend: Ein und dieselbe Übung kann durchaus mehreren Übungsprinzipien entsprechen, z. B. sowohl offen als auch problemorientiert und spielerisch sein. – Die nachfolgenden Beispiele sind alle dem Lehrgang *alef – Wege zur Mathematik 1–4* (BAUERSFELD u.a., 1970 bis 1975) entnommen, zu den Prinzipien siehe auch RADATZ & SCHIPPER, 1983.

Je nach den möglichen Ursachen für eine Rechenschwäche bzw. den individuellen Stärken oder Schwächen eines Schülers kommt den einzelnen Übungsformen im Förderprozeß ein unterschiedliches Gewicht zu. Für keinen Schüler – ob ein guter oder ein weniger guter Rechner – ist es sinnvoll und hilfreich, starr auf nur einem Übungsprinzip zu bestehen, also nur produktives Üben oder nur gestuftes Üben oder nur ein … Üben.

Verschiedene Übungsformen

– Gestuftes Üben

Die Fähigkeiten sollen schrittweise ausgebaut werden, indem Übungen mit sorgfältig gestufter Schwierigkeitssteigerung angeboten werden (Isolierung der Schwierigkeiten). Das gestufte Üben ermöglicht das Überprüfen des jeweiligen Kenntnis- oder Fähigkeitsstandes eines Schülers in einem speziellen mathematischen Anforderungsbereich, etwa durch die Stufung der Schwierigkeiten von Aufgaben eines schriftlichen Rechenverfahrens, um über die Analyse von Fehlern genauere Informationen zu den Fehlstrategien oder begrifflichen Schwierigkeiten der Schüler zu erhalten (vgl. dazu Kapitel 2.4 und 4.5). Zudem erlauben gestufte Übungen recht gut das Erkennen von dekadischen Analogien unseres Zahlensystems.

Das Prinzip gestufter Übungen wird nicht deutlich aus Einzelaufgaben erkennbar, da es einen möglichen Gestaltungsgrundsatz für eine ganze Übungseinheit darstellt.

❷ 4 + 2 =
14 + 2 =
5 + 1 =
15 + 1 =
6 + 3 =
16 + 3 =

❸ 5 + 5 =
15 + 5 =
2 + 7 =
12 + 7 =
6 + 4 =
16 + 4 =

❼ 10 + 4 =
11 + 4 =
12 + 4 =
"
16 + 4 =

❽ 12 + 0 =
12 + 1 =
12 + 2 =
"
12 + 8 =

⓬ 10 + 6 =
18 – 7 =
12 + 6 =

19 – 3 =
11 + 4 =
17 – 6 =

❸ 9 – 5 = x
90 – 50 = x
bis
890 – 50 = x

❺ 24 – 7 = x
240 – 70 = x
bis
940 – 70 = x

❻ 95 – 9 = x
850 – 90 = x
36 – 7 = x
360 – 70 = x

❾ 250 + 200 = x
390 + 100 = x
480 + 300 = x
600 + 170 = x
200 + 410 = x

❿ 390 – 200 = x
710 – 500 = x
340 – 100 = x
320 – 700 = x
570 – 200 = x

⓫ x + 400 = 590
x + 200 = 620
x + 300 = 910
x + 200 = 440
x + 500 = 190

	a)	b)	c)	d)				
⓯	190	390	290	890	–	20	40	50	80

	a)	b)	c)	d)				
⓱	400	300	600	200	–	220	390	140	290

❶ (+3)

E	A
16	
25	
42	
51	
84	

❷ (–4)

E	A
29	
37	
58	
65	
94	

❸ (+6)

E	A
	19
	38
	47
	77
	86

⓯ 10 – 2 =
20 – 2 =
30 – 2 =
"
90 – 4 =

⓰ 90 – 4 =
80 – 4 =
70 – 4 =
"
10 – 4 =

⓱ 10 – 7 =
20 – 7 =
30 – 7 =
"
90 – 7 =

– Automatisierendes Üben

Grundaufgaben des kleinen Einspluseins oder des Einmaleins, mathematische Techniken (z. B. die schriftlichen Rechenverfahren) o. a. sollen bis zum sicheren automatisierten Beherrschen bewußt eingeprägt bzw. eingeübt werden. Automatisierende Übungen können erst dann sinnvoll durchgeführt werden, wenn das Verständnis und das Wissen der Schüler zum jeweiligen Inhaltsbereich ausgebildet sind. – Zu dieser Übungsform gehören viele Aufgaben des Kopfrechnens, zahlreiche Übungsgeräte (z. B. LÜK, Heinevetters Trainer, Little Professor) sowie die bei mancher Lehrerin ein wenig verpönten Rechenkästchen wie:

Üben

– *Operatives Üben*

Durch operative Übungen soll bei den Schülern die Beweglichkeit des Denkens gefördert werden, indem durch die Aufgabenstellungen (Umkehraufgaben, Tauschaufgaben, Nachbaraufgaben u.a) vielfältige Beziehungen und Zusammenhänge angesprochen werden.

⓫ 2 272 : 4 = x
2 789 : 8 = x
9 554 : 5 = x
8 182 : 9 = x
4 563 : 3 = x
2 397 : 2 = x
7 767 : 7 = x
5 124 : 6 = x

⓬ 12 354 : 4 = x
54 321 : 3 = x
98 765 : 5 = x
56 789 : 7 = x
13 296 : 8 = x
54 321 : 2 = x
63 369 : 9 = x
63 369 : 6 = x

❼ 234 + 462

❽ 432 + 435

❾ 827 + 161

❿ 536 + 253

❿
6 9 54
6 · 9 =
9 · 6 =
54 : 9 =
54 : 6 =

⓯ 404 − 342

⓰ 600 − 389

⓱ 702 − 190

⓲ 820 − 78

46	15	27	36	44	39	+	16	18	25
61	85	77	64	83	91	−	18	26	33
6	5	8	7	9	10	·	3	5	7

⓲ Wir ändern die Reihenfolge der Summanden!
Beispiel: 2 + 5 + 8 + 5 + 4 + 2 + 6 + 8 = x
10 + 10 + 10 + 10 = x
40 = x

Aufgabe zum Kopfrechnen:
a) 7 + 5 + 6 + 5 + 3 + 4 + 8 + 1 + 10 = x
b) 8 + 9 + 2 + 1 + 7 + 7 + 3 + 20 + 3 = x
c) 30 + 4 + 7 + 6 + 5 + 3 + 2 + 5 + 8 = x
d) 11 + 3 + 9 + 4 + 2 + 6 + 10 + 15 + 5 = x
e) 12 + 7 + 13 + 8 + 21 + 9 + 14 + 6 + 10 = x
f) 30 + 40 + 70 + 10 + 60 + 90 + 20 + 30 + 20 = x
g) 10 + 70 + 50 + 30 + 50 + 90 + 3 + 17 + 1 = x

┌ 7 + 8 = 15 ←
└► 7 + 7 − 14 ┘   oder   ┌ 7 + 8 = 15 ←
└► 8 + 8 = 16 ┘

❻ 5 + 6 = ...
....

❼ 6 + 7 = ...
....

❽ 8 + 9 = ...
....

❾ 9 + 10 = ...
....

– *Zehn-Minuten-Übungen*

Die täglichen Zehn-Minuten-Übungen stellen weniger eine einheitliche Übungsform dar als vielmehr einen methodischen Abschnitt innerhalb der Mathematikstunde mit den Zielen der Vorbereitung auf die Inhalte der Stunde, der Festigung des gerade Gelernten oder der langfristigen und regelmäßigen Wiederholung von Grundbeständen des Mathematikunterrichts (Stabilisierung des Wissens). Die Anregungen zum Zehn-Minuten-Rechnen bzw. zum Kopfrechnen sind zahlreich, vgl. z. B. FRISCHEISEN, 1990; RADATZ & SCHIPPER, 1983; in RADATZ & RICKMEYER, 1991, zur Kopfgeometrie. Verschiedene Übungsprinzipien können in den Zehn-Minuten-Übungen Anwendung finden.

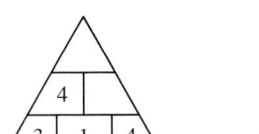
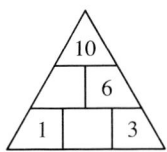

– *Spielerisches Üben*

Spielerisches Üben wird durchsetzt von den anderen Übungsprinzipien. Ähnlich wie etwa das Zehn-Minuten-Rechnen ist das Spielen eher eine methodische Variante des Übens als ein grundlegendes Prinzip. Lern- und Übungsspiele eröffnen inner- und außermathematische Lernchancen wie
– Wissen und Fähigkeiten werden spielerisch geübt und gefestigt,
– Differenzierungs- und Individualisierungsmöglichkeiten des Unterrichts bieten sich an,
– Spielen im Mathematikunterricht kann zum sozialen Lernen beitragen.

Zahlreiche Übungsspiele wie Wegespiele, Würfelspiele, Kartenspiele, Dominospiele oder Puzzles kann man käuflich erwerben (vgl. dazu die Anregungen für die Mathe-Ecke in Kap. 6.4), viele Spiele lassen sich jedoch auch einfach herstellen.

– *Anwendungsorientiertes Üben*

Durch diese Übungsform soll Gelerntes übertragen werden auf Anwendungssituationen oder neue Fragestellungen, durch deren Bearbeitung der gelernte mathematische Inhalt neu gesehen und diskutiert werden kann. Günstige Voraussetzungen für Anwendungen scheinen die folgenden Faktoren zu sein (vgl. RADATZ & SCHIPPER, 1983):
– Einsichtiges Lernen,
– operative Gesamtbehandlung,
– Betonung des exemplarischen Lernens,
– Herausstellen zentraler Ideen und das
– Bereitstellen vielseitiger Anwendungsgelegenheiten.

Schon diese Faktoren machen deutlich, daß die Realisierung anwendungsorientierten Übens sehr anspruchsvoll ist. Obwohl hier eigentlich eine der ganz zentralen Aufgaben des Mathematikunterrichts liegt, über umweltbezogenes Lernen die sinnvolle Anwendbarkeit des gelernten Schulstoffes zu erfahren, beschränkt sich anwendungsorientiertes Üben in den Schulbüchern und in der Unterrichtspraxis weitgehend leider auf ein Abarbeiten der künstlich gestalteten und meistens nicht der Erfahrungswelt der Schüler entstammenden Sachaufgaben.

*13.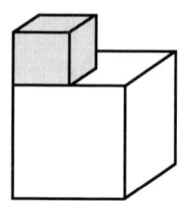

Beide Würfel sind aus dem gleichen Material. Der große Würfel wiegt 192 g. Wieviel wiegt der kleine Würfel?

7. Florian sagt: „Wenn ich noch 2 DM bekomme, dann habe ich 5 DM." Anke meint: „Wenn ich 2 DM ausgebe, dann habe ich 5 DM."

49. Ein Autofahrer fuhr am Montag 147 km und am Dienstag weitere 158 km. Wieviel fuhr er an beiden Tagen?

50. Das alte Radio spielt nicht mehr. Ein Radio kostet 325 DM. Für den alten Apparat gibt der Händler noch 87 DM. Wieviel muß der Käufer zuzahlen?

– *Offenes Üben*

Offene Übungsaufgaben dienen insbesondere der Differenzierung, da sie möglichst mehrere Lösungen sowie auch Lösungsstrategien und Lösungen unterschiedlicher Qualität zulassen

❼ Marlies kauft Briefmarken. Ihre Mutter hat ihr 5 DM gegeben. Sie soll zehn 30-Pf-Briefmarken und zehn 10-Pf-Briefmarken mitbringen.

❽ Peter hat 2,13 DM mitbekommen. Er soll 40-Pf-Briefmarken für Postkarten kaufen.

❾ Almut hat 1,80 DM in ihrer Geldbörse. Sie will Briefmarken kaufen. Gib mehrere Möglichkeiten an.

Üben

⑩ Heinz muß 5 Briefe und 2 Postkarten frankieren. Ein Brief kostet 50 Pf; eine Postkarte ist 10 Pf billiger. Er hat nur 10-Pf-Briefmarken.

Verteile die Zahlen 1 bis 9 so, daß die Summe auf jeder Seite 20 ist!

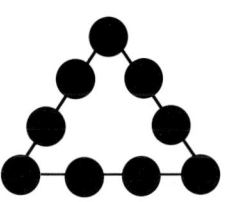

Belege die Felder mit verschiedenen natürlichen Zahlen so, daß die Produkte auf jeder Seite des gleichseitigen Dreiecks immer 30 sind!

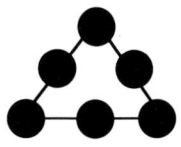

19. G = {1, 2, 3, 4, 5, 6, 7}
Immer 10!

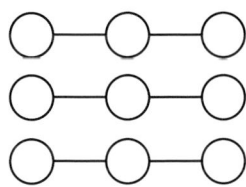

*15. Suche die Regel und fülle aus! Kannst du die Zahlen in der untersten Reihe als Produkte von Potenzen schreiben?

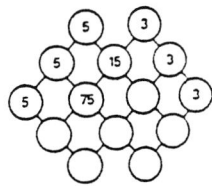

– *Üben mit Selbstkontrolle*

In Ergänzung zu den Schulbüchern werden z.Z. Kopiervorlagen und Arbeitsblätter in kaum mehr überschaubarer Fülle angeboten, die dabei häufig Selbstkontrollmöglichkeiten betonen. Für die Lehrerinnen ist die Überprüfung der Lösungen durch die Schüler sehr hilfreich, für die Schüler ist sie aus mehreren Gründen auch sehr sinnvoll. Das technisch nicht einfach zu lösende Problem der Selbstkontrolle wird bei den kommerziell angebotenen Kopiervorlagen durch Einfärbungen, Zusammenkleben o. a. (Modell „Bunter Hund mit Knochen") gelöst. Beim Einsatz derartiger Arbeitsblätter (sog. Kopierdidaktik) sollte man sich der zahlreichen Nachteile bzw. Probleme bewußt sein:

– In der Regel ist der Zeitwaufwand für das Schneiden, Anmalen, Kleben o. a. wesentlich größer als für das Rechnen,
– die Motivation derartiger Arbeitsblätter kommt nicht aus der Sachstruktur sondern aus äußerlich-sekundären Reizen,
– in den wenigsten Fällen sind die Arbeitsblätter mit den didaktischen Modellen bzw. methodischen Stufungen des Lehrganges voll kompatibel, in den meisten Fällen sind die Arbeitsanweisungen noch weniger verständlich als die in den gängigen Schulbüchern,
die angewandten Übungsprinzipien sind durchweg sehr schlicht,
– Kopiervorlagen verleiten zur Zettelwirtschaft, zum Verzicht auf Tafelbilder, zum Verständnis von Mathematikaufgaben als Ausfüllen von Lückentexten, zum Vernachlässigen von Schrift, Anordnung u.v.a.m..

Rechenschwache Schüler können nur in den seltensten Fällen durch das Bearbeiten dieser Kopiervorlagen gefördert werden. Die Lehrerin sollte sehr gezielt auswählen und Aufgaben mit Selbstkontrolle passend für die Bedürfnisse der Schüler möglichst selber entwerfen.

– Problemorientiertes Üben

Nach diesem Prinzip sollten Übungen und Wiederholungen möglichst im Umkreis von Problemen oder übergeordneten Fragestellungen angesiedelt sein (nach WINTER, 1984).

7. Grundmenge $\{0, 1, 2, 3, 4, 5\}$

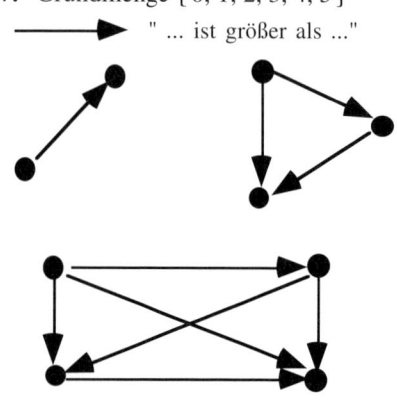

⟶ " ... ist größer als ..."

5. Grundmenge $G = \{2, 3, 4, 5, 6, 7\}$

Es gibt drei Möglichkeiten, um durch Addition dreier Summanden die Summe 15 zu erzielen:

$2 + 6 + 7 = 15, \quad 4 + 5 + 6 = 15, \quad 3 + 5 + 7 = 15$

Wieviel Möglichkeiten gibt es, um die Summe 12 durch Addition dreier Zahlen zu erzielen?

$$x + y + z = 12$$

---

24. An einer schnurgeraden Landstraße stehen auf der einen Seite 124 Apfelbäume, alle 10 Meter einer. Wie weit ist es vom ersten bis zum letzten Baum?

25. Ein Buch liegt aufgeschlagen. Auf der rechten Seite steht die Seitenzahl 669. Wie oft muß man umblättern, damit die Seite 760 erscheint?

---

14. Suche die kleinste und die größte Zahl, die man aus den fünf Ziffern 2, 7, 8, 3, 4 bilden kann! Bei jeder Zahl müssen alle Ziffern verwendet werden und keine darf mehrfach auftreten!

15. Suche alle Zahlen, die man aus den vier Ziffern 2, 4, 5, 9 bilden kann! Ordne sie nach der Größe!

16. Suche alle Zahlen, die man aus den fünf Ziffern 2, 6, 3, 5, 4 unter folgender Einschränkung bilden kann: Die Zahlen dürfen nur mit 2 oder 5 anfangen! – Ordne nach der Größe!

– Produktives Üben

Das produktive Üben bedeutet nach WINTER, 1984, das Wiederholen von Handlungen im Zuge des Herstellens von Gegenständen – Figuren, Zahlen, Terme, Zeichen, Muster –, wobei die Geläufigkeit des zu übenden Schemas bzw. Verfahrens geschult wird. Nach WITMANN & MÜLLER, 1989, 1992, werden produktive Rechenübungen bestimmt durch die Prinzipien des aktiven und des entdeckenden Lernens.

3.2. Hilfreiche und weniger hilfreiche Arbeitsmittel

Die Diskussion über das „beste" Arbeits- oder Veranschaulichungsmittel im Mathematikunterricht ist alt, man denke nur an den vehement ausgefochtenen Streit zwischen den sog. Zählern und den Anschauern am Anfang dieses Jahrhunderts oder an die Argumente der Anhänger farbiger Stäbe (Cuisenaire-Stäbe) bzw. strukturierter Plättchen am Ende der 60er / zu Beginn der 70er Jahre.

© 1981 United Feature Syndicate, Inc.

Gegenwärtig wird zwar auf dem Lehrmittelmarkt eine Vielzahl von Arbeitsmitteln angeboten, die schulische Praxis zeigt jedoch, daß davon nur wenige Materialien im Unterricht wirklich verwendet werden. In Gesprächen mit Lehrerinnen wird immer wieder eine gewisse Unzufriedenheit mit diesen Arbeitsmaterialien deutlich. Es wird beklagt,

– daß viele Schüler zu zählenden Rechnern werden („... das war früher bei den farbigen Stäben nicht so ..."),
– daß viele Schüler von sich aus ungern mit den Materialien arbeiten und oft lieber versuchen, die Lösung „im Kopf" zu ermitteln oder auch die Finger zur Hilfe nehmen,
– daß die Praktikabilität sehr zu wünschen übrig läßt („... für Erstkläßler sind diese Würfel viel zu schwer zusammensteckbar ...", „... das Bereitstellen und das Wegräumen ist viel zu aufwendig ... ").

Von Seiten der Eltern – gerade von Schülern mit Lernschwierigkeiten im Mathematikunterricht der Grundschule – hört man oft die Klage, daß das Arbeitsmittel zu schnell in der Schule oder zu Hause beiseite gelegt wird.

Auf Arbeitsmittel im arithmetischen Anfangsunterricht lassen sich einige **Beurteilungskriterien** anwenden:

– Das betreffende Arbeitsmittel ermöglicht den Schülern, beim Bearbeiten einer arithmetischen Aufgabe eigene Lösungswege und Strategien zu entwickeln bzw. aktiv zu entdecken.
– Das Arbeitsmittel erlaubt mehrere verschiedene Lösungswege bei gleichen Aufgaben.
– Das Arbeitsmittel vermeidet im Zahlraum bis 20/100 die Verfestigung des zählenden Rechnens (Addieren als Weiterzählen, Subtrahieren als Rückwärtszählen; am Arbeitsmittel jeweils das Abzählen von Einzelelementen), weil zählendes Rechnen als einziges Lösungsverfahren bei vielen Schülern spätestens im zweiten Schuljahr zu einer Sackgasse wird.
– Das Arbeitsmittel sollte die einfache Übertragung in eine graphische Darstellung erlauben, um auch auf der ikonischen Repräsentationsebene genutzt zu werden.
– Die Zahldarstellungen und die Rechenoperationen müssen in einem gewissen Umfang

auch „im Kopf" vorstellbar sein, so daß das Material die Entwicklung von Vorstellungsbildern ermöglicht.
- Das Arbeitsmittel sollte vielfältig nutzbar sein. Die Struktur müßte anwendbar sein auf verschiedene Inhaltsbereiche und Lernformen des Mathematikunterrichts (z.B. Übertragung und Ergänzung bei einer Erweiterung des Zahlraumes).
- Letztendlich zählen auch die Handhabbarkeit (Haben 6–7jährige manuelle Schwierigkeiten mit dem Material?) und die Praktikabilität (Steht das Arbeitsmittel schnell zur Verfügung? Kann es ohne großen Aufwand weggeräumt/mit nach Hause genommen werden?).

Bei einer Beurteilung von Arbeitsmitteln muß vor allem an diejenigen Schüler gedacht werden, die recht früh bestimmte Rechenschwächen zeigen oder die aufgrund ungeeigneter Arbeitsmittel bzw. zu kurzer Phasen des Arbeitens mit konkreten Materialien einseitige Vorstellungen und uneffektive Lösungsverfahren entwickeln, so daß ihre Lernschwierigkeiten gegen Ende des 2. und im Laufe des 3. Schuljahres dramatisch zunehmen.

Natürlich gibt es auch Schüler, die bereits zum Schulanfang rechnen können oder die schnelle, gute Rechner werden, gleichgültig mit welchem Material sie Erfahrungen sammeln. Die Fähigkeiten dieser Schüler sind für eine Beurteilung von Arbeitsmitteln im Arithmetikunterricht weniger relevant. Man könnte diesen Kindern auch erlauben, mit Bohnen oder mit Bleistiftstrichen oder mit sonstwas zu rechnen, sie würden dennoch keine nennenswerten Lernprobleme im Mathematikunterricht bekommen. (Die Arbeitsmöglichkeiten mit diesen Schülern sind dem „Handbuch für das Fördern Hochbegabter" vorbehalten!)

3.2.1 Arbeitsmittel im Zahlraum bis 20

Welches Arbeitsmittel ist hilfreich, um eine Aufgabe wie 4 + 3 zu bearbeiten?

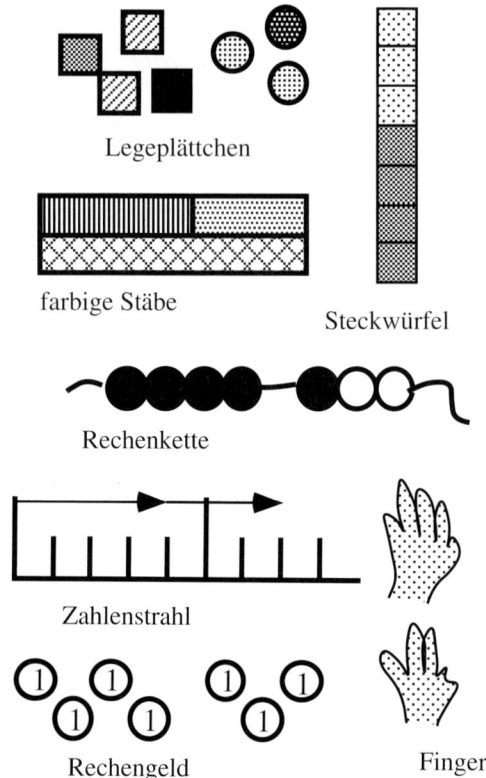

Legeplättchen

farbige Stäbe

Steckwürfel

Rechenkette

Zahlenstrahl

Rechengeld

Finger

Zur Bewertung der Brauchbarkeit einiger Arbeitsmittel erfolgt eine exemplarische Überprüfung der jeweiligen Möglichkeiten anhand von schwierigen Grundaufgaben des ersten Schuljahres, nämlich

7 + 6 bzw. 14 − 6

– Die Steckwürfel

Steckwürfel sind momentan in der Grundschule ein sehr verbreitetes Arbeitsmittel. Sie gibt es in der einfachen Ausführung mit Steckmöglichkeiten auf einer Würfelseite/-gegenseite, aber auch mit Steckmöglichkeiten auf allen sechs Würfelseiten, so daß dieses Material dann auch für geometrische Themenstellungen genutzt werden kann.

Die Handhabbarkeit und die Praktikabilität des Materials sind sehr begrenzt: Viele Steckwürfelmodelle lassen sich für Erstkläßler nur schwer zusammenstecken bzw. auseinanderbrechen, andere halten als gesteckte Stangen nur schlecht. Gemeinsam ist allen Steckwürfeln, daß das Einräumen – möglichst nach der Färbung – überaus umständlich ist, obwohl gerade der Farbgebung beim Arbeiten mit dem Material eine wichtige Rolle zukommt. Wird diese nicht sinnvoll genutzt und bewußt eingesetzt, können die einzelnen Anzahlen und die Ergebnisse nur zählend ermittelt werden.

Beispielaufgabe **7 + 6**:

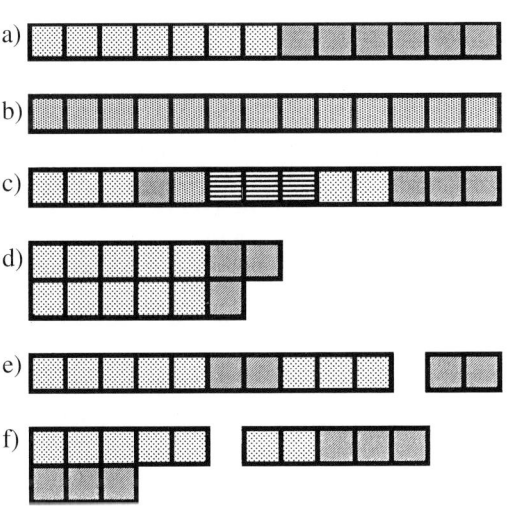

Obwohl bei Lösung a) auf die Farbgebung geachtet wurde, kann hier wie auch bei den Lösungen b) und c) das Ergebnis nur zählend ermittelt werden. Wenige Erstkläßler werden komplexere Lösungen finden wie etwa d) als 5 + 5 + 2 + 1 oder e) und f). Im Unterricht kann man vielmehr beobachten, daß bei den allermeisten Schülern ausschließlich das zählende Operieren mit den Steckwürfeln ohne eine gezielte Berücksichtigung der Farbe vorherrscht wie bei den Lösungen b) oder c).

Zur Aufgabe **14 – 6** bieten sich mit den Steckwürfeln zwei Möglichkeiten an:

a) Es werden zehn Würfel und getrennt vier weitere Würfel gesteckt. Dann nehmen die Kinder die vier Extrawürfel weg und brechen von der längeren Stange noch zwei Würfel ab. Die Anzahl der restlichen Würfel wird von 1 ab zählend bestimmt.

b) In den meisten Schulbüchern wird das Stecken von 14 Würfeln als eine Stange vorgeschlagen (durchweg in einer Farbe), so daß hierbei das zählende Rechnen noch stärker von den Schülern gefordert wird.

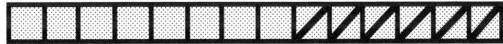

Vorstellungsbilder sind über das Steckwürfelmodell kaum zu entwickeln (Stellen Sie sich einmal 7 oder gar 14 mit Hilfe von gleichfarbigen oder gemischtfarbigen Steckwürfeln vor! Was sehen Sie?). Auch die Übertragbarkeit in graphische Repräsentationen ist begrenzt, sieht man ab von einem entsprechenden Umfahren von Kästchen auf Karopapier, eine für Kinder des betreffenden Alters nicht einfache feinmotorische Anforderung. Quadrate und rechtwinklige Figuren sind sehr viel schwieriger zu zeichnen als kreisförmige Gebilde.

Die Übernahme des Steckwürfelmodells in den Hunderterraum ist kaum sinnvoll möglich. Andere Materialien, z. B. die Dienes-Blöcke, mit festen Zehnerstangen und Hunderterplatten sind wesentlich hilfreicher als die Steckwürfel oder aus ihnen zusammengesteckte Zehnerstangen, die in einigen Schulbüchern des 2. Schuljahres noch angeboten werden. Zu diesem Zeitpunkt haben die meisten Schüler und einige Lehrerinnen die Steckwürfel bereits frustriert oder entnervt beiseite gelegt.

Einige der oben zu den Steckwürfeln beschriebenen Probleme und Schwierigkeiten zeigen sich auch bei anderen Arbeitsmaterialien, die keine innere Strukturierung haben wie z. B. eine Fünfereinteilung, einen festen Farbrhythmus oder eine Verbindung der Einzelelemente.

Legeplättchen, Wendeplättchen, Rechenplättchen, Rechengeldpfennige, logische Blöcke, einzelne Erbsen, Knöpfe o. a. erlauben nur bei wenigen Aufgaben ein strukturiertes und nichtzählendes Operieren, da Anzahlen von mehr als 3–4 Einzelelementen nicht mehr simultan ohne eine Strukturierungshilfe erfaßt werden können. Das bedeutet, daß die Addition und die Subtraktion mit derartigen Materialien von den Erstkläßlern vorwiegend über die Zählzahlen erfahren werden.

Viele Grundschüler verfeinern die zählende Rechentechnik sehr schnell, etwa durch Zählen in größeren Schritten, durch Verbinden des Zählens mit anderen Lösungsstrategien bzw. sie überwinden diese Phase durch Auswendiglernen der Grundaufgaben. Es gibt aber nicht wenige Schüler, die das zählende Rechnen als weitgehend ausschließliches Verfahren verfestigen und daher spätestens ab Mitte des 2. Schuljahres Schwierigkeiten im Rechnen bekommen.

Ein abschließendes **Urteil** über die Steckwürfel:

wenig empfehlenswert

– *Die Rechenkette*

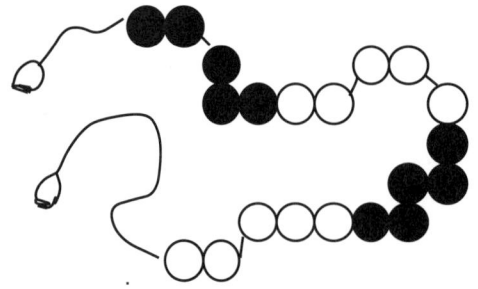

Die Rechenkette besteht aus 20 Holzperlen auf einer Schnur (käuflich z. B. beim SPECTRA-Lehrmittelverlag), besonders sinnvoll nur mit einer Fünferordnung der Perlen und ohne eine 21. Anfangsperle. Dieses Arbeitsmittel ist sehr handlich, steht immer schnell zur Verfügung, und Einzelteile können nicht verlorengehen. Der Nachteil bzgl. der Handhabbarkeit liegt darin, daß die Kinder beim Arbeiten nur eine Hand frei haben, weil die andere meistens die Kette an einem Ende festhalten muß.

Dagegen sind als besondere Vorteile dieses Arbeitsmittels hervorzuheben:

– Nach den einführenden Übungen ist ein zählendes Rechnen nicht notwendig. Die Kinder können die Anzahlen bzw. die Rechenschritte durchweg simultan erkennen und schieben.
– Wegen der Fünferstruktur sind Vorstellungsbilder wesentlich einfacher möglich als bei den Steckwürfeln (Stellen Sie sich bitte über die Rechenkette 7 oder 14 Perlen vor!), so daß zählendes Rechnen überwunden werden kann, jedoch nicht gleich durch den großen Schritt zum Auswendiglernen der Grundaufgaben.
– Die Übertragbarkeit in bildhafte Repräsentationen ist gut möglich, allerdings ein wenig aufwendig, wenn die Zweifarbigkeit beibehalten werden soll.
– An der Rechenkette sind dekadische Analogien (z. B. 4 + 3, 14 + 3) gut erkennbar.

Schwächen der Rechenkette bis 20 sind:
– Die Übertragbarkeit des Modells auf den Zahlraum bis 100 ist begrenzt, die Rechenkette bis 100 weniger hilfreich.
– Wie auch die Steckwürfel, erlaubt die Rechenkette nur wenige verschiedene Lösungsvarianten, dafür aber überaus sinnvolle.

Zu 7 + 6 wird die Zerlegung in 7 + 3 + 3 optisch durch die Zweifarbigkeit der Perlen deutlich, die einzelnen Zahlen und das Ergebnis der Addition sind ohne Schwierigkeiten ablesbar (siehe a)). Abbildung b) weist auf die besonders schöne Möglichkeit hin, die Additionsaufgabe mit Zehnerübergang über die interessante „japanische" Rechenmethode als 5 + 5 + 2 + 1 zu lösen. Auch die Subtraktionsmethode c) zu 14 – 6 entspricht der im Unterricht üblichen über 14 – 4 – 2. Es können aber auch am linken Perlenende (Abb. d)) sechs Perlen weggeschoben werden.

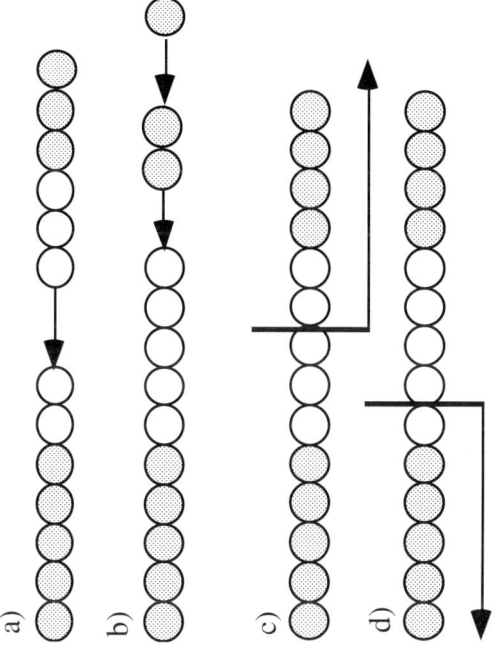

Die Rechenkette bis 20 übertrifft bzgl. der Addition und Subtraktion in vielen Aspekten die Möglichkeiten der Steckwürfel, sie ist ein sehr sinnvolles und leicht zu handhabendes Arbeitsmittel für den Mathematikunterricht im 1. Schuljahr. Die Rechenkette wie auch das nachfolgend beschriebene Rechenbrett haben den großen Vorteil, das zählende Rechnen durch die Strukturiertheit zu überwinden und zu einem mehr operativen und beweglichen Rechnen zu führen. Andererseits wird das zählende Rechnen nicht explizit unterdrückt (wie z.B. bei den Cuisenaire-Stäben). Zählen ist durchaus möglich, so daß man besonders schwache Rechenschüler entsprechend ihrer Lernausgangslage differenziert fördern kann.

Ein Urteil über die Rechenkette:

ein geeignetes Arbeitsmittel

– Das Rechenbrett / der Rechenrahmen bis 20

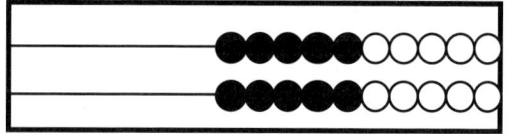

Ein bisher im ersten Schuljahr wenig verbreitetes Arbeitsmittel ist der Rechenrahmen (käuflich z. B. beim Lehrmittelverlag Betzold), der neben den bereits beschriebenen Vorzügen der Rechenkette noch weitere bietet.

Das Material ist ein wenig sperriger als die Rechenkette, hat aber bei der Handhabung den großen Vorteil, daß die Kinder beide Hände zum Arbeiten mit den Perlen frei haben. Wegen der Fünfergliederung vermeidet der Rechenrahmen ebenfalls weitgehend das zählende Addieren bzw. Subtrahieren, Zählen ist aber dennoch möglich.

Die Entwicklung von Vorstellungsbildern und auch das Übertragen in graphische Repräsentationen sind ähnlich positiv zu beurteilen wie bei der Rechenkette. Eine direkte Fortsetzung in den Hunderterraum hat das Modell in dem entsprechenden Rechenrahmen bis 100 (oft „russische" Rechenmaschine genannt), aber auch durch die Isomorphie zu anderen Modellen wie etwa die Hundertertafel oder das Hunderterpunktefeld. Zudem kann man den Rechenrahmen zu vielen anderen arithmetischen Aufgaben nutzen (z.B. Ergänzen, Verdoppeln – Halbieren, operative Zahlbeziehungen).

Ein besonderer Vorteil des Rechenrahmens, auch gegenüber der Rechenkette, ist darin zu sehen, daß er zu den einzelnen Aufgaben viele verschiedene Lösungswege erlaubt, die Erstkläßler selbständig entdecken bzw. aus Problemaufgaben heraus konstruieren können (vgl. TREFFERS & DE MOOR, 1989; TREFFERS, 1990; WITTMANN & MÜLLER, 1990). Dazu zunächst ein paar Möglichkeiten zur Aufgabe 7 + 6:

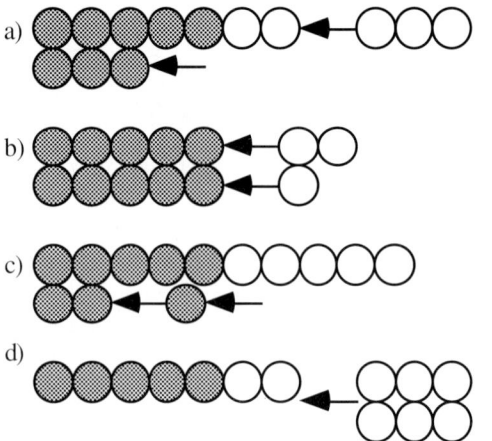

Bei Lösung a) wird bis zum Zehner zerlegt (7 + 6 = 7 + 3 + 3), b) und c) entsprechen der „japanischen Methode" (7 + 6 = 5 + 5 + 2 + 1). Auch andere Lösungswege sind möglich, z. B. d). Jeweils sind die Ergebnisse der Aufgaben einfach ablesbar.

Erkennbar sind die Vorteile für einen differenzierenden oder individualisierenden Unterricht: Nicht alle Kinder müssen nach einer Einheitsmethode rechnen, es gibt vielmehr unterschiedliche Verfahren und Rechentechniken.

Eine vergleichbare Variabilität bietet sich zu 14 – 6 an:

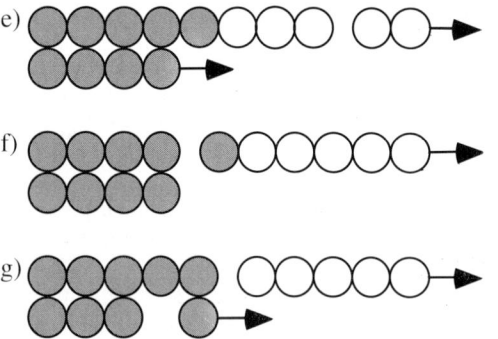

Die Schüler subtrahieren / ziehen erst bis zum vollen Zehner und dann noch die zwei restlichen Perlen vom Zehner (Abb. e)), sie schieben vom Zehner 6 Perlen weg (Abb. f)) oder sie subtrahieren / schieben 5 Perlen vom Zehner und dann noch eine Perle von den vieren (Abb. g)).

Eine **Bewertung** des Rechenbrettes:

ein sehr gut geeignetes Arbeitsmittel

Zusammenfassend einige _allgemeine Prinzipien zur Arbeit mit Veranschaulichungs- bzw. Arbeitsmitteln_ im Zahlraum bis 20.

– Arbeitsmittel, die aus unstrukturierten Einzelelementen bestehen, wie z. B. Rechenplättchen, Legeplättchen o. a., können in einer Beurteilung aus vergleichbaren Gründen nicht besser abschneiden als etwa die Steckwürfel. Wegen der Notwendigkeit des zählenden Rechnens kann auch der Zahlenstrahl im Bereich bis 20 nicht überzeugen. Hinzu kommt bei ihm neben der Schwierigkeit des Unterscheidenmüssens zwischen Kardinal- und Ordinalzahl („Lücken" bzw. „Striche" auf dem Zahlenstrahl) bei Kindern im Alter von Erstkläßlern das Problem der eindeutigen Rechts-Links-Unterscheidung (vgl. Kap. 1.3 und 2.1). Zudem erlaubt der Zahlenstrahl kaum ein Operieren in der Vorstellung (Stellen Sie sich die Zahl 14 oder die Aufgabe 13 – 9 am Zahlenstrahl vor!).

– Es ist natürlich klar, daß sich der Erstrechenunterricht nicht allein auf ein Material stützen kann. Integriert werden sollten insbesondere Modelle aus dem Erfahrungsraum der Schüler bei einem umweltbezogenen und anwendungsorientierten Lernen. Die Lehrerin muß jedoch bei dem vielfältigen Gesamtangebot an didaktischen Materialien, aber gleichzeitig sehr begrenzten Angebot eines Lehrbuches, entweder sehr gezielt im Interesse der Schüler auswählen oder aber ergänzen. Dabei stehen die Möglichkeiten oder aber auch Schwierigkeiten nicht so schneller Rechner im Vordergrund.

– Bei der Anwendung des Prinzips der Variation der Arbeits- bzw. der Veranschaulichungsmittel muß man sich bewußt sein, daß der Einsatz von sog. Veranschaulichungen im Unterricht oft auf falschen Vorstellungen über die Abstraktion sowie das Transfer- und Interpretationsverhalten vieler Schüler beruht (vgl. BAUERSFELD 1983). Schüler haben zu Materialien oder Darstellungen sehr individuelle, subjektive Erfahrungsbereiche (vgl. Kap. 1.1 und 1.5). Für sie ist ein Addieren oder ein Subtrahieren mit Perlen, mit Steckwürfeln, mit Fingern oder mit Rechengeld jeweils ein Operieren in einer anderen „Mikrowelt", zwischen denen nicht einfach eine abstrakte (mathematische) Beziehung besteht. Auch die Lösungsverfahren in diesen einzelnen Mikrowelten unterscheiden sich deutlich voneinander.

Eine sinnvolle Auswahl aber auch Beschränkung der Arbeits- bzw. Veranschaulichungsmittel ist gerade für rechenschwache Schüler in allen Schuljahren hilfreich.

– Das Arbeiten mit Materialien und Darstellungen setzt vom ersten Schultag an Kenntnisse und Fähigkeiten voraus, die nicht im gleichen Umfang bei allen Schulanfängern entwickelt sind. So sollte die Lehrerin in den ersten Schulwochen vor dem Einstieg in die Arithmetik zunächst die Lernausgangslage der Schulanfänger zu den geometrischen Qualitätsbegriffen sowie zu den Ordnungs- und den Lagebeziehungen erfassen und differenziert fördern. Ohne eine derartige Förderung sind Arbeitsmittel und Darstellungen für viele Schüler keine Hilfen, weil die geometrischen Verstehensvoraussetzungen noch nicht entwickelt sind (vgl. RADATZ & RICKMEYER, 1991).

© 1981 United Feature Syndicate, Inc.

Übungen und Entdeckungen mit der Rechenkette oder dem Rechenbrett

- Den Aufbau der Fünfergliederung kennenlernen: Schiebe 5, 10, 15, 20 Perlen! – Zur 5 (10, 15) noch 2, 4 ... 5 dazu. Von 5 (10, 15, 20) 2, 3, 5 Perlen wegnehmen.

- Anzahlen ohne Zählen erfassen und schieben: Schiebe 6 (4, 9, 7, 11, 17 ...) Perlen. Immer 2 (3) Perlen dazu. Beginne mit 1 (2, 5 ... Perlen).

- Anzahlen zerlegen: 5 Perlen = 3 Perlen + 2 Perlen; 1 + 4, 2 + 3, 5 + 0 ... / 10 Perlen = 5 Perlen + 5 Perlen, 6 + 4, 9 + 1 ...

- Beziehungen: Schiebe 8 (6, 11, 14, ...). Welche Zahlen sind kleiner? Welche sind größer? Welche Zahl kommt genau vor / nach 8? ...

- Additionen im ersten Zehner: 5 + 2, 5 + 3, ... , 4 + 3, ...

- Ergänzen zum ersten Zehner: Schiebe 6 Perlen. Wie viele fehlen noch bis 10? ...

- Subtraktion im ersten Zehner: 7 – 2, 8 – 3, 10 – 2, 10 – 4, 8 – 4, 9 – 5, 6 – 3, 7 – 4, 9 – 5, ...

- Subtrahieren ab 10 (10 – 5, 10 – 2, 10 – 4, 10 – 7, ...).

- Addition ab 10 (10 + 4, 10 + 6, 10 + 9, ...).

- Addition bis 20 ohne Zehnerübergang (15 + 2, 15 + 5, 12 + 2, 13 + 3, 11 + 6, ...).

- Subtraktion im zweiten Zehner (17 – 2, 15 – 2, 19 – 4, 15 – 5, 15 – 3, 17 – 4, ...).

- Addition mit Zehnerübergang auf verschiedene Weisen (z. B. 8 + 5 = 8 + 2 + 3 oder als 5 + 5 + 3, ...).

- Subtraktion mit Zehnerübergang auf verschiedene Weisen (z. B. 12 – 5 = 12 – 2 – 3 oder als 10 – 5 + 2, ...).

- Bedeutung der Kommutativität herausarbeiten: 2 + 9 bearbeitet man besser als 9 + 2, ...

- Ungleichungen lösen: 4 + _ < 8, 7 – _ > 4, 12 > 7 + _, 12 < 16 – _, ...

- Operative Beziehungen entdecken bzw. erkennen:

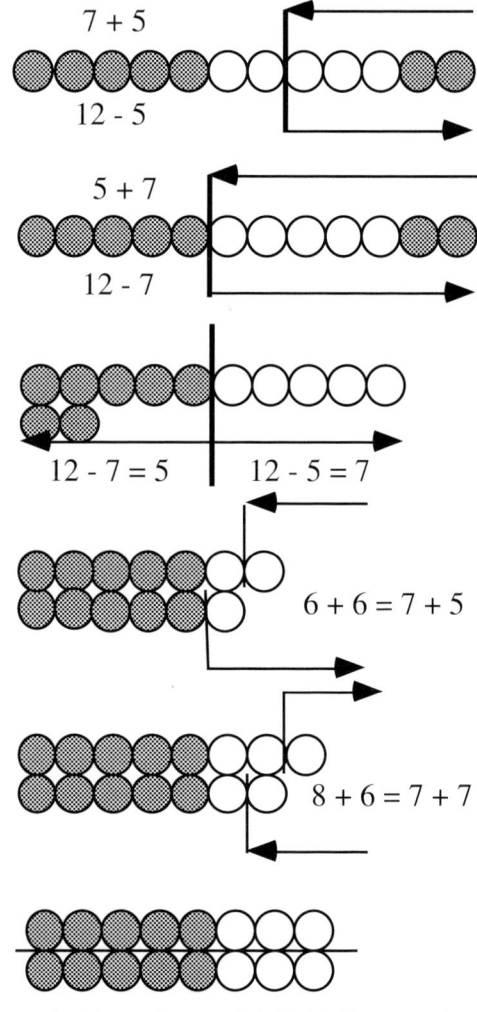

das Doppelte von 8 / die Hälfte von 16

- Die oben beschriebenen Übungen auch immer *in der Vorstellung* mit dem Rechenbrett (oder mit der Rechenkette) durchführen lassen: „Wir stellen uns das Rechenbrett im Kopf vor! Wir schieben 5 Perlen und dann noch 6 dazu. Wie viele Perlen seht Ihr? ... Zeichnet die Perlen in Euer Heft!" Bei derartigen Übungen kann man sehr gut gerade auf Kinder mit Vorstellungsschwierigkeiten achten und deratige Schwächen in Förderübungen beheben, es sei denn, es liegt eine ausgeprägte visuelle Teilleistungsschwäche vor (vgl. Kap. 2.1/5.1). Die Möglichkeiten, bei diesen Kindern Operationen in der Vorstellung zu entwickeln, sind sehr begrenzt.

- Verdecktes Rechnen / Operieren: Unter einem Tuch ist das Arbeitsmittel verdeckt (Partnerarbeit). Mit abgedeckten Folien sind nachfolgende Übungen auch am Overheadprojektor für die ganze Klasse möglich:
„Wie viele Perlen der Rechenkette sind unter dem Tuch ?"

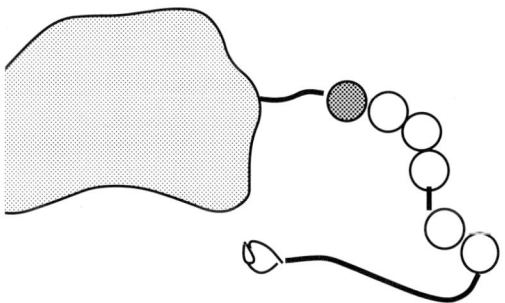

„Unter dem Tuch sind 6 Perlen. Diese kommen noch hinzu!"

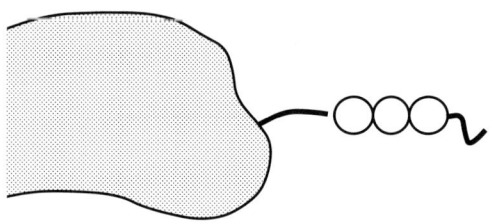

„Unter dem Tuch sind 14 Perlen. Ich hole 5 Perlen hervor. Wie viele Perlen sind jetzt noch unter dem Tuch?

- Partnerspiel:
Zwei benachbarte Schüler schieben je auf ihrem Rechenrahmen eine Anzahl zwischen 0 und 20. Der Nachbar darf diese Zahl nicht sehen. Dann wird abwechselnd gefragt:
Variante 1: Frage direkt nach einer Zahl (z.B. „Ist deine Zahl die 15?"). – Antwort mit „kleiner" oder „größer" (z.B. „Nein, sie ist größer").
Variante 2: Frage mit „kleiner" oder „größer" (z.B. „Ist deine Zahl größer als 10?"). – Antworten nur mit „Ja" oder „Nein".
Gewonnen hat, wer als erster die Zahl des Nachbarn bestimmen kann. Zu beiden Varianten können die Kinder Strategien entdecken, um gezielt und mit möglichst wenigen Fragen zu einer richtigen Antwort / Zahlbestimmung zu kommen.

3.2.2 Arbeitsmittel im Hunderterraum

Für die Erweiterung des Zahlraumes bis 100 und für das Rechnen gibt es verschiedene Arbeitsmittel bzw. Veranschaulichungsmodelle, so

- die Hunderterperlenkette
- die russische Rechenmaschine
- den Zahlenstrahl
- Mathe-Setzkästen
- das Hunderterpunktefeld
- die Hundertertafel
- die Dienes-Blöcke
- Rechengeld (Einerpfennige, Zehnpfennige)

u.v.a.m..

Die Erfahrungen aus der Arbeit mit langsamen Rechnern oder Schülern mit einer mathematischen Lernschwäche zeigen, daß von den oben genannten Arbeitsmitteln für die betreffenden Kinder die letzten drei genannten Materialien hilfreich sind. Warum nicht auch die anderen? – Kinder mit Lernschwierigkeiten im arithmetischen Anfangsunterricht haben sehr oft im Laufe des 2. Schuljahres die folgenden, *inhaltsspezifischen Probleme*:

- Die meisten Grundaufgaben der Addition und der Subtraktion bis 20 werden noch nicht auswendig gekannt, so daß in vielen Fällen noch zählende Verfahren vorherrschen.

- Die eindeutige Unterscheidung zwischen Zehner und Einer fällt schwer. Die Lehrerin erkennt das z. B. an der Schreibweise gemischter Zehnerzahlen (die Schüler schreiben die Zahlen „wie man sie spricht", d.h. etwa bei 23 erst die 3 und dann die 2) oder an speziellen Schülerfehlern (z. B. 27 + 15 = 32, der Übertrag wird nicht berücksichtigt, er wird vermieden oder der Schüler rechnet bei 46 − 38 = 12 die Teilschritte 4 − 3 und 8 − 6). Kurz: Das Prinzip der Bündelung und der Begriff des Stellenwertes sind nicht klar.

- Analogien im Aufbau des dekadischen Zahlsystems werden noch nicht immer erkannt und genutzt. Selbst wenn eine Aufgabe wie 7 + 6 auswendig gewußt wird, muß der betreffende Schüler bei 57 + 6 neu rechnen.

- Der Überblick im Hunderterraum und das Erkennen operativer Beziehungen sind noch nicht ausreichend entwickelt, um genutzt zu werden.

Wenn man auch an dieser Stelle einige der anfangs diskutierten Beurteilungskriterien für Arbeitsmittel heranzieht, dann wird auf dem Hintergrund der beschriebenen Schwierigkeiten deutlich, daß zum Fördern rechenschwacher Zweitkläßler Arbeitsmittel wie der Zahlenstrahl, die Hunderterkette und auch verschiedene Setz- oder Steckmodelle weniger geeignet sind. Stellenwertbegriff und Bündelungsprinzip werden an diesen Modellen nicht deutlich, die Lösungen sind vorwiegend nur zählend möglich und Vorstellungen nur schwer entwickelbar.

– *Die Russische Rechenmaschine*

Die sogenannte russische Rechenmaschine als direkte Erweiterung des 20er-Rechenrahmens eignet sich vorzüglich zum Schieben und Bestimmen von Anzahlen wie auch zum Halbieren und Verdoppeln von Zahlen. Beispiele:

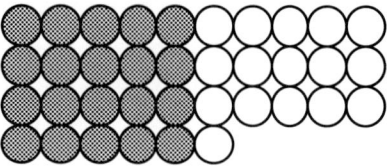

Die Hälfte von 36 (das Doppelte von 18):

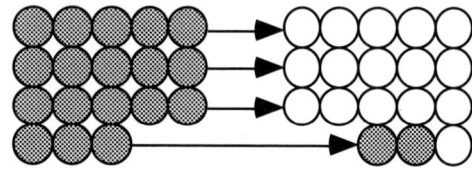

Schwieriger ist das Rechnen mit gemischten Zehnerzahlen im Hunderterraum, z.B. die Aufgabe 36 + 27 :

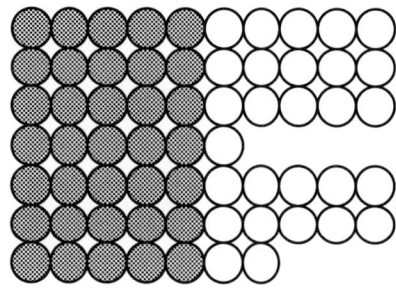

Das Arbeitsmittel hilft hier wenig. Die Summe kann mit Hilfe der russischen Rechenmaschine erst eindeutig bestimmt werden, wenn der Schüler in der Lage ist, die Aufgabe in Teilaufgaben bzw. in Teilschübe zu zerlegen, z. B. in 30 + 20 + 6 + 7 oder in 36 + 20 + 7. Entsprechend groß sind die Schwierigkeiten bei der Subtraktion.

– *Der Zahlenstrahl*

Der Zahlenstrahl ist sicher ein hilfreiches Arbeitsmittel zur Entwicklung eines Zahlraumüberblickes oder zum Bestimmen von direkten

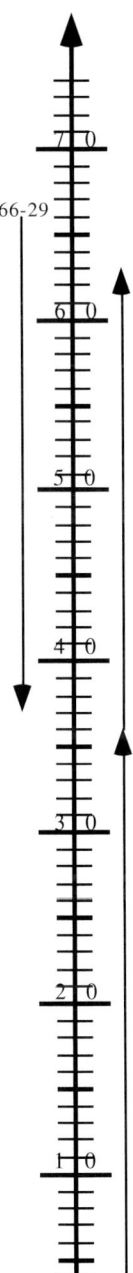

Vorgängern / Nachfolgern einer Zahl. Bereits im Zwanziger- und im Hunderterraum wird das Errechnen von Additions- oder Subtraktionsaufgaben kaum unterstützt. Kann bei der Addition (z. B. 36 + 27) der erste Summand noch schnell abgelesen werden, so haben schwächere Rechner große Schwierigkeiten beim Bestimmen des zweiten Summanden. Dieser wird oft zählend ermittelt, da Zerlegungsstrategien (am Beispiel etwa + 10 + 10 + 4 + 3) von diesen Kindern noch nicht verinnerlicht worden sind.

Hinzu kommen die bekannten Schwierigkeiten am Zahlenstrahl bei der eindeutigen Unterscheidung zwischen dem kardinalen und dem ordinalen Aspekt der natürlichen Zahl (sind die Lücken zwischen den Strichen oder die Striche selber die Zahl?) und dem sicheren Beherrschen der Links-Rechts-Unterscheidung. Diese Fähigkeit ist bei sehr vielen Erst- und Zweitkläßlern noch nicht ausreichend entwickelt. Dabei hilft bereits ein wenig das Drehen des Zahlenstrahles in eine Richtung von unten nach oben (siehe die nebenstehende Abbildung). Bei Kindern im betreffenden Alter ist die Oben-Unten-Dimension früher entwickelt, zum andern werden die Additions- und die Subtraktionsrichtung durch semantische Erfahrungen unterstützt: Addieren entspricht eher einem Aufsteigen, Hochklettern auf einer Leiter, dem Größerwerden und Wachsen, Subtrahieren dagegen einem Absteigen, (wieder) Herunterklettern oder dem Kleinerwerden.

– *Dienes-Blöcke (Mehrsystemblöcke)*

Ein sehr nützliches Arbeitsmittel im zweiten und im dritten Schuljahr sind die Dienes-Blöcke (auch Mehrsystemblöcke), die in verschiedenen Lehrmittelverlagen aus Holz oder aus Plastik angeboten werden. Das Material besteht aus kleinen Einerwürfeln („Würfel"), den Zehnerstangen („Stangen") und Hunderterplatten („Platten"); dazu gibt es auch noch Tausenderwürfel („Blöcke"). Gelegte Zahlen sind graphisch einfach übertragbar (Quadrate für Hunderter, Striche für Zehner und Punkte für die Einer). Das Arbeiten mit Dienes-Blöcken unterstützt insbesondere die Entwicklung des Verständnisses vom Bündelungsprinzip sowie des Stellenwertbegriffes, zumal die Zahlen sinnvollerweise auch in der Reihenfolge der Stellenwerte gelegt werden. Am Beispiel 135:

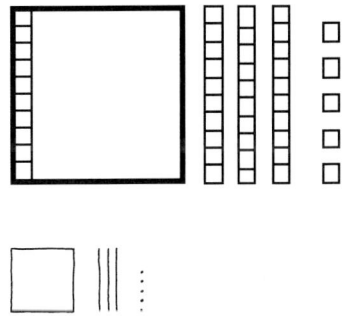

Die Dienes-Blöcke eignen sich gut für die Erweiterung des Zahlraumes bis 100 (2. Schuljahr) und bis 1000 (3. Schuljahr). Ihr besonderer Vorzug liegt in der leichten Handhabbarkeit, der schnellen Übertragbarkeit in graphische Repräsentationen und in der gedanklichen Vorstellbarkeit. Stellen Sie sich bitte die Zahl 24 über das Dienes-Material vor. Fügen Sie in der Vorstellung noch eine Hunderterplatte hinzu und nehmen Sie zwei Einerwürfel weg. Welche Zahl „sehen" Sie? Zeichnen Sie das Vorstellungsbild auf.

Bei ausgesprochen zählenden Rechnern kann es hilfreich sein, fünf Einerwürfel zu Fünferstangen zusammenzukleben, um ohne zählen zu müssen Einerzahlen größer als 5 legen zu können.

Einige Anwendungsbeispiele:

- Bündeln und Entbündeln von Zahlen,
- Addieren und Subtrahieren im Hunderter- und im Tausenderraum,
- Einsicht gewinnen in dekadische Analogien (z. B. Legen und Berechnen der Aufgaben 147 + 15, 347 + 15, 947 + 15 o. a.),
- Einsatzmöglichkeiten beim Erarbeiten der schriftlichen Rechenverfahren,
- Verwendbarkeit bei geometrischen Aufgabenstellungen.

Die Dienes-Blöcke für den Hunderterraum sind mit gewissen Einschränkungen ersetzbar durch die Steckwürfel (wobei die Zehnerstangen geklebt werden sollten) oder durch die Einer und die Zehnerstäbe des Cuisenaire-Materials (farbige Stäbe).

Zu den hilfreichen Materialien bei der Förderung rechenschwacher Schüler kann man auch das <u>Rechen-Geld</u> zählen. Allerdings sind gerade zum Geld die außerschulischen Vorerfahrungen und Kenntnisse sehr unterschiedlich. Selbst Dritt- und Viertkläßler haben oft noch kaum Umgangserfahrungen mit Geld und somit auch große Schwierigkeiten beim Vergleich von Geldwerten, beim Umtausch von Geldbeträgen und insbesondere dann beim Rechnen mit Geld. Bei einer Beschränkung auf die Einpfennig- und die Zehnpfennigstücke lassen sich jedoch im Hunderterraum die Aufgaben und Übungen wie mit dem Dienes-Material durchführen.

<u>– Die Hundertertafel</u>

Ein wichtiges Arbeitsmittel für entdeckendes Lernen und für strukturierte Übungen im Zahlraum bis 100 ist die sogenannte Hundertertafel.

1	2	3	4	5	6	7	8	9	10
11	12	13	14	15	16	17	18	19	20
21	22	23	24	25	26	27	28	29	30
31	32	33	34	35	36	37	38	39	40
41	42	43	44	45	46	47	48	49	50
51	52	53	54	55	56	57	58	59	60
61	62	63	64	65	66	67	68	69	70
71	72	73	74	75	76	77	78	79	80
81	82	83	84	85	86	87	88	89	90
91	92	93	94	95	96	97	98	99	100

Die Anordnung der Zehner von oben nach unten entspricht der des Rechenrahmens für den 20er-Raum. Diese Anordnung findet man derzeit in nahezu allen Schulbüchern und Lehrmittelangeboten. Gerade beim Addieren und beim Subtrahieren wäre es jedoch für einige Schüler semantisch sinnvoller, die Hundertertafel von unten nach oben aufzubauen (vgl. Zahlenstrahl). Addieren von Zehnerzahlen entspräche dann einem Aufsteigen, Subtrahieren einem Absteigen in der Hundertertafel.

Eine kleine Schwierigkeit für die Schüler ist in der Hundertertafel zunächst das Springen über den linken bzw. rechten Rand bei Aufgaben wie 47 + 8 oder 52 – 7.

Anregungen und Entdeckungen an der Hundertertafel

Erste Entdeckungen

- Wo stehen die Zahlen mit drei Einern? Wo die mit fünf Zehnern?
- Welche Zahlen stehen in der 4. Spalte? Welche in der 2. Zeile? ...
- Welche Zahl steht in der dritten Zeile und in der siebten Spalte? ...

- Wo stehen die geraden Zahlen? Wo die ungeraden Zahlen? Welches Muster ergibt sich beim Einfärben?
- Zähle in der Tafel von 17 aus 5 weiter! Zähle von 58 aus 9 zurück!
- Wo stehen die Zahlen, die genauso viele Einer wie Zehner haben?
- Welche Zahlen sind kleiner als 65 (größer als 65)? Wo stehen sie? ...
- Zeige den Vorgänger / den Nachfolger von 65 (von 70, 51...). Wo ist der Vorgängerzehner / der Nachfolgezehner?
- Welche Zahlen stehen rings um 65? Wer kann diese Zahlen im Kopf nennen, ohne auf die Hundertertafel zu schauen?

Berechnungen

- Rechne / zeichne in der Hundertertafel 24 + 42, 93 – 51 ... . Zeichne die Operationspfeile dazu (siehe Abb.). Kann man die Aufgaben verschieden lösen?

1	2	3	4	5	6	7	8	9	10
11	12	13	14	15	16	17	18	19	20
21	22	23	24	25	26	27	28	29	30
31	32	33	34	35	36	37	38	39	40
41	42	43	44	45	46	47	48	49	50
51	52	53	54	55	56	57	58	59	60
61	62	63	64	65	66	67	68	69	70
71	72	73	74	75	76	77	78	79	80
81	82	83	84	85	86	87	88	89	90
91	92	93	94	95	96	97	98	99	100

- Halbiere 38 ..., Verdoppele 24 ... .
- Zeichne die Multiplikationsreihe des 1mal4. Wie sieht das Muster aus? Wie sehen die Muster aus zum 1mal2, 1mal3, 1mal7 ... ?
- Welche Zahlen in der Hundertertafel lassen sich durch 2 (durch 5, 10 ...) teilen?

Entdeckungen und operative Beziehungen

- Wo stehen die Zahlen mit der Quersumme 7 (1, 9 ...)?
- Kreuze alle Zahlen an, deren Quersumme Vielfaches von 3 ist. Kreise alle Zahlen ein, deren Quersumme Vielfaches von 9 ist. Fällt Dir etwas auf?
- Wie groß ist die Summe der Zahlen in der 1., 2., ... Zeile? Wie groß ist die Summe der Zahlen in der 1., 2., ... Spalte? Was fällt Dir auf?
- Ein Rätsel im Hunderterfeld:
  Ein Schatz ist im Zahlenland versteckt. Er liegt unter einer unbekannten Zahl. Die Schatzsucher wissen:
    – Die Zahl ist durch 4 teilbar.
    – Die Zahl ist kleiner als 67.
    – Die Quersumme der Zahl ist 9.
    Wo liegt der Schatz?

Abschließende Anmerkung: Die Lehrerin sollte die oben aufgelisteten Übungen erst selbst an der Hundertertafel durchführen, um die Schwierigkeiten, aber auch die Möglichkeiten besser abschätzen zu können. Die Aufgaben eignen sich sehr gut für einen offenen Unterricht bzw. eine Freiarbeit, sie lassen sich bzgl. der Schwierigkeitsanforderungen vielfältig differenzieren (z. B. bei den Zahlen und den Informationen der „Schatzsuche").

3.3 Warum ist die Geometrie so wichtig?

Es kann kein Zweifel daran bestehen, daß die Geometrie im Rahmen der schulmathematischen Curricula zu den wichtigsten Lern- und Erfahrungsbereichen der Schüler gehört. Die Begründungen, etwa für die Grundschulzeit, sind zahlreich (vgl. WINTER, 1971; RADATZ & RICKMEYER, 1991) und können hier nur stichwortartig angesprochen werden:
- Nahezu jedes Denken, jede kognitive Kompetenz bedient sich visueller, d.h. geometrischer Stützen. Fähigkeiten, visuell dargebotene Informationen aufzunehmen, zu analysieren, zu speichern oder mit ihnen in der Vorstellung zu operieren sind grundlegend wichtig und nicht in gleicher Weise bei allen Schulanfängern ausgebildet.
- Der Geometrieunterricht leistet einen wichtigen Beitrag für die Kompetenzentwicklung des einzelnen Schülers, seine Lebens- oder Erfahrungswelt zu erschließen und zu verstehen. Diese Kompetenzen entwickeln sich im Grundschulalter nicht von selbst ohne entsprechende Anregung und Förderung.
- Gerade geometrische Aktivitäten sind geeignet, die allgemeinen Ziele und Aufgaben der Grundschule (wie etwa spielerisches Lernen, differenzierendes Lernen, entdeckendes Lernen, offenes Lernen, Lernen in Sinnzusammenhängen, anwendungsorientiertes Lernen) zu realisieren, wesentlich besser als etwa der Arithmetikunterricht.

Bei der Entwicklung des Zahlbegriffs, bei der Erweiterung des Zahlraumes sowie beim Erarbeiten der Rechenoperationen sollen die Schüler _begreifen_ (etwa beim handelnden Umgang mit den vielfältigen Arbeitsmaterialien), sie sollen _einsehen_ (über Darstellungen, Ikonisierungen und sogenannte Veranschaulichungen) und von ihnen wird erwartet, daß sie sich mathematische Beziehungen und Operationen _vorstellen_ können (dieses Thema wird gerade im Hinblick auf mögliche Schwierigkeiten rechenschwacher Schüler ausführlich diskutiert in LORENZ, 1991). Derart methodisch-didaktische Anforderungen setzen bei allen Grundschülern vielfältige Fähigkeiten voraus
- bei Handlungen an konkreten Materialien im Mathematikunterricht der Grundschule und bei der Aufnahme, der Unterscheidung und dem Arbeiten mit visuell dargebotenen Informationen (Tafelbilder, Veranschaulichungen, Schulbuchseiten u.a.) und
- bei dem notwendigen Zwischenschritt des Überganges von konkret-anschaulichen Erfahrungen zu den abstrakt-symbolischen Anforderungen im Mathematikunterricht: Dem Ausbilden visueller Vorstellungsbilder bzw. dem mental-visuellen Operieren in der Vorstellung.

Nun fallen gerade die meisten Grundschüler mit Lernschwierigkeiten im Mathematikunterricht auch auf durch Schwächen, Defizite oder auch Störungen ihrer visuell-geometrischen Kompetenzen (BARTH, 1992; LORENZ & RADATZ, 1986; LORENZ, 1987), die sich für diese Schüler in allen Phasen des mathematischen Lehr-Lernprozesses überaus negativ auswirken.

Das Sammeln vielfältiger Erfahrungen zu den geometrischen Themenkreisen ist für Schüler aller Schulstufen und Schulformen grundlegend, besonders jedoch für die Grundschüler. Ihr Unterricht ist in den meisten Fächern weitgehend anschaulich-konkret organisiert und setzt somit Erfahrungen und Fähigkeiten zum Aufnehmen und zum Verarbeiten des Wahrgenommenen voraus. Zudem sollte es für Grundschüler möglich sein, visuelle Vorstellungen zu entwickeln und mit ihnen gedanklich zu operieren.

Aus den genannten Gründen sind die ersten Wochen des Mathematikunterrichts im 1. Schuljahr überaus wichtig. In diesem Zeitraum kommt es darauf an, die Lernausgangslage der Schulanfänger zu erfassen, ihre Lernvoraussetzungen für den nachfolgenden Unterricht zu diagnostizieren und ggf. zu fördern. Ein sofortiger Einstieg bei Schulbeginn in das Arbeiten mit Zahlen und Rechenoperationen über die vielen Materialien, Bilder und sog. Veranschaulichungen überfordert viele Schulanfänger und bringt sie gleich in einen Rückstand.

Die Empfehlungen und Grundschulerlasse der meisten Bundesländer fordern eine entsprechende Anfangsphase vor dem Einstieg in den arithmetischen Lehrgang. In der schulischen Praxis wird dieser wichtige Orientierungs- und Förderzeitraum leider von den meisten Lehrerinnen übersprungen. Dabei wird insbesondere das Argument vorgebracht, daß die Schüler (wohl eher die ehrgeizigen Eltern) gleich vom Schulanfang an rechnen (oder lesen oder schreiben oder ...) wollen. Das ist sicher richtig, aber doch wohl keine ausreichende Begründung dafür, mögliche Rechenschwächen und allgemeinere Lernstörungen bei einigen Grundschülern in Kauf zu nehmen.

Nachfolgend werden zunächst Anregungen angeboten, die als informelle Verfahren einer Diagnose bzw. zum Erfassen der Lernausgangslage dienen können, zugleich aber Inhalte von Übungen und Fördermaßnahmen sein können. Die Beschreibung spezifischer, auch außerschulischer, Trainingsprogramme erfolgt in Kapitel 5, insbesondere zum visuellen Bereich in 5.1. Hilfreiche Spiele werden in den Anregungen zur Mathe-Ecke gegeben (Kap. 6.4). Zahlreiche weitere Anregungen lassen sich in RADATZ & RICKMEYER, 1991, und GUDER, 1991, finden.

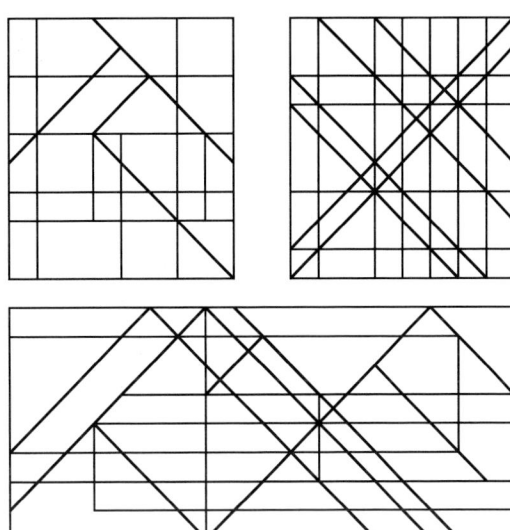

Wie viele Perlen sind in diesen Ketten?

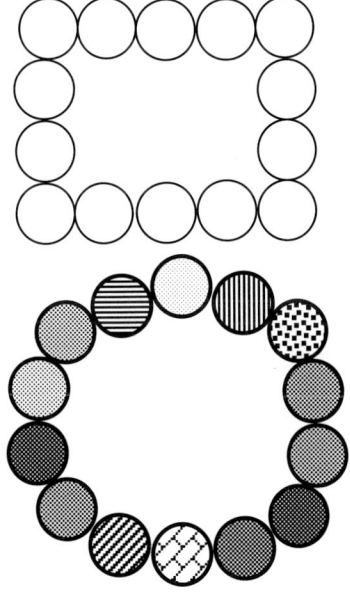

3.3.1 Anregungen zur Diagnose und zum Fördern des visuellen Wahrnehmens und des Vorstellens

– Visuelles Differenzieren

Wo ist das Haus in den folgenden Abbildungen?

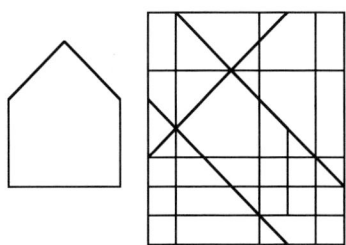

Wie viele Linien zählst du?

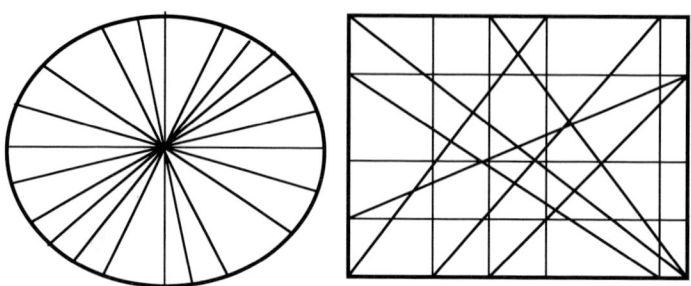

„Wimmelbilder" betrachten und beschreiben:

aus: PALZKILL/RINKENS: Die Welt der Zahl, Bd. 1, S. 5, Schroedel Schulbuchverlag, Hannover 1986

– *Speichern visueller Informationen / visuelles Gedächtnis*

Man zeigt den Schülern eine geometrische Figur (Klapptafelvorderseite) und läßt sie diese in Ruhe betrachten. Nach ca. 20 sec. wird eine Menge verwandter Figuren gezeigt (Klapptafelrückseite), aus denen die Schüler die erste wiedererkennen sollen.

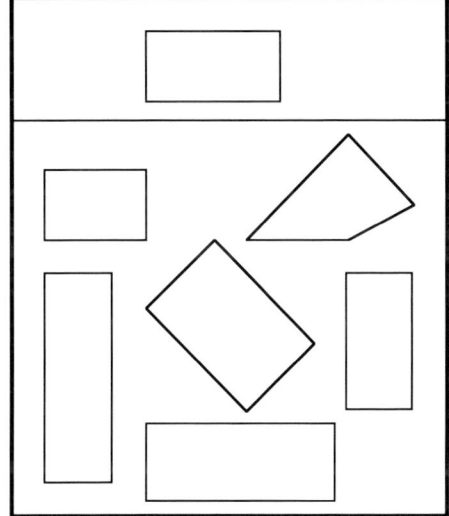

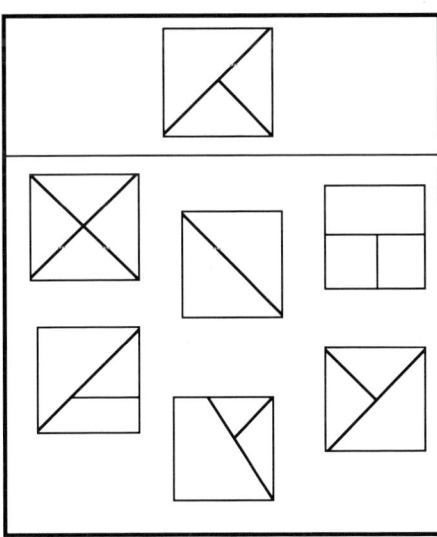

Den Schülern wird längere Zeit an einer Klapptafel (oder über einen Overheadprojektor) eine Figur gezeigt, die sie sich genau einprägen sollen. Diese Figur wird dann abgedeckt, die Kinder sollen sie dann nach ca. 15 sec. so genau wie möglich auf- bzw. aus dem (visuellen) Gedächtnis nachzeichnen. Beispiel:

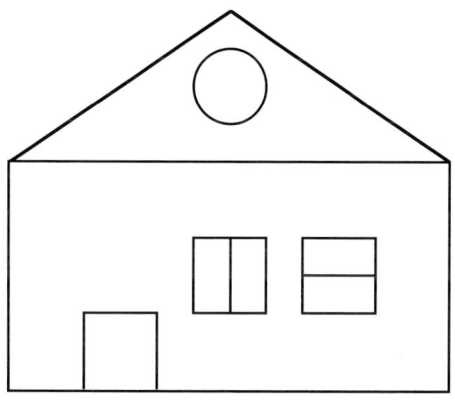

Entsprechende Übungen sind auch mit Mustern, Punktfeldern oder Zahlenmengen sinnvoll. Differenzierende Erschwerungen ergeben sich beim Hinzunehmen von Farben in die Konfigurationen.

Beispiele und Anregungen:

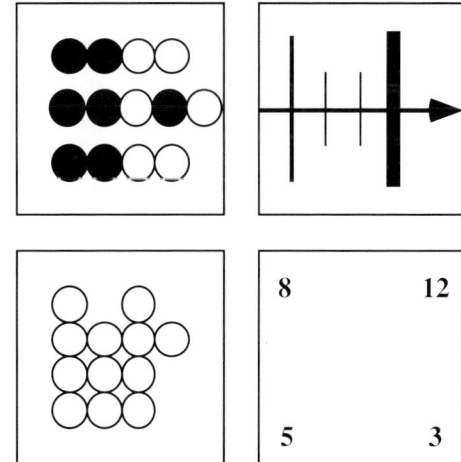

Das Speichern visuell dargebotener Informationen ist eine grundlegend wichtige Fähigkeit. Kinder mit Schwächen fallen z. B. dadurch auf, daß sie ungern Memory spielen, das Zusammensetzen komplexerer Puzzles meiden, ihr Kinderzimmer nicht 'im Kopf' beschreiben können oder sich auf einer Bilderbuch- bzw. einer Schulbuchseite verlieren (vgl. dazu Kap. 2.5). – Alle Memoryspiele mit den entsprechenden Variationen gehören in diese Übungsgruppe.

– *Räumliche Vorstellungsübungen*
 (aus RADATZ & RICKMEYER, 1991):

– Die Schüler schließen die Augen. – „Was hängt rechts an der Wand in unserem Klassenzimmer? Was steht vorne links in der Ecke?"...

– In der Klasse das Spiel „Ich sehe etwas, was du nicht siehst" spielen: „Ich sehe etwas, was du nicht siehst und das ist rund (und hoch ...)".

– Wanderungen „im Kopf": „Wir betreten das Schulgebäude, gehen den Gang nach rechts, an der Milchausgabe vorbei, dann in den Gang nach links und öffnen die erste Tür rechts. Wo sind wir?"

– Wir suchen „im Kopf" nach geometrischen Grundformen in unserem Klassenzimmer: „Augen zu! Wo gibt es in unserem Klassenzimmer quadratische (runde, dreieckige, rechteckige ...) Formen?"

– *Bestimmen / Zählen nicht sichtbarer Elemente*

Aus wie vielen Würfeln sind diese Figuren gebaut ?

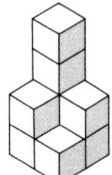 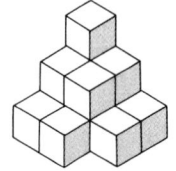

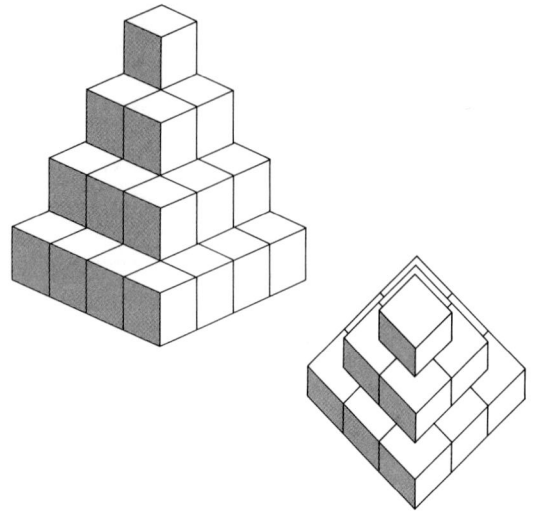

– *Geometrische Folgen fortsetzen*

Diese Aufgaben erfassen nicht nur visuelle Fähigkeiten, sie geben auch Auskunft über die Feinmotorik des Schülers. Darüber hinaus wird erkennbar, ob der Schüler die Aufbauregeln der Folgen erkennen und richtig anwenden kann.

Mit strukturierten Plättchen fortsetzen:

Auf Karopapier fortsetzen:

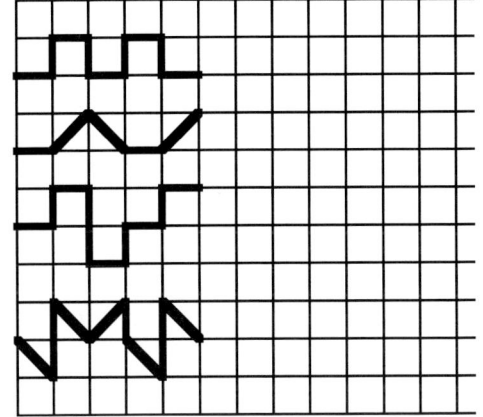

– *Übungen zur Rechts-Links-Orientierung*

Gerade zur Raumdimension rechts-links haben viele Grundschüler noch keine ausreichenden Erfahrungen gesammelt, ihre Fähigkeit zur Unterscheidung ist oft bis zum Ende der Grundschulzeit recht unsicher. Ein sicheres Unterscheidenkönnen ist aber für sehr viele Arbeitsmittel und didaktische Modelle (z.B. Zahlenstrahl, Hundertertafel, Stellenwerttafel) eine grundlegende Voraussetzung des Verstehens und des sicheren Anwendens. – Zahlreiche Übungen bietet das sog. Frostig-Programm an (siehe auch Kap. 5.1).

Einige Übungsanregungen:

– Rechts-Links-Unterscheidungen am eigenen Körper:
Hebe die rechte Hand, den linken Fuß. – Lege die rechte Hand auf dein linkes Knie. Zeige mit dem Zeigefinger der linken Hand auf dein rechtes Ohr. – Wir heben den rechten Arm nach vorne und den linken Arm nach hinten, jetzt umgekehrt. – Hüpfe dreimal auf dem rechten Fuß. ...

– Bewegungen und Orientierungen auf Anweisungen:
Gehe drei Schritte vorwärts, rechts um, vier Schritte vor, links um, nochmals links um, drei Schritte zurück. – Wir zeichnen einen Weg auf Karopapier: Sechs Kästchen nach oben, fünf Kästchen nach links, zwei Kästchen nach unten. ...

– Rechts-links von der eigenen Person:
Wer sitzt links von Dir? Wer sitzt rechts – vorne? Nenne Gegenstände im Klassenraum, die rechts von Dir sind. – Gehe nach vorne und schaue zur Tafel: Was ist rechts von Dir? – Drehe Dich um zur Klasse: Was ist jetzt rechts von Dir? ...

– Rechts-links bei Gegenständen oder Bildern:
Gut sichtbar für alle Schüler werden drei Gegenstände bzw. Körper aufgebaut, z.B: Was liegt rechts von der Kugel? Was liegt links vom Quader? – Die Lage der Gegenstände / Körper umordnen und neu fragen.

– Rechts-links von anderen Personen aus:
Wer sitzt links von Peter? – Ein Schüler stellt sich in der Klasse auf verschiedene Plätze. Die anderen Schüler beschreiben jeweils Lagebeziehungen wie links-rechts, vor-hinter. Elke steht ... . Elke stellt sich rechts neben Mike, Jessica stellt sich vor Elke ... . – Auf Bildern die Sicht von abgebildeten Personen nach links-rechts und anderen geometrischen Lagebeziehungen beschreiben.

– *Zeichnen und Abzeichnen*

Für Diagnose und Förderung besonders geeignet sind Aufgaben zum Abzeichnen / Kopieren geometrischer Konfigurationen, z. B.: „Zeichne genau ab in Dein Heft mit Karopapier!"

Beispiele aus den *Bergedorfer Kopiervorlagen* (MÜLLER, 1982):

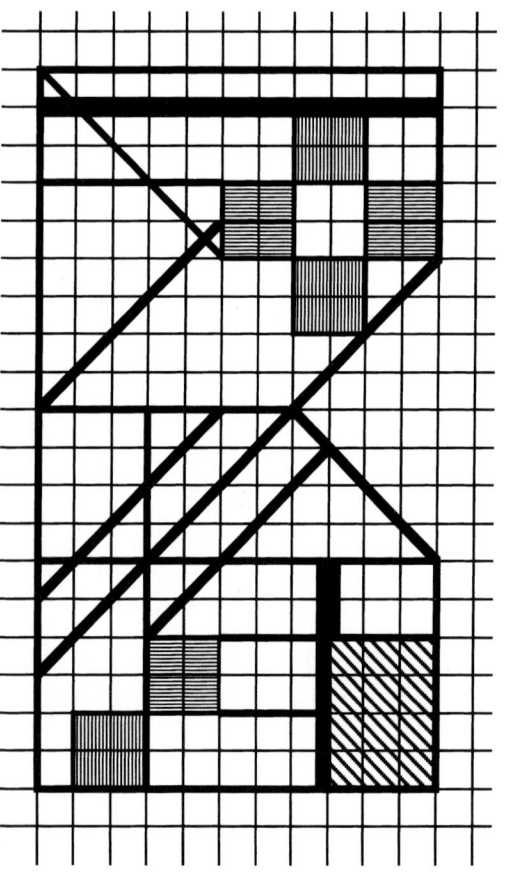

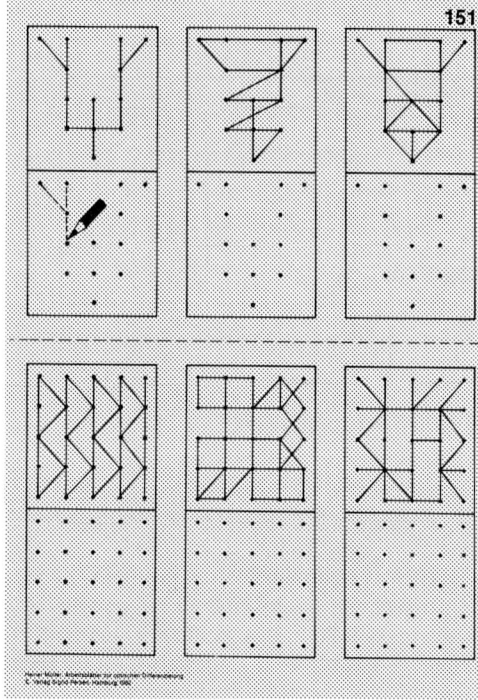

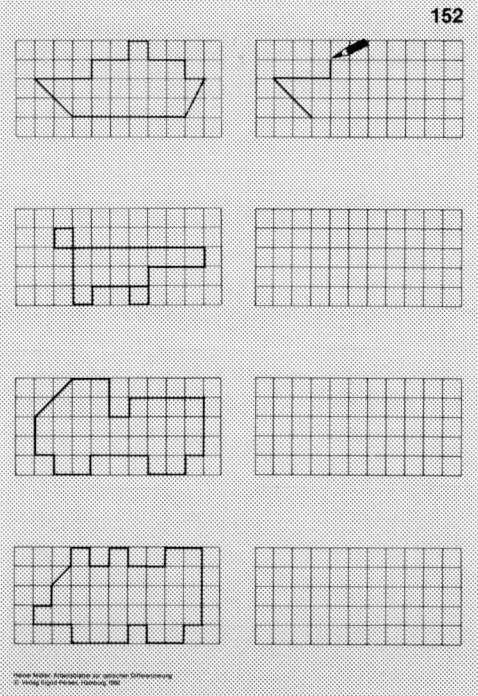

Geometrie

– *Schüler legen mit den Formenplättchen Figuren aus, z. B. die folgenden*

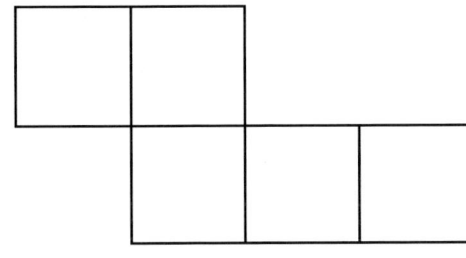

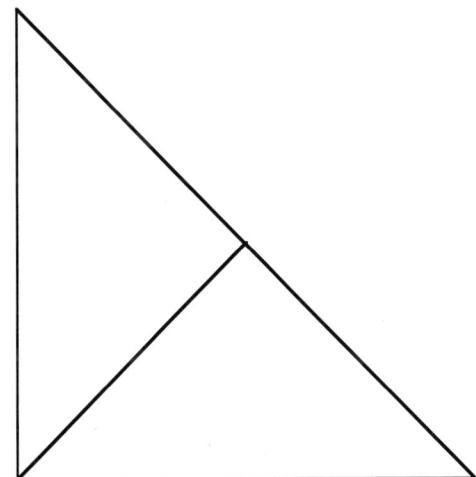

– Versuche, mit Hilfe eines Taschenspiegels Spiegelschrift zu lesen:

– Ergänze zu Buchstaben und lies vor:

– *Erkennen von Symmetrien*

Symmetrien sind für das räumliche Auffassungs- und Gliederungsvermögen von grundlegender Bedeutung, das Erkennen und Anwenden symmetrischer Beziehungen ist gerade auch im arithmetischen Anfangsunterricht wichtig. Symmetrien sollten über vielfältige Handlungserfahrungen untersucht, erkundet und entdeckt werden, etwa über Faltaufgaben, über das Schneiden von Formen und Figuren oder über das Legen mit geometrischen Formen. Nachfolgend nur eine kleine Übungsauswahl, die eher diagnostische Hinweise erlaubt:

– Wo kann man diese Figuren spiegeln?

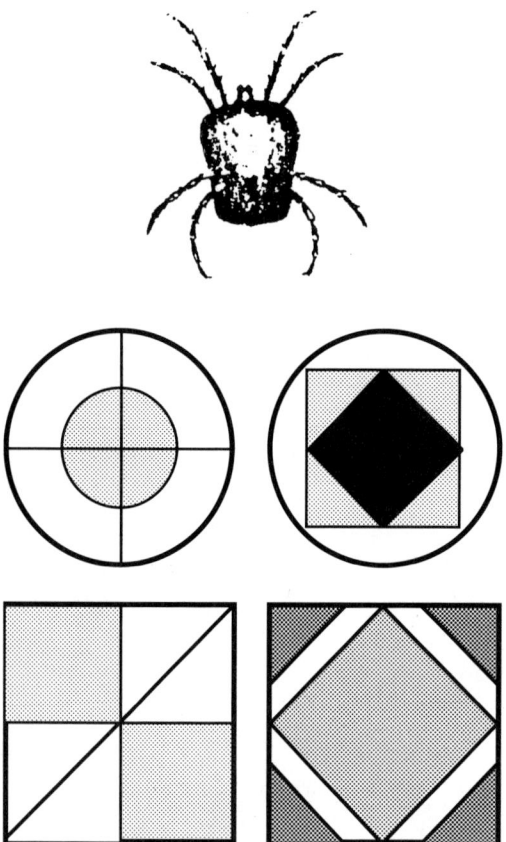

– *Mosaike und Muster*

Übungsanregungen gibt es unter dem Angebot der außerschulischen Spiele (vgl. Anregungen zur Mathe-Ecke), aber auch auf dem schulischen Lehrmittelmarkt (siehe auch GUDER, 1991).

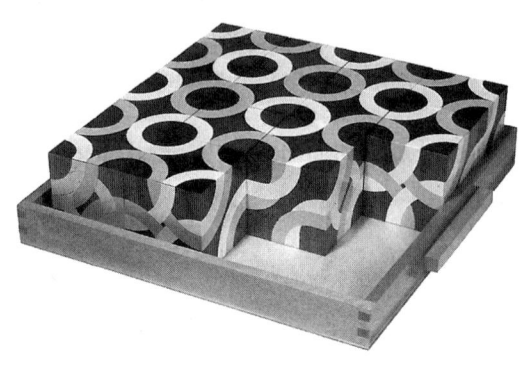

– *Zusammensetzen zerschnittener Figuren*

In Einzelelemente zerschnittene Figuren müssen wieder zusammengesetzt / zusammengelegt werden. Beispiele:

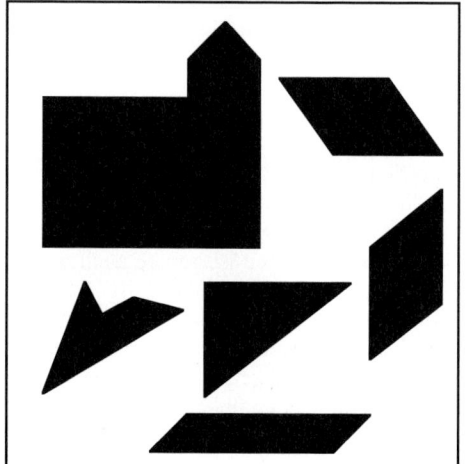

Geometrie

Einige Anregungen aus den „Bergedorfer Kopiervorlagen" (MÜLLER, 1982) zum visuellen Differenzieren, zur Figur-Grund-Unterscheidung, zu den geometrischen Lagebeziehungen, den Qualitätsbegriffen sowie zur visuellen Orientierung (die Seitenzahlen sind den abgebildeten Arbeitsblättern zu entnehmen):

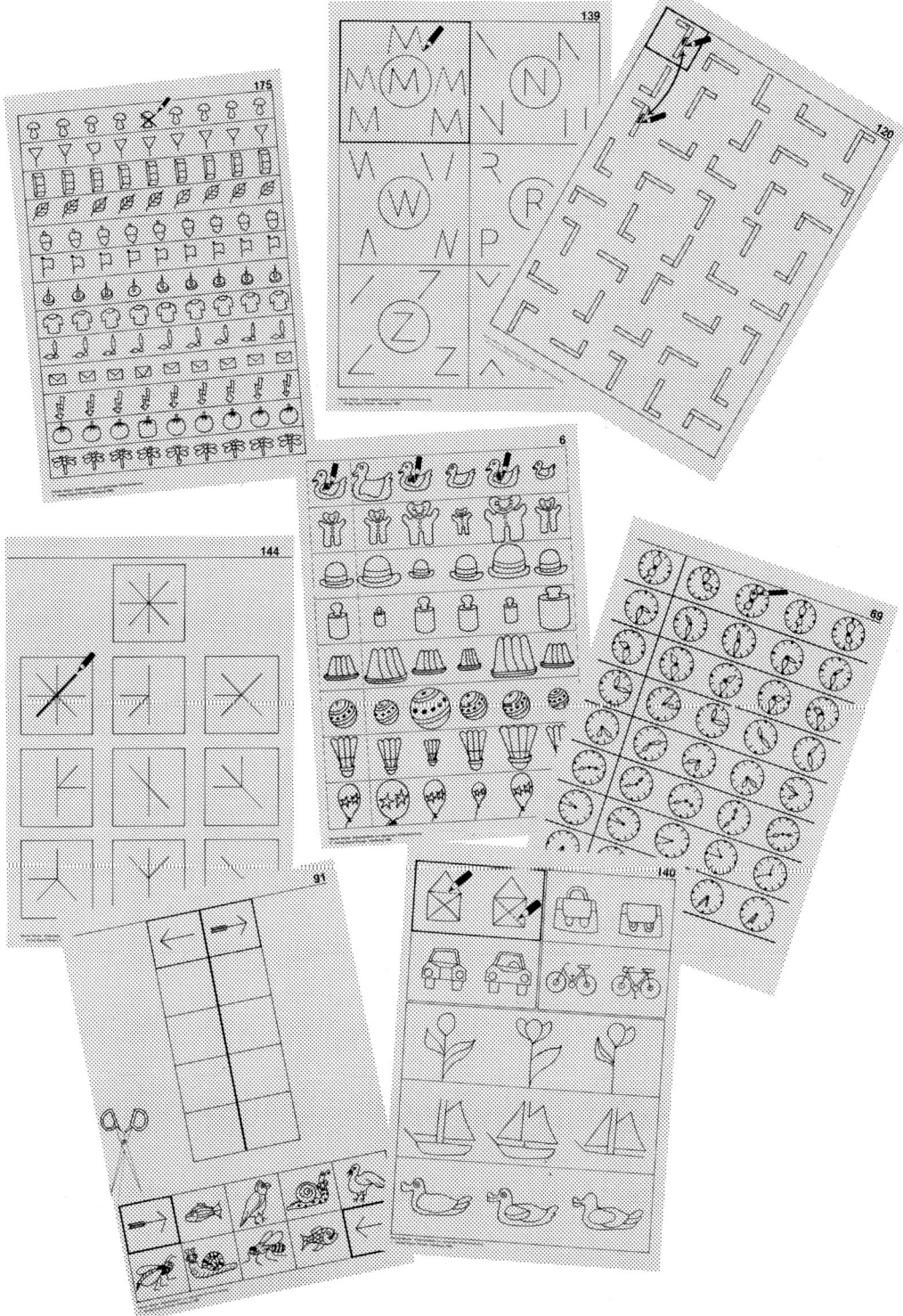

4. Fördermöglichkeiten in ausgewählten Inhaltsbereichen

Unter Berücksichtigung der derzeitigen Bedingungen in der Grundschule bieten sich zwei Möglichkeiten der schulischen Förderung rechenschwacher Schüler an:

1. fördernder Unterricht im Klassenverband,

2. Förderung im ausgegliederten Förderunterricht (vgl. NLI 41, 1990).

zu 1.:
Fördern als Prinzip des Klassenunterrichts setzt neben möglichst günstigen Rahmenbedingungen (kleine Klassen, Arbeitsecken, Gruppenraum, Auswahl hilfreicher Arbeitsmaterialien u.a.) insbesondere die Bereitschaft der Lehrerin voraus, ihren Unterricht zu öffnen. Mit dem Prinzip der Öffnung des Unterrichts läßt sich ein eher schülerzentrierter als ein lehrplanorientierter Unterricht verbinden. Die Schüler als aktiv-entdeckende Lerner mit ihren Bedürfnissen und Interessen bzw. mit ihren Stärken und Schwächen bestimmen weitgehend mit die Zielsetzungen und die methodisch-didaktischen Variationen eines offenen Unterrichts.

Das bedeutet, daß die Planung und die Gestaltung offener Lernsituationen nur sinnvoll möglich ist auf der Grundlage eines differerenzierten Wissens der Lehrerin über die jeweilige Lernausgangslage der Schüler und dazu „passender" didaktischer Modelle. Ein Beschäftigen der Schüler über bereitgestellte Spiele oder kopierte Arbeitsblätter allein ist noch lange kein offener Grundschulunterricht, der gar Schüler mit Lernschwierigkeiten fördert (vgl. zum offenen Unterricht die Literaturanregungen am Ende des Handbuches).

zu 2.:
Die Probleme mit dem aus dem Klassenunterricht ausgegliederten Förderunterricht sind bekannt:

– Förderunterricht ist sehr oft nicht in der Hand der Fachlehrerin, so daß die sog. Förderlehrerin aufgrund unzureichender Absprachen und Informationen überfordert ist, die 5 bis 6 Kinder aus 1 oder 2 Klassen sinnvoll und effektiv zu fördern.

– Eine ausgeprägte Lese-Rechtschreibschwäche oder eine Rechenschwäche sind durchweg nur über eine Einzelförderung zu beheben, weil die Erscheinungsformen sowie die Ursachen dieser Lernschwächen überaus individuell sind. Zusätzliche Übungsaufgaben in einem Förderunterricht allein sind bestenfalls wirkungslos. Nicht selten verfestigen rechenschwache Schüler durch zusätzliche Übungsaufgaben lediglich ihre Fehlertechniken, wenn das begriffliche oder operative Verständnis vor den Übungen nicht neu entwickelt bzw. erarbeitet worden ist.

– Der herkömmliche Förderunterricht bemüht sich, bei allen förderbedürftigen Schülern in der Regel den aktuellen Unterrichtsstoff aufzuarbeiten bzw. noch einmal „durchzunehmen". Auf der inhaltlichen Ebene liegen die Ursachen für Lernschwierigkeiten jedoch häufig Monate oder ganze Schuljahre zurück, so daß ein erfolgreicher Anschluß an den Klassenunterricht in den ein bis zwei Förderstunden pro Woche gar nicht möglich ist.

– Förderunterricht in der Grundschule bedeutet wegen der Ausgliederung aus dem Klassenunterricht eine frühzeitige externe Differenzierung / Selektion. Förderunterricht ist in vielen Fällen nicht eine zeitlich begrenzte Maßnahme, um wieder den Anschluß an den regulären Unterricht zu gewinnen. Er erstreckt sich für viele Kinder oft über die gesamte Grundschulzeit, ohne nennenswerte Erfolge.

Gegenwärtig fehlt es noch an überzeugenden Konzeptionen eines Förderunterrichts. Für rechenschwache Grundschüler ist eine zeitlich begrenzte Einzelförderung sicher hilfreicher als der Versuch einer Förderung in einer heterogenen Lerngruppe. – Sehr interessant erscheinen die Modelle, durch Doppelbesetzung des Unterrichts mit der Fachlehrerin und der Förderlehrerin den Förderunterricht in den Klassenunterricht zu integrieren (vgl. NLI 41, 1990). Ein derart organisierter Unterricht würde sehr viele Vorteile bieten, nicht zuletzt im Hinblick auf die Absprachen und die gegenseitige Information der Lehrerinnen.

Die nachfolgenden Anregungen zum Fördern im Mathematikunterricht können nicht den Anspruch erheben, auf alle denkbaren Inhaltsbereiche des Grundschulcurriculums einzugehen, in denen Lernschwierigkeiten auftreten. Hier mußte eine Auswahl getroffen werden, wobei sich das vorliegende Handbuch auf wenige Themen konzentriert, die rechenschwachen Schülern besondere Probleme bereiten und die im Mathematikunterricht über einen längeren Zeitraum wirksam sein können, oft über mehrere Jahre. Diese Themen sind zudem nicht eindeutig den entsprechenden Lehrplananforderungen eines Schuljahres zuzuordnen. Die Schwierigkeiten eines Drittkläßlers (z. B. beim mündlichen oder halbschriftlichen Rechnen im Tausenderraum) können ihre Wurzeln in seiner individuellen Lerngeschichte im Laufe des ersten oder des zweiten Schuljahres haben, z. B. im verfestigten zählenden Rechnen, in unflexiblen Zahlraumvorstellungen bereits im Hunderterraum o. a.). Daher können die nachfolgenden Anregungen bei der Erarbeitung eines neuen Themas im Sinne einer möglichen Prävention dienen, aber auch der erneuten bzw. notwendigen Aufarbeitung (Förderung der begrifflichen Grundlagen).

Eine Auswahl ist auch getroffen worden bei den Anregungen zu einem Thema selbst. Es kann keine allgemeingültigen „Förderrezepte" und auch keine erprobten curricular-didaktischen Modelle für alle Schüler mit einer Rechenschwäche geben. Die Leserin wird zu den meisten der angesprochenen inhaltlichen Problemfelder aus ihrer Unterrichts- oder ihrer Förderpraxis weitere

Möglichkeiten einbringen können, mit denen sie gute Erfahrungen gemacht hat. Die angebotene Auswahl der inhaltlichen Fördermöglichkeiten ergab sich aus der praktischen Arbeit in den Beratungsstellen sowie aus Unterrichtsversuchen und -hospitationen. Sie ist nicht zuletzt mitbestimmt von der vertretenen Theorie über die möglichen Ursachen einer Rechenschwäche.

© 1978, United Feature Syndicate Inc.

Schließlich sei verwiesen auf die ergänzenden Anregungen in anderen Kapiteln des Handbuches (etwa die Kapitel 3, 5 und 6) und auf die ausführlichen Literaturhinweise zum Fördern und Differenzieren im Mathematikunterricht, zum offenen Unterricht sowie zu den spezifischen Problemen einer Dyskalkulie / Rechenschwäche.

4.1 Zahlen, Zahlraumvorstellungen und Zählen

4.1.1 Zählen und zählendes Rechnen

Nahezu alle Grundschüler mit Lernschwierigkeiten im Mathematikunterricht werden im Laufe des ersten Schuljahres zählende Rechner, sie verfestigen diese Strategie, und ohne individuelle Förderung bleiben sie über mehrere Schuljahre „Zähler". Es handelt sich hier ganz offensichtlich um einen sehr zentralen Aspekt des Phänomens „Rechenschwäche", der nicht allein auf das deutsche Schulsystem beschränkt ist. GRAY, 1991, hat in einer breit angelegten Untersuchung in englischen Grundschulen bei überdurchschnittlich guten, bei durchschnittlich guten und bei schwächeren Rechenschülern im Alter von 7 bis 12 Jahren unterschiedliche Lösungsstrategien bei Additions-/Subtraktionsaufgaben festgestellt. Grundschüler mit guten Rechenleistungen verwenden vom 8. Lebensjahr an (Anfang 2. Schuljahr) kaum noch zählende Strategien. Sie lösen die Aufgaben im 20er-Raum durch Zurückführen auf bekannte Aufgaben bzw. sie kennen die Zahlensätze bereits auswendig. Dagegen bleiben schwache Rechner bis über das Grundschulalter hinaus Zähler. Sie sehen kaum Beziehungen zwischen den Zahlen und greifen somit nur sehr selten auf bekannte Zahlensätze zum Lösen einer Aufgabe zurück. Erst vom 10./11. Lebensjahr an haben diese Schüler bei der Addition mehr als die Hälfte der Grundaufgaben bis 20 auswendig gelernt, zur Subtraktion auch in diesem Alter noch nicht mehr als ca. ein Drittel der Zahlensätze.

Für diese Erscheinungsform einer Rechenschwäche lassen sich mehrere Gründe nennen, die sehr häufig zueinander in einer engen Wechselbeziehung stehen bzw. sich gegenseitig bedingen: Zählendes Bestimmen von Anzahlen ist eine ganz natürliche Technik, die nahezu alle Schulanfänger aus der Vorschulzeit mitbringen. Das Zählen wird im Mathematikunterricht thematisiert und geübt, weil es für das Verständnis des Zahlbegriffs und die Einsichten in den Zahlraum eine sehr wichtige Grundlage bildet (einige Übungen dazu auf der übernächsten Seite). – Beim Erarbeiten der ersten Additions- und Subtraktionsoperationen werden im mathematischen Anfangsunterricht häufig Materialien und entsprechende Darstellungen, sog. Veranschaulichungen, verwendet, bei denen die Operationen und das Bestimmen ihrer Ergebnisse selber nur zählend durchführbar sind, z. B. bei unstrukturierten Einzelelementen, Rechenplättchen, Steckwürfel etc. So ist es nicht verwunderlich, wenn einige Schüler ein Verständnis entwickeln, wonach Addieren dem Weiterzählen und Subtrahieren dem Rückwärtszählen oder dem ergänzenden Zählen entspricht. Mit diesen Zähltechniken sind die Schüler im Laufe des 1. Schuljahres recht erfolgreich. Um ihr Gedächtnis bei größeren Zahlen zu entlasten, wählen sie oft Hilfsmittel wie die Finger oder die Knöpfe einer Jacke, die Fußzehen oder die Blumentöpfe auf den Fensterbänken des Klassenzimmers, wenn die Lehrerin das offene Fingerzählen verbietet.

Zählende Rechner sind durchweg schneller bei den Aufgaben der ersten Zehnerüberschreitung als ihre Mitschüler, die der Lehrerin den Gefallen tun und erst den zweiten Summanden zerlegen, bis zum Zehner ergänzen und dann vom vollen Zehner aus weiterrechnen. Diese Erfolge bestärken die zählenden Rechner in ihrer Lösungstechnik.

Gegen Ende des 1. und im Laufe des 2. Schuljahres zeigen sich dann jedoch die Probleme des zählenden Rechnens deutlich:

– Das Kurzzeitgedächtnis wird bei Aufgaben mit größeren Zahlen überlastet, die Fehler häufen sich.
– Eine falsche Zähltechnik kann sich verfestigen, wobei als besonders häufiger Fehler das Verzählen um +1/–1 beobachtet wird. Beispiele: 8 + 4 = 11; gezählt: <u>8</u>, 9, 10, 11./ 11 – 4 = 8; gezählt: 11, 10, 9, 8.
– Zerlegungstechniken, operative Beziehungen, Analogien u.a. sind nicht erkannt bzw. aufgenommen worden, so daß auch Verdoppeln und Halbieren oder das Anwenden von Umkehr-

operationen große Schwierigkeiten bereiten. Dekadische Analogien werden kaum genutzt.
– Der Versuch, das zählende Verfahren auch auf die Multiplikation zu übertragen, steigert die schulischen Probleme. Zähler bemühen sich, die Einmaleinsreihen auswendig zu lernen, in „Notfällen" werden Zwischenschritte zählend bestimmt. Beispiel: 4 · 6: 6, 12, 18, 19, 20, 21, <u>22</u>. – Multiplikationsaufgaben werden dabei häufig über die fortgesetzte Addition gelöst, das Zerlegen und Zurückführen auf die „Kernaufgaben" (1 · x, 2 · x, 5 · x, 10 · x) gelingt nur selten.

Es ließen sich weitere Schwierigkeiten nennen, die zählende Rechner im Laufe ihrer Grundschulzeit und auch danach im Mathematikunterricht haben. Als mögliche Ursachen für eine einseitige Verfestigung des zählenden Rechnens können wirksam sein:

– Den Schüler betreffend:
 Ausgeprägte Schwächen beim Aufnehmen, Verarbeiten, Speichern und Vorstellen visueller Informationen, so daß Beziehungen nicht „gesehen" und Vorstellungen nicht genutzt werden können.
– Den Unterricht betreffend:
 Zu kurze Phasen des Arbeitens mit Materialien sowie Veranschaulichungen und zu frühes Rechnen nur mit Ziffern bzw. Symbolen. – Arbeiten mit Materialien, an denen nur zählend gerechnet werden kann. – Mathematische Beziehungen, Zerlegungsstrategien, Analogien u. a. werden im Unterricht nicht thematisiert.
– Den außerschulischen Bereich betreffend:
 Natürlich gibt es auch die beunruhigten Eltern oder die netten Großeltern, die dem Kind das Fingerzählen beibringen und empfehlen.

Zusammenfassend läßt sich feststellen:
Zählen ist eine wichtige Tätigkeit und Fähigkeit, die im Laufe der Grundschulzeit immer wieder angewandt, geübt und perfektioniert werden muß. Zählendes Rechnen ist zwar ein natürliches Verfahren, das die meisten Schulanfänger mitbringen, wird es jedoch verfestigt bzw. die einzige Lösungstechnik bei arithmetischen Operationen, dann stellt es eine Sackgasse dar, aus der die Schüler im 2. oder im 3. Schuljahr kaum mehr herauskommen.

Daraus ergibt sich für die Lehrerin die wichtige Aufgabe, bereits im 1. Schuljahr bewußt und individuell gezielt auf die zählenden Rechner zu achten und sie zu fördern über die vielfältigen Übungen zum Ordnen, Vergleichen und Gliedern von Anzahlen (vgl. RADATZ & SCHIPPER, 1983; WITTMANN & MÜLLER, 1991), ggf. auch im Hinblick auf die notwendigen Voraussetzungen in den visuellen Fähigkeitsbereichen (vgl. RADATZ & RICKMEYER, 1991 und die Kapitel 3.3 sowie 5.1 im vorliegenden Handbuch). Von besonderer Bedeutung sind die Auswahl und das differenziert lange Bereitstellen eines sinnvollen Arbeitsmittels im Klassenunterricht und bei den Hausaufgaben.

Förder- und Hilfsmöglichkeiten bei ausgesprochenen „Zählern" am Ende des 2. bzw. im 3. Schuljahr sind überaus aufwendig und sehr oft wenig erfolgreich über ausschließlich schulische Maßnahmen, weil die betreffenden Schüler über Jahre eine bestimmte Vorstellung vom Zahlraum, von den Zahlbeziehungen und den Rechenoperationen verfestigt haben.

Die Fördermöglichkeiten erstrecken sich einmal auf die zuvor angesprochenen Grundlagen, die geschaffen werden müssen. Ohne sie ist es kaum möglich, etwa einen Drittkläßler zu „überzeugen", daß sein Verfahren bzw. sein Verständnis wenig hilfreich oder sinnvoll ist. Zum andern kann und muß man in besonders kritischen Fällen auch curriculare Ausnahmeregelungen treffen, etwa dadurch, daß der betreffende Schüler vom Kopfrechnen und dem halbschriftlichen Rechnen im Tausenderraum befreit wird und die schriftliche Addition / Subtraktion für einzelne Schüler bis in das 2. Schuljahr vorgezogen werden.

Abwägen muß die Lehrerin, ob es sinnvoll sein kann, das zählende Rechnen einzelner Kinder zu fördern. Einige Möglichkeiten sollen dazu angesprochen werden:

– Im 1./2. Schuljahr ist häufig eine falsche Zähltechnik beim Addieren bzw. Subtrahieren zu beobachten, auf die die Schüler aufmerksam gemacht werden müssen. Beispiele: 7 + 5 = 11 (gezählt 7, 8, 9, 10, 11) / 12 – 5 = 8 (gezählt 12, 11, 10, 9, 8). Dabei kann man auch die umgekehrte Strategie bei Schülern beobachten, so daß die Aufgaben gelöst werden als 7 + 5 = 13 bzw. 12 – 5 = 6. Bei diesen Schwierigkeiten empfiehlt es sich, auf sinnvolles Material (Rechenkette, Rechenrahmen) zurückzugreifen und dann bei verdecktem Material in der Vorstellung rechnen zu lassen.

– Bei Subtraktionsaufgaben wird häufig undifferenziert zurückgezählt, was fehleranfällig und besonders umständlich ist, wenn Minuend und Subtrahend annähernd gleich groß sind: 12 – 3 ggf. rückwärtszählend lösen, aber 12 – 9 ergänzend aufwärtszählend.
– Günstige Zählungen/Zähstrategien können den Schülern das Lösen von Aufgaben im 20er-Raum erleichtern.

Bei allen möglichen Hilfen sollte sich die Lehrerin jedoch bewußt sein, daß ein Schüler mit einer verfestigten Zähltechnik allenfalls Einerzahlen addieren bzw. subtrahieren kann.

Einige Anregungen zu den Zählfähigkeiten

– Gliederndes Zählen geordneter und ungeordneter Mengen:

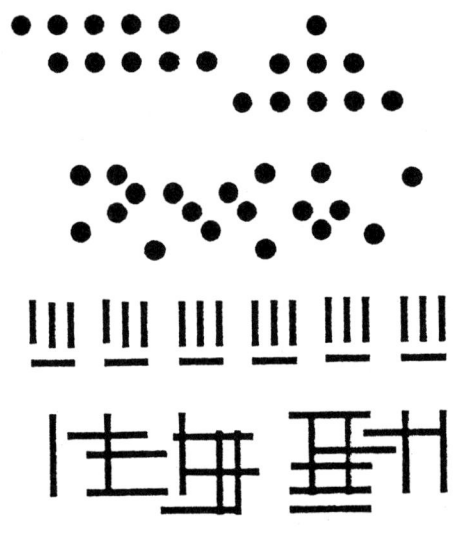
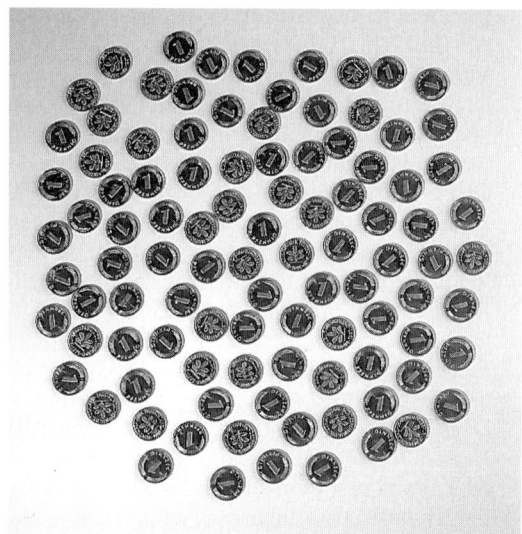

– Zählen von Klatschlauten, Tönen, Klopfzeichen, Uhrenschlägen, kurzen Bewegungen, ... / von Maßeinteilungen (auf Lineal, Meßlatten, Waagen, Uhren, Meßbechern, ...); mit Schritten, Fingerspannen, Daumenbreiten, ... messen und auszählen.
– Rhythmisches Zählen und Aufsagen / Abzählen nach Zählversen.
– Weitere Zählübungen (auch in größeren Zahlräumen):
– Vorwärtszählen ab 1, 10, 100, 78, 98, 292, 7886, von einer beliebigen Zahl aus,

- Vorwärtszählen in Schritten (in 2er-Schritten ab 2, ab 44, ab 172, ab 93 / in 10er-Schritten),
- Rückwärtszählen ab 7, 13, 42, 108, 712, 3682, von einer beliebigen Zahl aus,
- Rückwärtszählen in Schritten (in 2er-Schritten ab 12, 44, 86, 208, 7521 / in 10er-Schritten).
- Abgedecktes Zählen:

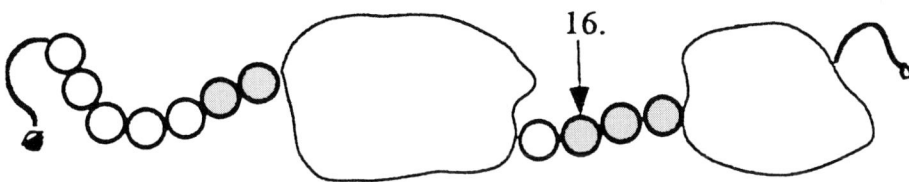

4.1.2 Schreiben der Ziffern und Zahlen

– *Ziffern*

In den letzten Jahren hat sich in sehr vielen Schulen beim Lese-Schreiblehrgang die sogenannte vereinfachte Ausgangsschrift durchgesetzt, die für die meisten Schüler Vorteile mit sich bringt. Bei der bisherigen Schreibweise der Ziffern gibt es einige Verwechselungsmöglichkeiten beim Lesen bzw. Schreiben, z. B. bei den Ziffern

Vorgeschlagen wird eine <u>vereinfachte Ziffernschreibweise</u>, bei der auf die überflüssigen Häkchen (0, 8) und Wellenlinien (2, 7) verzichtet wird.

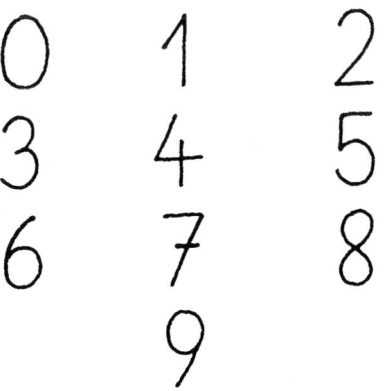

Sofern die Schulanfänger noch keine entsprechenden Erfahrungen aus dem Kindergarten mitbringen, empfiehlt es sich, die Ziffern vor den Schreibübungen zunächst kneten zu lassen.

– *Zahlen*

Beim Schreiben von Zahlen mit mehreren Stellen beobachtet man bei einigen Schülern, daß sie die Zahlen / Ziffern in der gesprochenen Reihenfolge von rechts nach links schreiben und nicht durchgängig von links nach rechts. Diese Schreibweise wird auch manchmal von Eltern und Lehrerinnen vorgeschlagen in der Meinung, den Kindern damit zu helfen. Ist das Schreiben „wie man spricht" im 2. Schuljahr bei den Zehnerzahlen noch relativ unproblematisch (allerdings machen auch hier schon Schüler beim Diktieren von Zahlen Fehler), nehmen die Schwierigkeiten und Fehler beim Schreiben und Lesen im 3. und 4. Schuljahr stark zu, wenn die Schreibweise in den beiden ersten Schuljahren verfestigt bzw. automatisiert worden ist. Einige Fehlerbeispiele:

725 geschrieben statt 752,
1281 geschrieben statt 1218,
2810 geschrieben statt 2018.

Außerdem beobachtet man beim Schreiben größerer Zahlen, daß sich die Schüler sehr konzentrieren müssen auf das links-rechts-Springen sowie das Freilassen eines Rechenkästchens dabei.

Einige dringende Empfehlungen:

- Als Lehrerin frühzeitig auf die ungünstige Schreibweise achten und diese auf keinen Fall den Schülern empfehlen.
- Einsichtig kann den Schülern die richtige Schreibweise u.a. durch das Schreiben von Zahlen auf einer Schreibmaschine oder bei einem Taschenrechner gemacht werden.
- Hat sich ein Schüler bereits die ungünstige Schreibweise angewöhnt, kann erneutes Bündeln hilfreich sein.
- Es empfiehlt sich auch das Schreiben in Tabellen, wobei die Schreibrichtung u.a. farbig durch einen Pfeil gekennzeichnet werden kann.
- Die sinnvolle Schreibweise der Zahlen muß durch häufige Zahlendiktate gefestigt bzw. automatisiert werden.

In Mathe mußt du die Rechenregeln kennen. Es kommt immer etwas raus. - Wenn du die Regel nicht kennst, dann mußt du dir eine ausdenken.

Sven (3. Schuljahr)

Mathematik kann definiert werden als eine Wissenschaft, in der man niemals weiß, wovon die Rede ist, und ebensowenig, ob es wahr ist.

B. Russel

Mathematik ist wie Gottseligkeit, und wie diese nicht jedermanns Sache.

Volksmund

4.1.3 Zu den Arbeits- und Anschauungsmitteln im Hunderterraum

Beim Aufbau des Zahlbegriffs und bei der Erweiterung des Zahlenraumes spielen die didaktischen Arbeits- bzw. Anschauungsmittel eine wichtige Rolle. Im Unterricht erwarten wir von den Schülern, daß sie mit Hilfe dieser Materialien Zahlbeziehungen erkennen, „Vorstellungen" vom Zahlraum entwickeln und Rechenoperationen handelnd oder in bildhaften Repräsentationen durchführen, um so die Begriffe allmählich zu verinnerlichen. Zu den Grenzen der Vorstellungen gerade bei rechenschwachen Schülern und zu der Beurteilung von Arbeitsmitteln findet die Leserin im vorliegenden Handbuch bereits an anderen Stellen Hinweise (Kap. 2.3 / 3.2). An dieser Stelle sollen zunächst die Vorteile und Möglichkeiten bestimmter Arbeits- bzw. Veranschaulichungsmittel wie auch ihre Grenzen und Schwierigkeiten diskutiert werden, konzentriert auf den Zahlraum bis 100 (vgl. LORENZ, 1987; 1991).

Die Zusammenfassung vorab:

Kein Arbeitsmittel ist gleichermaßen gut geeignet für alle inhaltlichen Anforderungen im Mathematikunterricht der Grundschule, die jeweilige Brauchbarkeit ist begrenzt.

Der Zahlenstrahl:

– *Möglichkeiten:*
Die Grundvorstellung läßt sich leicht vom 20er-Strahl auf einen 100er- oder 1000er-Strahl erweitern, die Strukturen bleiben erhalten. Zahlanalogien, bestimmte Zahlbeziehungen und die Operationen des Halbierens bzw. des Verdoppelns lassen sich mit Hilfe des Zahlenstrahles leicht erkennen / erarbeiten. Dazu einige Beispiele:

Analogien erkennen:

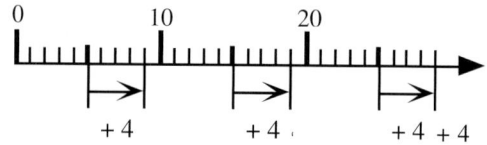

Zehnerschritte:

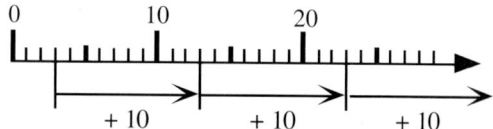

Halbieren von Zahlen:

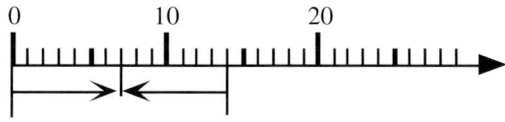

Verdoppeln von Zahlen:

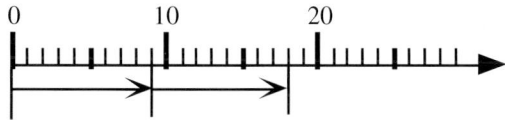

– *Schwierigkeiten:*
Für das Verständnis ist ein sicheres Unterscheidenkönnen zwischen den Aspekten der Kardinal-, der Ordinal- und der Maßzahl (Striche oder Lücken auf dem Zahlenstrahl) notwendig, wie auch ein eindeutiges Links-Rechts-Orientierenkönnen (Addition: „nach rechts gehen", Subtraktion: „nach links gehen"). Beide Voraussetzungen sind bei vielen Schülern bis zum Ende der Grundschulzeit nicht gegeben. Die Links-Rechts-Unsicherheiten lassen sich dadurch vermeiden, daß der Zahlenstrahl von unten nach oben orientiert wird. Dann entsprechen zudem die beiden Grundoperationen semantisch einsichtigeren Vorstellungen (Addieren als Aufsteigen am Zahlenstrahl, Subtrahieren als Absteigen; vgl. auch Kap. 3.2).
Schwierigkeiten ergeben sich mit dem Zahlenstrahl schon in der Einführungsphase, da der Zusammenhang zwischen spielerischem Handlungsvollzug an Gegenständen und der begleitenden Zahlenstrahldarstellung für die Schüler nicht ohne weiteres plausibel ist. Das Problem des Unterscheidenmüssens zwischen verschiedenen Zahlaspekten tritt hier massiv auf. Werden Gegenstände auf die Striche des Zahlenstrahls gelegt, bedarf es eines Erkenntnisaktes, daß die zuletzt verdeckte oder belegte Zahl die gesuchte ist.

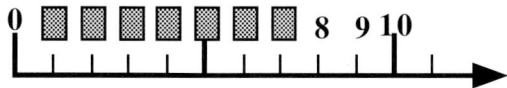

Sind es 7 oder sind es 8?

Werden die Gegenstände in die Zwischenräume gelegt, wie es in Schulbüchern häufig angeboten wird, dann sind nicht mehr die Striche die relevanten Markierungspunkte, die Orte der Zahlen, sondern die Zwischenräume.

Die Anzahl der Striche entspricht nicht der Anzahl der Zwischenräume, denn zwischen n Strichen liegen nur n-1 Zwischenräume.

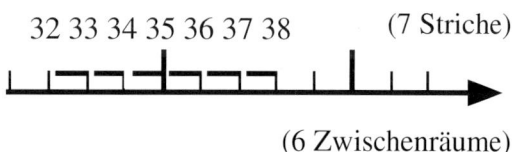

Besonders problematisch sind am Zahlenstrahl die möglichen Operationen und die entsprechenden Vorstellungen dazu (vgl. auch die Fallbeschreibungen im Kap. 2.3). Die Addition und die Subtraktion werden als Sprünge verdeutlicht, die Lösungen jedoch von den Schülern durch Weiterzählen- bzw. Rückwärtszählen an den Strichen bestimmt, weil die Zahlzerlegungen im 10er Raum nicht deutlich erkennbar sind. Wenn der Schüler die Lösung zur Aufgabe 74 – 38 noch nicht kennt bzw. durch Zerlegen „im Kopf" bestimmen kann, dann bleibt am Zahlenstrahl keine andere Möglichkeit als das Zählen in Zehnerschritten bis 44 (was bereits große Einsichten und auch visuelle Fertigkeiten voraussetzt!) und dann noch das Zählen in Einerschritten.

Die Multiplikation läßt sich am Zahlenstrahl im Sinne der fortgesetzten Addition darstellen (z. B. bei 4 · 3 als 4 Sprünge in entsprechender Länge). Zum schnellen und sinnvollen Lösen von Multiplikationsaufgaben ist der Zahlenstrahl jedoch nicht geeignet, zumal auch die Kommutativität der Operation wenig einsichtig ist.

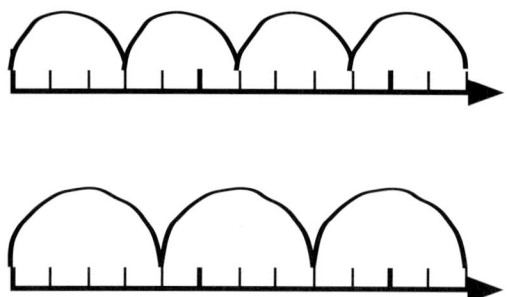
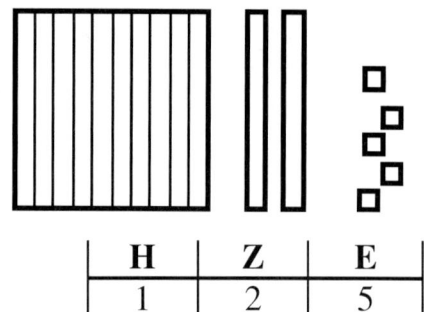

Ist es für Schüler wirklich dasselbe, wenn man viermal 3er-Sprünge macht oder dreimal 4er-Sprünge?

Die Division sperrt sich in wesentlichen Aspekten gegen eine Zahlenstrahl-Visualisierung. Ist das Zerlegen eines Zahlenstrahlabschnittes im Sinne des Aufteilens einer Menge am Zahlenstrahl noch möglich, so ist die Division im Sinne eines Verteilens unmöglich.

Die Dienes-Blöcke

– *Möglichkeiten:*
Die Zahlrepräsentationen über Dienes-Blöcke (D-B) sind zeichnerisch einfach übertragbar (Quadrate, Striche, Punkte) und auch vorstellbar. Das Material macht gerade die dekadische Struktur (H,Z,E) deutlich und erlaubt somit recht früh eine begleitende Zifferschreibweise, wenn mit ihm richtungsbetont gearbeitet wird. Auf dem Lehrmittelmarkt gibt es die D-B auch eingefärbt, die Hunderter meist rot, die Zehner blau und die Einer weiß oder schwarz, so daß sich als eine zusätzliche Stütze anbietet, die Ziffern den Blockfarben entsprechend zu schreiben, um die Stellenwerte hervorzuheben.

Die Zahldarstellungen mit Hilfe der Dienes-Blöcke lassen sich gut auf die Stellenwerttafel oder auf das Registerbrett übertragen.

Die Addition und die Subtraktion sind als Hinzufügen bzw. als Entfernen von Zehner-Stangen und Einer-Würfeln ohne Schwierigkeiten ausführbar und führen zu Einsichten in das wichtige Bündeln bzw. Entbündeln. Ein Unterschied zwischen Zahlenstrahl und Dienes-Blöcken wird deutlich, wenn die Leserin versucht, sich die Lösung der Aufgabe 34 + 20 mit Hilfe beider Modelle gedanklich vorzustellen.

Die D-B sind als Material im Mathematikunterricht mehrerer Schuljahre einsetzbar, z. B. auch bei der Erarbeitung der schriftlichen Rechenverfahren im 3. bzw. im 4. Schuljahr.

– *Schwierigkeiten:*
Die Multiplikation (z. B. 6 · 4) und Division (z. B. 27 : 3) lassen sich mit den D-B nur recht umständlich mit Hilfe der Einerwürfel durchführen, die Dezimalstruktur wird dabei aufgelöst bzw. zerfällt. Wie bei allen Einzelelementen können Schüler die Kommutativität der Multiplikation erkennen, indem sie eine Aufgabe (z. B. 4 · 3) legen, den Zahlensatz notieren, dann um den Tisch gehen und jeweils die (neue) Multiplikationsstruktur deuten.

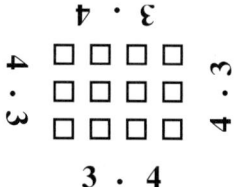

Ein Nachteil beim Arbeiten mit den D-B besteht darin, daß die Schüler mehr als 3–4 Einer oder

Zehner nur zählend bestimmen können. Wie alle Materialien ohne Strukturierung verfestigen auch die D-B innerhalb eines Stellenbereichs das zählende Rechnen.

Die Hunderter-Tafel

1	2	3	4	5	6	7	8	9	10
11	12	13	14	15←16	17				
21	22	23				27			
									40
									50
				←66					
71	72	73	74←75	76	77				
					86				
									100

Die Handlungen zu −1 und zu −50 an der Hunderter-Tafel

– *Möglichkeiten:*
Das dekadische System wird durch die Reihen- und Spaltenanordnung der Zahlen betont. Additions- und Subtraktionsaufgaben sind an der Hundertertafel deutlich über ihre Zwischenschritte erkennbar und analog übertragbar, z. B. bedeutet +24 an der gebräuchlichen Hunderter-Tafel immer zwei Zehnerschritte nach unten und vier Einerschritte nach rechts (semantisch sinnvoller wäre eine Anordnung der Zahlen von unten nach oben, so daß z. B. bei der Addition ein Aufsteigen und bei der Subtraktion ein Absteigen im Zahlenraum repräsentiert würde; vgl. auch Kap. 3.2).

Die Hundertertafel ermöglicht eine Vielzahl von Entdeckungen zu Zahlbeziehungen und Zahlanalogien, an ihr läßt sich auch der jeweilige „Rhythmus" der Multiplikationsreihen besonders deutlich erkennen. – Über die Struktur der Hun-

MICHAEL (2. Schuljahr, 8;6 Jahre alt) hat im Unterricht und in den Fördersitzungen mit D-B gearbeitet. Er behandelt die Zahlen dennoch als Entitäten, die sich aus Einern summarisch aufbauen. 26 wird aus 26 Einer-Würfeln gelegt, ein „Umtauschen" (10E = 1Z) wird von ihm nach jeweiliger Aufforderung zwar widerwillig gemacht, scheint ihn aber zu irritieren und als ein neues mathematisches Problem eher zu verwirren, als daß es den dekadischen Zahlaufbau stützt. Eine Analyse seiner Zahlraumvorstellung bis 20 ergibt, daß diese eine andere Struktur besitzt als im Unterricht angestrebt und zum andern inkompatibel ist mit allen anderen Arbeits- oder Veranschaulichungsmitteln. Diese werden von MICHAEL als störend empfunden, sie helfen ihm nicht.

SILKE (2. Schuljahr, 8;10 Jahre alt) arbeitet im Unterricht mit den D-B, sie ist sich aber unsicher, wie Einheiten zusammengefaßt werden. Sie rechnet eine Aufgabe wie 48 + 26, indem sie zunächst die Einer addiert (8 + 6) und die 14 entsprechend ihrer Anschauung / Vorstellung als 5 (Objekte) interpretiert.

 = 5

SILKES Lösung der Aufgabe 48 + 26 = 65. Dies mag auf den ersten Blick darauf hinweisen, daß SILKE keinen Begriff der Bündelung besitzt und daher Schwierigkeiten im Umgang mit dem Dezimalsystem hat. Man könnte auch visuelle Schwierigkeiten vermuten. Für SILKE liegt das Problem aber in der Bildung von Einheiten, die im „Sinne des Unterrichts" zusammengefaßt werden dürfen. Hier spielt eine wesentliche Rolle, was die jeweilige Einheit ist. Für SILKE sind die weißen Einer-Würfel und die blauen Zehner-Stangen unvereinbar, sie alle sind „Einer" (wie ja in unserem dekadischen System eine Hunderter-Tafel, eine Zehner-Stange, ein Einer-Würfel jeweils eine „1" repräsentiert).

derter-Tafel lassen sich Operationen in der Vorstellung durchführen (nebenstehende Übungen aus BAUERSFELD u. a., 1971):

– *Schwierigkeiten:*
Alle Aufgaben mit Zehnerüberschreitung können Probleme bereiten, weil man in der Hundertertafel entweder links oder rechts „um die Ecke springen muß".

Als Visualisierungshilfe ist die Tafel nicht für Multiplikations- und Divisionsaufgaben geeignet. Für diese Operationen können keine Bilder in der Vorstellung entstehen, die das Schülerdenken zum Lösen dieser Aufgaben leiten könnten.

Häufig beobachtet man beim Bestimmen der Zahlen für leere Zahlfelder in der Hunderter-Tafel, daß die Schüler eine Zahl angeben, die um einen Zehner zu groß ist (37 statt 27, 81 statt 71). Bei diesem Fehler werden die Zahlen eines Zehners mit der Reihennummer identifiziert, also in der 3. Reihe stehen die 30er, in der 8. Reihe die 80er.

GERD (2. Schuljahr, 8;7 Jahre alt) leidet an einer Orientierungsstörung. Unter Zuhilfenahme der Hunderter-Tafel löst er folgende Aufgaben: 38 + 13 = 45, 54 – 15 = 49, 63 + 12 = 71. Dabei zeigen sich deutlich die Schwierigkeiten des Schülers mit der eindeutigen Rechts-Links-Unterscheidung. GERD kehrt innerhalb einer Zeile die Richtung um, dagegen verwechselt er die Oben-Unten-Dimension in den Spalten nicht.

MARKUS (2. Schuljahr, 8;5 Jahre alt) hat im Mathematikunterricht die Hunderter-Tafel kennengelernt. Auch nach einigen Unterrichtsstunden ähnelt sein Vorstellungsbild dem schematischen Raster eines Schachbretts. Er weiß zwar noch Einfärbungen der Grundfläche und der Ränder, kann aber nicht angeben, wie viele Felder in einer Reihe nebeneinander oder innerhalb einer Spalte stehen. Auch die Anordung der Zahlen in den Zeilen und den Spalten hat er vergessen.

Einige Übungen an der Hunderter-Tafel:

In der Hunderter-Tafel können wir in vier Richtungen gehen:

$\Rightarrow$ bedeutet „zum rechten Nachbarn" (+1),
$\Leftarrow$ bedeutet „zum linken Nachbarn" (–1),
$\Downarrow$ bedeutet „zum unteren Nachbarn" (+10),
$\Uparrow$ bedeutet „zum oberen Nachbarn" (–10).

Beispiele:
27 $\Rightarrow$ 28   27 $\Leftarrow$ 26   27 $\Uparrow$ 17   27 $\Downarrow$ 37

Zu beachten sind u. a.:
6 $\Uparrow$ keine Lösung in der HT-Vorstellung,
20 $\Rightarrow$ keine Lösung in der HT-Vorstellung,
31 $\Leftarrow$ keine Lösung in der HT-Vorstellung,
98 $\Downarrow$ keine Lösung in der HT-Vorstellung.

Aufgaben:

1. Für welche Zahlen in der Tafel kann man nicht in die folgenden Richtungen gehen?
$\Rightarrow$, $\Downarrow$, $\Leftarrow$, $\Uparrow$, $\Rightarrow\Rightarrow$, $\Downarrow\Downarrow\Downarrow$, $\Uparrow\Uparrow$, $\Leftarrow\Leftarrow\Leftarrow\Leftarrow\Leftarrow$

2. Bestimme:
   12 $\Rightarrow$ _   _ $\Rightarrow$ 30   76 □ 66
   37 $\Uparrow$ _   _ $\Downarrow$ 29   52 □ 51
   26 $\Leftarrow$ _   _ $\Uparrow$ 19   67 □ 68
   48 $\Downarrow$ _   _ $\Leftarrow$ 18   87 □ 77

   7 $\Rightarrow\Rightarrow$ _   18 $\Downarrow\Uparrow$ _   99 $\Rightarrow$ □ 90
   33 $\Rightarrow\Uparrow$ _   47 $\Rightarrow\Leftarrow$ _   24 $\Downarrow$ □ 48
   95 $\Uparrow\Rightarrow$ _   79 $\Uparrow\Leftarrow$ _   42 $\Leftarrow$ □ 51
   76 $\Downarrow\Downarrow$ _   83 $\Leftarrow\Leftarrow$ _   66 $\Rightarrow$ □ 54

3. Suche mehrere Lösungen:
   15 □ 24
   12 □□ 33
   51 □□□ 33

4. Schwierige Probleme:
   48 $\Rightarrow$ $\Uparrow$ $\Rightarrow$ $\Downarrow$ $\Leftarrow$ $\Leftarrow$ _
   100 □ $\Downarrow$ $\Leftarrow$ □ $\Uparrow$ 90

Die „Russische Rechenmaschine"

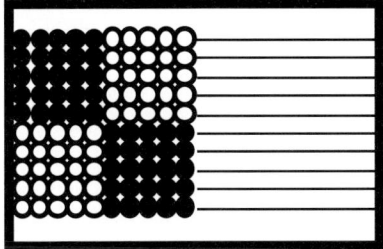

– Möglichkeiten:
Dieses alte Arbeitsmittel wird zunehmend häufiger wieder im Unterricht benutzt, es erfreute sich schon immer einer sehr großen Beliebtheit bei besorgten Eltern. Die Struktur entspricht der Hunderter-Tafel bzw. dem Hunderter-Punktefeld, hinzu kommen unterstützend die farbliche Gruppierung in Fünfer- bzw. Fünfundzwanziger-Blöcke und die Manipulierbarkeit der Perlen durch die Schüler. Die Rechenmaschine ist hilfreich bei Zahlzerlegungen, bei Operationen wie dem Verdoppeln und dem Halbieren von Zahlen, bei der Addition/Subtraktion voller Zehnerzahlen sowie bei der Addition/Subtraktion von Einern mit Zehnerüberschreitung.

– Schwierigkeiten:
Die Grenzen des Arbeitsmittels zeigen sich gerade bei den schwierigen Rechenproblemen im 2. Schuljahr, der Addition/Subtraktion von Zehnerzahlen mit Zehnerüberschreitung, nachfolgend exemplarisch am Beispiel 54 + 27 verdeutlicht:

Möglichkeit 1:
Erst 54 nach links geschoben und dann noch 27. Das Ergebnis ist nicht ablesbar.

Möglichkeit 2:
Erst 50 und 20 geschoben, dann noch 4 und 7. Wer als Schüler diese Zerlegungsstrategie anwenden kann, der benötigt das Arbeitsmittel in der Regel nicht mehr.

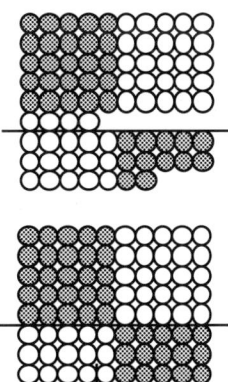

Möglichkeit 3:
54 geschoben, dann 7 und schließlich die 20. Auch hier ist das Ergebnis nicht ablesbar.

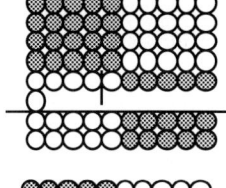

Möglichkeit 4:
54 geschoben, dann 6 ergänzt zum vollen Zehner. Schließlich noch 20 dazu und den letzten Einer.

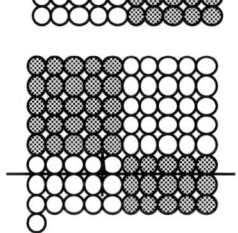

Auch bei der Multiplikation und bei der Division bietet die „Russische Rechenmaschine" keine sinnvollen Einsatzmöglichkeiten.

Allgemeine Probleme bei der Verwendung von Arbeits- bzw. Veranschaulichungsmitteln

– Arbeitsmittel können jeweils nur wenige Themen des arithmetischen Curriculums sinnvoll „veranschaulichen", bei vielen Inhalten sind sie ungeeignet bzw. sie verleiten dann zu wenig hilfreichen Vorstellungen und uneffektiven Lösungsstrategien.

– Arbeitsmittel stoßen im arithmetischen Anfangsunterricht auf z.T. schon elaboriert ausgebildete Zahl- und Operationsvorstellungen der Schüler und können somit Konflikte erzeugen.

– Verschiedene Arbeitsmittel mit unterschiedlichen Aufbaustrukturen im Sinne eines didaktischen Prinzips der „Variation von Veranschaulichungsmitteln" können gerade rechenschwache Grundschüler eher verwirren als für diese hilfreich sein. Die Zahlstrukturen sind oft inkompatibel: Man vergleiche Zahlenstrahl, Hunderter-Tafel, Dienes-Blöcke und Rechengeld miteinander; sie können nur mit großer Mühe ineinander überführt werden. Hierfür wäre ja bereits ein Wissen um die Relationalität der Zahlen notwendig, d.h. eine Abstraktionsstufe, die zwei verschiedene (Veranschaulichungs-) Modelle als isomorph zu erkennen gestattet. Dieses Wissen soll jedoch erst im Mathematikunterricht entwickelt werden.

– Verschiedene Arbeitsmittel sind aus Schülersicht getrennte Medien oder Rechenwelten. Es ist für viele Schüler kein triviales Problem, ob eine Aufgabe und ihre Lösung dieselben sind am Zahlenstrahl oder mit Dienes-Blöcken oder mit ... .

Zusammenfassend kann man feststellen, daß für Schüler mit Lernschwierigkeiten im Mathematikunterricht das intensive und lange Arbeiten mit Arbeitsmitteln im Zahlraum bis 20 überaus wichtig und hilfreich ist (vgl. Kap. 3.2), die Möglichkeiten und der Nutzen von Anschauungsmodellen bereits im Zahlraum bis 100 dagegen oft sehr begrenzt sind. Helfen sie noch alle bei der ersten Orientierung im größeren Zahlraum, sind ihre Möglichkeiten gerade bei den schwierigen Rechenproblemen im 2. Schuljahr (z. B. bei 54 + 27 oder bei 54 – 27) sehr eng. Hier können Arbeitsmittel helfen, eine Lösungsmethode zu entdecken oder zu erkennen, sie sind jedoch weitgehend ungeeignet als Hilfen beim Lösen von Übungsaufgaben (vgl. dazu auch Kapitel 4.2).

4.2 Addition und Subtraktion

4.2.1 Begriffsverständnis und besondere Lösungsstrategien

Viele Grundschüler haben zu den mathematischen Operationen nur wenige Handlungserfahrungen und Vorstellungen aus Sachsituationen, wenn der selbständige, operative Umgang mit den verschiedensten Materialien und das frühzeitige Bearbeiten von Rechengeschichten im Unterricht zu kurz kommen. Eine begriffliche Breite und die Flexibilität in der Anwendung sind u. a. wichtige Voraussetzungen, um Sachaufgaben in mathematische Gleichungen übersetzen zu können.

Additive Handlungen:
 Wachsen, Gewinnen, Weitermachen, Zusammenlegen, Zusammenkleben, Zusammensetzen, Zusammen-..., Hinzukommen, Hinzufügen, Hinzukaufen, Hinzu-..., Verlängern, Vergrößern, Verdoppeln u. a.

Subtraktive Handlungen:
 Schrumpfen, Aufessen, Zurückgehen, Wegnehmen, Wegfliegen, Weggeben, Weg-..., Abtrennen, Absteigen, Abnehmen, Ab-..., Verlieren, Vermindern, Verkürzen, Verkleinern u. a.

Operative Zusammenhänge:
 Vergleichen, Ergänzen, Angleichen, Unterscheiden u. a.

Es ist sinnvoll, diese Handlungsbezüge nicht nur in die erste „Erarbeitungsphase" der Operationen aufzunehmen, sondern sie immer wieder im Laufe der Grundschulzeit zu thematisieren („Bilde eine Rechengeschichte zu 53 + 20 = 73 / 780 – 300 = 480") oder im Spiel erfahren zu lassen.

Beim Bearbeiten der Grundaufgaben der Addition/Subtraktion im Zahlraum bis 20 und entsprechend bei deren Anwendungen in den größeren Zahlräumen lassen sich drei _Lösungsstrategien der Schüler_ sowie ihre Mischformen voneinander unterscheiden (vgl. CARPENTER et al., 1982; RADATZ & SCHIPPER, 1983):

1. *Zählstrategien*

Zum Lösen von einfachen Additions- und Subtraktionsproblemen bringen Schulanfänger zählende Strategien von unterschiedlicher Entwickeltheit in den arithmetischen Anfangsunterricht mit:

– Alles-Zählen (mit bzw. ohne Zählobjekte): Die Kinder zählen zur Aufgabe 4 + 5 zunächst 4 Elemente ab, dann 5 und zählen schließlich von 1 bis 9 die Summe der Elemente.
– Weiterzählen vom ersten Summanden: Bei 4 + 5 wird weitergezählt: 5, 6, 7, 8, 9.
– Weiterzählen vom größeren Summanden aus: 6, 7, 8, 9.
– Weiterzählen in Schritten: (6) 7, (8) 9.

Bei der Subtraktion lassen sich drei Zähltechniken unterscheiden:

– Auszählen mit Material: Bei 7 – 5 werden zunächst 7 Elemente abgezählt, davon fünf zählend bestimmt und weggenommen; schließlich wird der übrigbleibende Rest ausgezählt.
– Rückwärtszählen: 7 – 5 / 7, 6, 5, 4, 3 / = 2
– Ergänzendes Zählen: 7 – 5 / 6, 7 / = 2.

An verschiedenen Stellen des vorliegenden Handbuches wird auf die Problematik der Verfestigung zählender Lösungsverfahren hingewiesen. Bei rechenschwachen Grundschülern bleibt das zählende Rechnen bis in das 4. Schuljahr die bevorzugte Technik, insbesondere bei den Subtraktionsaufgaben (vgl. GRAY, 1991), wenn die Grundaufgaben als Zahlensätze noch nicht auswendig gelernt worden sind. Dagegen ersetzen gute bzw. nicht auffällige Rechner vom 1. Schuljahr an die Zähltechniken durch Ableitungsstrategien und durch Auswendiglernen (s. u.). Aus der Arbeit mit rechenschwachen Grundschülern in den Beratungsstellen wie auch aus mehreren Untersuchungen ist zudem deutlich geworden, daß Schüler mit mathematischen Lernschwierigkeiten nur sehr selten die Ableitungsstrategien überhaupt lernen bzw. anwenden. Ihre Flexibilität beim Lösen der Aufgaben ist und bleibt gering, da ganz offensichtlich aus dem einseitigen Verständnis des zählenden Rechnens keine Einsichten in operative Beziehungen und dekadische Analogien entstehen können.

2. *Ableitungsstrategien*

Das Anwenden von Ableitungsstrategien setzt die Kenntnis einiger Grundaufgaben und Einsichten in die Zahlbeziehungen sowie in die Eigenschaften der Rechenoperationen voraus. Einige Beispiele für Ableitungsstrategien:

Aufgabe:	Ableitung/Bekanntes
$4 + 5 = 9$	$5 + 5 = 10$ oder $4 + 4 = 8$
$2 + 7 = 9$	$3 + 7 = 10$ oder $2 + 8 = 10$
$9 - 8 = 1$	$9 - 9 = 0$ oder $8 + 1 = 9$
$7 - 5 = 2$	$7 - 7 = 0$ oder $5 + 2 = 7$
$9 + 8 = 17$	$9 + 9 = 18$ oder $8 + 8 = 16$
$8 + 6 = 14$	$7 + 7 = 14$ oder $8 + 2 + 4$
$18 - 9 = 9$	$9 + 9 = 18$ oder $18 - 10 = 8$
$13 + 5 = 18$	$4 + 4 \,(+ 10)$
$15 + 4 = 19$	$5 + 5 - 1 \,(+ 10)$

© 1978 United Feature Syndicate, Inc.

3. *Kennen der Grundaufgaben*

Im Laufe der Grundschulzeit prägen sich die Schüler die Grundaufgaben als auswendig gelernte Zahlensätze ein. Spätestens bis zum Beginn der Erarbeitung der schriftlichen Addition/Subtraktion im 3. Schuljahr sollten alle Schüler die Zahlensätze der Addition und des Ergänzens im Zahlraum bis 20 auswendig kennen bzw. automatisiert haben. Das Lernen der Subtraktionssätze ist schwieriger und erfolgt zeitlich etwas später (Können Sie zu den folgenden Aufgaben sofort die Lösung nennen ohne „nachzudenken"? $14 - 8 / 17 - 9 / 13 - 7 ...$).

– *Einige Förderanregungen zum Erlernen der Ableitungsstrategien:*

Das Verständnis heuristischer Strategien wird im Mathematikunterricht insbesondere durch das Erkennen bzw. Entdecken der Operationseigenschaften, der Analogien im Zahlsystem sowie durch die operativen Übungen angebahnt (zahlreiche Anregungen dazu u. a. in WITTMANN & MÜLLER, 1991 sowie RADATZ & SCHIPPER, 1983). In allen Schuljahren muß das Bewußtmachen und Herausarbeiten der Ableitungsstrategien ein wichtiges mathematikdidaktisches Unterrichtsprinzip sein.

– Finde viele Zahlensätze zur 8 (16, 50, 80, 120, 480...), z. B.:

$4 + 4 = 8$, $6 + 2 = 8$, $10 - 2 = 8$, $16 - 8 = 8$, $8 = 2 \cdot 4$, $8 + 5 = 5 + 8$, $8 - 0 = 0 + 8$, $24 : 3 = 8$, $8 > 7$, $8 > 5 + 2$, $8 > 0 + 7$ u. v. a. m.

– Finde alle Zahlensätze zu 7, 5, 12 (8, 5, 13, 20, 40, 60 ...):

$7 + 5 = 12$, $5 + 7 = 12$, $12 - 5 = 7$, $12 - 7 = 5$ und auch $12 + 7 = 19$, $12 + 5 = 17$, $7 - 5 = 2$, $7 - 7 = 0$, $5 + 5 = 10$ ...

– Rechnen mit Platzhaltern:

$6 + \square = 9$	$15 - \square = 9$	$7 + \square = 1$
$16 - \square = 7$	$\square + 6 = 8$	$\square - 3 = 5$
$\square + 8 = 17$	$\square - 5 = 7$	$\square + \square = 10$

Addition und Subtraktion

Nachfolgend werden einige Aufgaben angeboten, die zu den Grundformen operativer Übungen in den Schulbüchern zählen. Auch Kinder mit Lernschwierigkeiten sollten sich an derartigen Problemen versuchen und nicht immer nur „Schonkost" angeboten bekommen.

– Fülle die Rechentürme aus! Ein bereits ausgefüllter Turm zeigt dir, was zu rechnen ist.

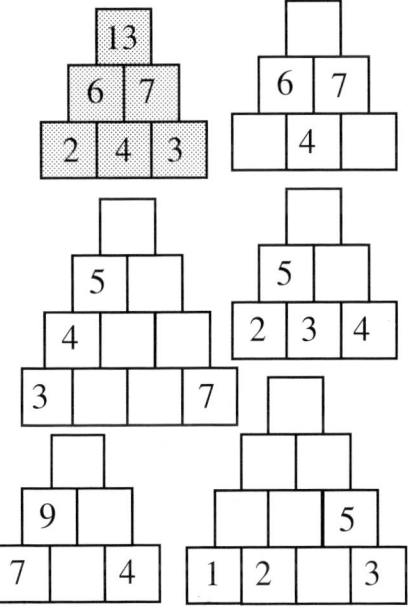

– Lege den Betrag in passenden Münzen. Die Anzahl der Münzen ist vorgegeben:

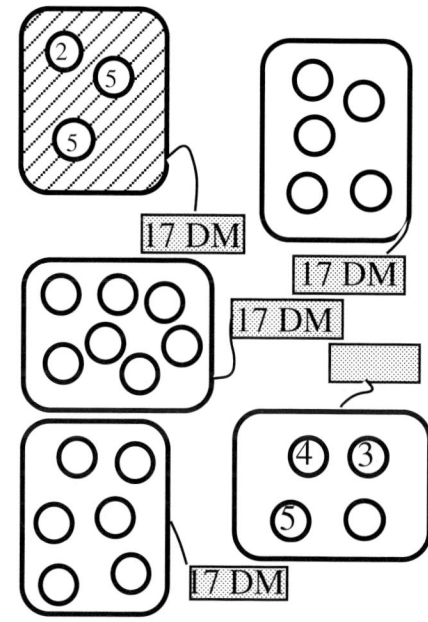

– Fasse geschickt zusammen und addiere. Das obere Beispiel zeigt, wie du einfach rechnen kannst.

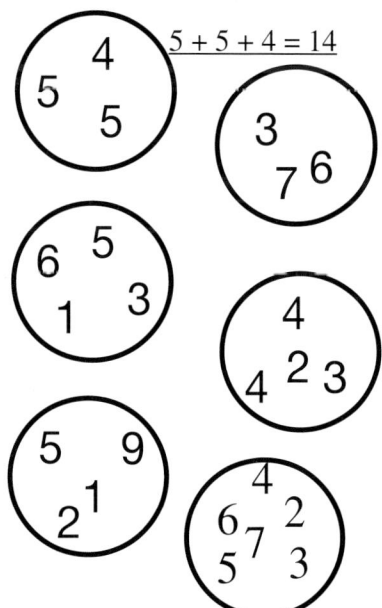

– Fasse geschickt zusammen und subtrahiere von der grauen Zahl:

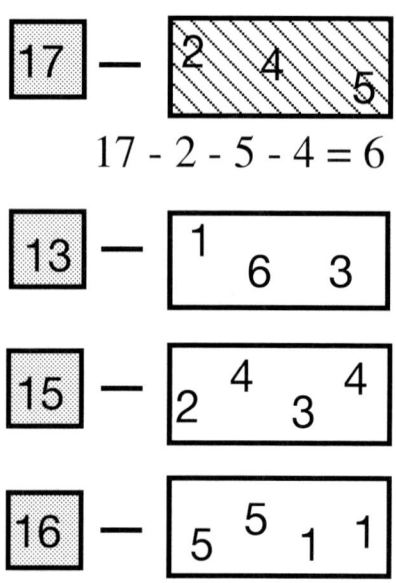

17 - 2 - 5 - 4 = 6

4.2.2 Die Grundaufgaben bis 20

Die Grundaufgaben der Addition/Subtraktion (das „kleine Einspluseins") werden hauptsächlich durch das regelmäßige und sinnvolle Üben gelernt.

Rechenschwache Schüler müssen dabei immer wieder überzeugt werden, daß es hilfreich ist, diese Zahlensätze zu kennen. Dahinter versteckt sich oft die Unsicherheit dieser Schüler darüber, ob gleiche Rechenaufgaben immer dieselbe Lösung haben. Sind die Einsichten in die Operationen und in die Zahlräume nicht ausreichend entwickelt, glauben Kinder, daß die Lösung einer Aufgabe abhängig sein kann vom Lösungsweg, vom Material, von der sachlichen Einkleidung, von der veranschaulichenden Darstellung und manchmal auch von der spezifischen Situation im Unterricht. Dazu das nachfolgende Beispiel:

ELKE (3. Schuljahr, 9;10 Jahre alt) entwickelt für Additions- und Subtraktionsaufgaben sehr individuelle Rechenregeln. Eine Aufgabe wie 28 – 19 bearbeitet sie sehr verschieden:

28 – 8 = 20   *28 – 8 = 20*
20 – 1 = 19   *20 – 10 = 10*
19 – 10 = 9   *10 – 1 = 9*

28 – 8 = 20   *20 – 10 = 10*
20 – 10 = 10   *9 – 8 = 1*
10 – 9 = 1   *10 + 1 = 11 u. a.*

Die verschiedenen Ergebnisse stören ELKE nicht. Auf eine entsprechende Frage antwortet sie: „Das kommt eben raus, wenn ich so ... rechne, und das so ...".

Neben den vielfältigen Übungs- und Wiederholungsformen zum kleinen Einspluseins, die in den Schulbüchern und diversen Arbeitsheften angeboten werden, empfehlen sich insbesondere die nachfolgenden Fördermöglichkeiten:

– *Gezieltes und bewußtes Auswendiglernen der Grundaufgaben*

Sehr viele Schüler, die Ansätze einer Rechenschwäche zeigen, können sich häufig bestimmte Unterrichtsinhalte (Gedichte, Lieder, Aufgaben u. a.) vorzüglich merken. Bei Zweit- und Drittkläßlern, denen die Begrifflichkeit der Rechenoperationen und die wichtigsten operativen Beziehungen klar sind, die dennoch nicht alle Grundaufgaben bis 20 sicher beherrschen, kann die Lehrerin versuchen, die Aufgaben bewußt auswendiglernen zu lassen.

Die Schüler bekommen als Hausaufgabe einen Satz Wendekarten mit, auf denen die noch nicht beherrschten Grundaufgaben (Vorderseite) und das Ergebnis (Rückseite) stehen. Gelernt und bewußt eingeprägt werden von einem Tag zum nächsten 5 – 10 Aufgaben. Jeder Schüler erhält und lernt somit individuell die Aufgaben (Karten), die er noch nicht sicher beherrscht. Die Lerner können dabei durch Umdrehen der Wendekarte ihr Wissen kontrollieren.

Wendekarten
(im Original ca. 7 × 4 cm groß)

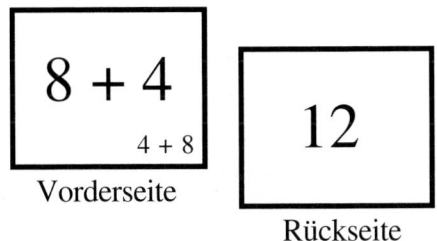

– *Beziehungshaltiges Lernen der Grundaufgaben*

Wie die Aufgaben des kleinen Einmaleins lassen sich auch die Aufgaben des kleinen Einspluseins so strukturieren, daß von einigen Kernaufgaben aus die Lösungen der übrigen Aufgaben gewonnen werden können. Ein interessantes Modell schlagen WITTMANN & MÜLLER, 1991, vor, die sog. „Einspluseinstafel", die in großer Ausführung in den ersten Schuljahren in jedem Klassenzimmer hängen sollte, die aber auch jeder Schüler als kleine Tafel so lange in seinem Schulbuch bzw. in seinem Rechenheft liegen haben und benutzen sollte, wie noch nicht alle Grundaufgaben beherrscht werden.

Die Einspluseinstafel

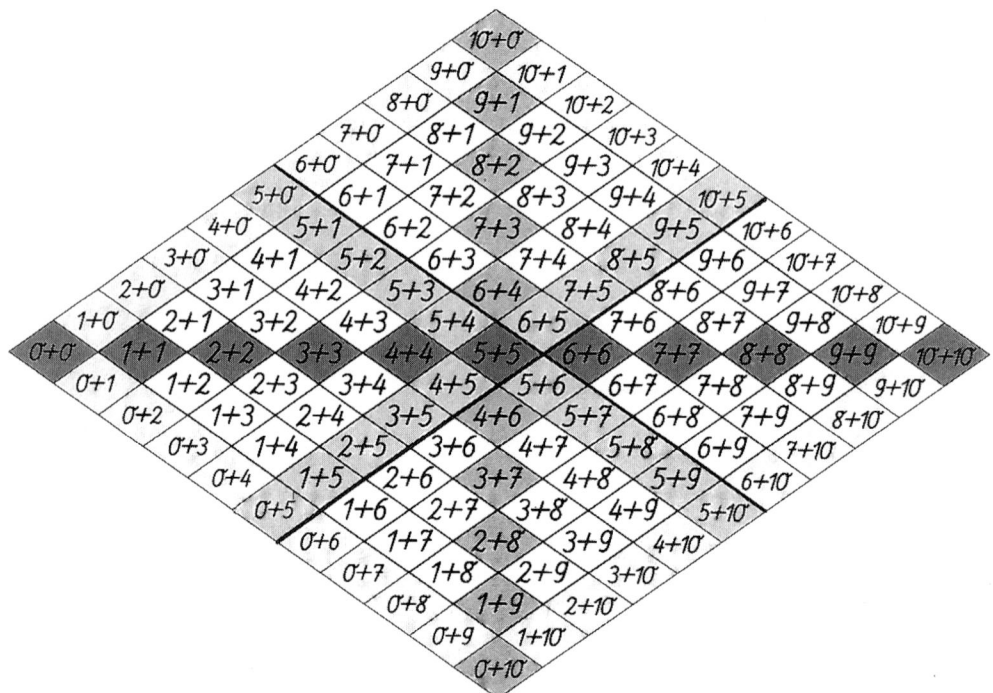

(aus WITTMANN & MÜLLER, 1990, S. 43)

Die Einspluseinstafel stellt den operativen Zusammenhang zwischen den Aufgaben dar, wobei die Ergebnisse bzw. die Summanden von links nach rechts größer werden. In dem Rautenfeld liegen die Verdoppelungsaufgaben auf der waagerechten Diagonalen, die Aufgaben mit der Summe 10 auf der dazu senkrechten Diagonalen. Auf den beiden Mittellinien finden die Schüler die Aufgaben mit einer 5. Diese insgesamt 41 Aufgaben bilden den Kern für das Ableiten der übrigen Aufgaben, wenn man von den Randaufgaben (Addition mit 0 bzw. 10) absieht, die den Schülern keine nennenswerten Schwierigkeiten bereiten.

– Beispiel:
  Das Ergebnis der Aufgabe 4 + 8 kann an der Tafel – und natürlich später ohne Tafel im Kopf – abgeleitet werden von den gelernten/bekannten Zahlensätzen 3 + 7 = 10 oder 5 + 8 = 13.

In der Einspluseinstafel lassen sich zudem eine Reihe mathematischer Gesetzmäßigkeiten und Beziehungen erkennen, zum Beispiel:

– An der waagerechten Verdoppelungsreihe spiegeln sich die kommutativen Aufgaben (Vertauschungsgesetz: 5 + 3 = 3 + 5 / 8 + 7 = 7 + 8 ...).
– Die Konstanz der Summe bei gegensinnigem Verändern der Summanden wird in den senkrechten Spalten deutlich: 9 + 4, 8 + 5, 7 + 6.
– ... .

Über das weitere Arbeiten mit der Einspluseinstafel sowie zusätzliche Übungen vgl. die Anregungen im Handbuch von WITTMANN & MÜLLER, 1991.

Die Einsminuseinstafel

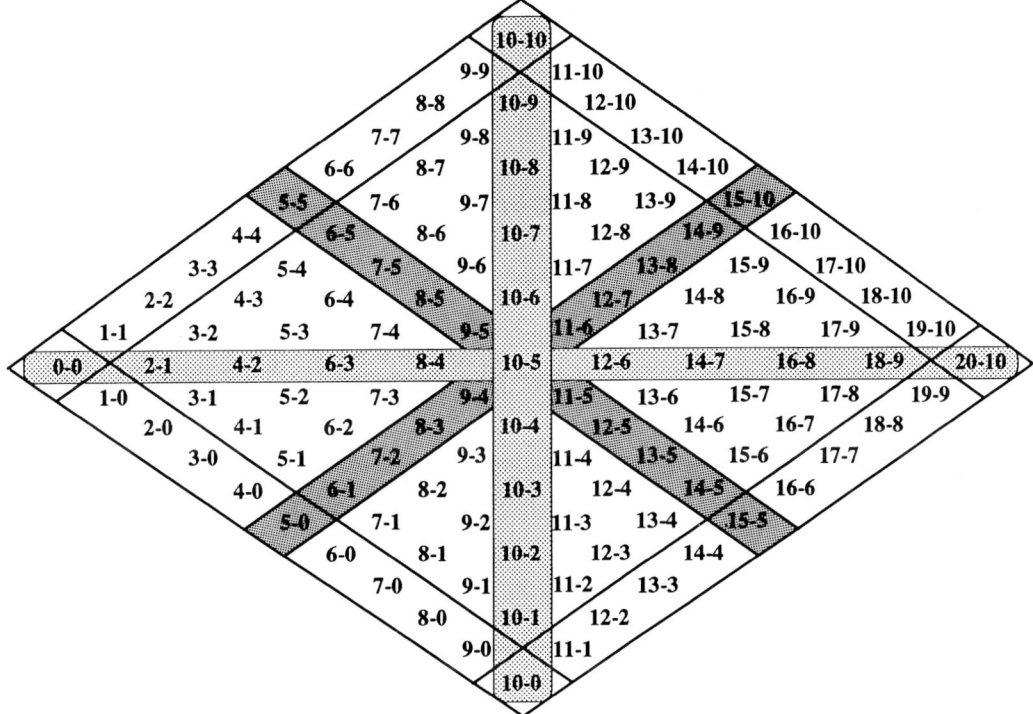

In Anlehnung an die Einspluseinstafel läßt sich eine Einsminuseinstafel für alle Subtraktionsaufgaben im Zahlraum bis 10 aufbauen. Beim Lernen der Subtraktionsaufgaben bis 20 sollte man bedenken, daß auch die allermeisten Erwachsenen nicht alle Lösungen dieser Grundaufgaben auswendig gelernt haben bzw. automatisiert nennen können. Es reicht völlig, insbesondere für rechenschwache Schüler, wenn sie die Kernaufgaben beherrschen sowie die meisten Aufgaben im Zahlraum bis 10. Davon lassen sich die restlichen Aufgaben ableiten.

Die elementaren Kernaufgaben stehen an den vier Rändern der Tafel:
– links oben: Minuend und Subtrahend sind gleich / bei den Aufgaben im Nachbarstreifen ist die Differenz 1.
– links unten: Subtraktion der Null / bei den Aufgaben im Nachbarstreifen wird nur die 1 subtrahiert.
– rechts oben: Subtraktion der 10 / bei den Aufgaben im Nachbarstreifen wird die 9 subtrahiert (eine Zahl weniger als 10).
– rechts unten: Von einer gemischten Zehnerzahl wird der Einer subtrahiert / bei den Aufgaben im Nachbarstreifen wird der Zehner nur um 1 überschritten.

In der *Zeilendiagonalen* stehen die Halbierungsaufgaben und in der *Spaltendiagonalen* die Subtraktionen von der 10 aus. Zusätzlich könnte man zu den Kernaufgaben alle Subtraktionen zählen, die als Ergebnis eine 5 haben, sowie die Subtraktionen der 5 selber (Aufgaben in den dunklen Feldern).

Haben die Schüler die meisten dieser Kernaufgaben geübt und gelernt, dann sind die übrigen Aufgaben leicht ableitbar. Zum Beispiel die Aufgabe 11 – 7:
Möglichkeit 1: 12 – 7 = 5 ... 11 – 7 = 4
Möglichkeit 2: 10 – 7 = 3 ... 11 – 7 = 4
Möglichkeit 3: 11 – 6 = 5 ... 11 – 7 = 4

Prüfen Sie sich selber, ob sie die nicht gekennzeichneten Aufgaben in der rechten Hälfte der Einsminuseinstafel auswendig kennen. Vermutlich werden Sie, wie auch die Schüler, besonders schwierige Aufgaben noch ausrechnen müssen (z. B. 13 – 6 = 13 – 3 –3).

Tafeln können helfen, Einsichten in die operativen Beziehungen zu „sehen", sie erleichtern das Erarbeiten von Ableitungsstrategien, sie können jedoch nicht das sinnvolle und intensive Üben ersetzen.

Rechenschwache Schüler brauchen beim Üben der Grundaufgaben keine raffinierten Einkleidungen bzw. Darbietungen der Aufgaben. Diese Mode (Methode?) verwirrt manche Schüler eher, als daß sie hilft oder anregt. Selbst Lehrerinen müssen beim Lesen von Schulbüchern oder kopierten Arbeitsblättern oft lange überlegen, was bei einigen Aufgaben eigentlich gemeint ist bzw. was gerechnet werden soll.

Wichtiger als die Farbigkeit, die äußere Vielfalt oder das Ausschneiden, Kleben, Einfärben, ... ist die strukturierte Gestaltung der Aufgabensätze, damit die Schüler hilfreiches Wissen konstruieren oder operative Beziehungen erkennen können.

4.2.3 Addieren und Subtrahieren im Hunderterraum

Einen besonderen Höhepunkt der Schwierigkeiten erleben rechenschwache Grundschüler im letzten Drittel des 2. Schuljahres, insbesondere dann, wenn beim Addieren und Subtrahieren gemischter Zehnerzahlen bei den Einern ein Übertrag notwendig ist. Ohne Zehnerüberschreitung sind die Schüler auch im Hunderterraum mit ihren zählenden Rechentechniken noch einigermaßen erfolgreich. Die meisten haben sich bei Aufgaben wie 42 + 20, 67 – 30, 34 + 41 oder 78 – 24 mit einer neuen Rechenregel oder Lösungsstrategie geholfen: Sie rechnen streng nach den Stellen und selten über Zerlegungsstrategien, wie es in den Schulbüchern und im Unterricht angestrebt wird. Dagegen entwickeln gute Rechner sehr oft wesentlich schnellere und elegantere Lösungswege als die offiziell im Unterricht angebotenen, und sie beherrschen mehrere Rechenwege, die sie je nach den besonderen Bedingungen der Aufgabe anwenden (z. B. 83 – 59 als 83 – 60 + 1, aber 83 – 25 als 83 – 20 – 5).

Kinder entdecken verschiedene Lösungswege zu 72 – 38

In den Schulbüchern am häufigsten empfohlenes „Normalverfahren":

$$\begin{aligned}72 - 38 &= \\ 72 - 30 &= 42 \\ 42 - 8 &= \underline{34}\end{aligned}$$

70 – 30 = 40	72 – 2 = 70
40 + 2 = 42	70 – 6 = 64
42 – 8 = <u>34</u>	40 – 30 = <u>34</u>

72 – 2 = 70	72 – 35 = 37
70 – 30 = 40	37 – 3 = <u>34</u>
40 – 6 = <u>34</u>	

7(0) – 3(0) = 4(0)	7(0) – 3(0) = 4(0)
8 – 2 = 6	8 – 2 = 6
40 – 6 = 34	= <u>46</u>
	(oder) = <u>64</u>

72 – 2 = 70	72 – 38 =
70 – 30 = 40	62, 52, 42, – 42, 41,
40 – 8 = <u>32</u>	40, 39, 38, 37, 36, 35

7(0) – 3(0) = 4(0)	72 – 32 = 40
8 – 2 = 6	40 – 6 = <u>34</u>
(„das muß ein Zehner weniger werden, also ... ") = <u>36</u>	

72 + 2 = 74	70 – 30 = 40
74 – 40 = <u>34</u>	2 – 8 = – 6
	40 – 6 = <u>34</u>

– *und viele andere Lösungswege mehr.*

Das Einsichtigmachen eines sinnvollen Verfahrens zum Addieren/Subtrahieren im Hunderterraum mit Zehnerüberschreitung über Arbeitsmaterialien oder didaktische Modelle ist sehr begrenzt (vgl. auch die Kapitel 3.2 und 4.1.1). Ein richtiges Lösen dieser Aufgaben setzt bei Zweitkläßlern u.a. Einsichten in die dekadischen Analogien und in die operativen Beziehungen des Zahlraumes voraus. Außerdem müssen die wichtigsten Grundaufgaben beherrscht werden und das Verständnis des Stellenwertsystems (Zehner/Einer) entwickelt sein. Diese Voraussetzungen sind bei vielen Schülern (die nicht unbedingt als rechenschwach zu gelten haben) im letzten Drittel des zweiten Schuljahres noch nicht gegeben, so daß das Thema des halbschriftlichen und erst recht des „Kopfrechnens" mit den oben beschriebenen Anforderungen grundsätzlich überdacht werden muß. In vielen anderen Ländern werden Aufgaben mit diesen Anforderungen an das Wissen und auch an das Kurzzeitgedächtnis seit eh und je bereits mit Hilfe eines schriftlichen Algorithmus gelöst, ohne daß dadurch der spätere Mathematikunterricht oder gar der volkswirtschaftliche Fortschritt Schaden erleiden. Vielleicht können wir in unseren curricularen Anforderungen ein wenig flexibler sein und innerhalb der sehr heterogenen Klassengemeinschaft bewußter differenzieren.

Warum sollten Sie als Lehrerin bei Kindern mit besonders ausgeprägten Lernschwierigkeiten in Mathematik das schriftliche Addieren/Subtrahieren nicht vorziehen? – Das setzt natürlich verständnisvolle Eltern und eine einsichtige Schuladministration voraus.
Was ist einfacher zu realisieren? Langfristige Einzelförderung oder eine curriculare Ausnahmeregelung für einzelne Schüler?

Seit vielen Jahrzehnten diskutiert man in der Mathematikdidaktik die besten Wege, um die Addition/Subtraktion gemischter Zehnerzahlen zu lehren bzw. zu lernen (vgl. die Beiträge von GERLACH, KRUCKENBERG KÜHNEL u.v.a.m.). Auf ein interessantes Verfahren, das auf die Individualität der kindlichen Lösungswege eingeht, haben COCHRAN et al., 1970, hingewiesen: Das Bearbeiten der betreffenden Subtraktionsaufgaben über negative Zahlen.

Zum Beispiel:
82 – 36 =
80 – 30 = 50   oder
 2 – 6 = – 4   kürzer:
50 – 4 = 46

82 – 36 = 50 – 4 = 36
80 – 30
 2 – 6

Bei vielen rechenschwachen Zweitkläßlern, die noch nicht ausreichend sicher waren beim Subtrahieren von Einern mit Zehnerüberschreitung, hat sich dieses Verfahren als sehr erfolgreich erwiesen. Das Verständnis der negativen Schreibweise von Zahlen ist problemlos, haben doch die allermeisten Grundschüler bereits propädeutische Erfahrungen zum Temperaturfall an einem Thermometer oder zum Begriff der Schulden.

© 1981 United Feature Syndicate, Inc.

Zu den Anforderungen des _halbschriftlichen Rechnens oder des Kopf-Rechnens im Tausenderraum_ in der ersten Hälfte des 3. Schuljahres läßt sich im Hinblick auf die rechenschwachen Schüler nur sagen:

– *Man verschone die betreffenden Schüler vor diesen Relikten aus den Zeiten der Drillschule und der Klosterschulen.*

Hier bietet sich ein vorzügliches Feld für innere Differenzierungen im Klassenverband an. Es ist eine absolute Illusion anzunehmen, daß alle Schüler dieses Lernziel befriedigend erreichen könnten.

Im Vertrauen: Wie lösen Sie Aufgaben wie

646 + 78 oder 725 – 380 ?

Im Kopf, halbschriftlich, schriftlich oder mit Hilfe eines Taschenrechners?

Kopfrechnen oder halbschriftliches Rechnen mit größeren Zahlen im Tausenderraum

– nimmt sehr viel Unterrichtszeit und Mühen in Anspruch und überfordert dennoch die Fähigkeiten sehr vieler Schüler,

– bereitet nicht auf die nachfolgenden Algorithmen der schriftlichen Rechenverfahren vor,

– wird in der folgenden Schulzeit oder in täglichen Anwendungssituationen kaum mehr angewendet.

Wesentlich wichtiger erscheint dagegen das überschlägige Rechnen in allen Zahlräumen, das Schätzen, das Runden und das Abschätzen, das fehlerfreie Addieren-/Subtrahieren-Können von ganzen Hunderter- und Tausenderzahlen.

4.2.4 Einige häufige Fehler/Fehlertechniken beim „mündlichen" Addieren und Subtrahieren

(vgl. auch Kapitel 2.4 sowie zum Inhalt die Beispiele auf der vorangehenden Seite des Handbuches)

- 7 + 6 = 12
  8 + 5 = 12
  (falsche Zähltechnik)

- 14 − 6 = 9
  12 − 5 = 8
  (falsche Zähltechnik)

- 14 − 6 = 12
  12 − 5 = 13
  (falsches Rechnen mit den Stellen)

- 17 − 9 = 6
  13 − 9 = 2
  (gerechnet: 10 − 9 = 1 , 3 − 1 = 2)

- 36 + 6 = 40
  48 + 8 = 50
  (Übergeneralisation eines „Rechentricks" der Subtraktion, dort 36 − 6 = 30 ...)

- 37 − 18 = 21
  42 − 26 = 24
  (Z − Z, größerer E − kleinerer E)

- 26 − 3 = 5
  35 − 2 = 6
  (gerechnet: 3 + 5 − 2)

- 13 + 34 = 56
  22 + 47 = 96
  (2 + 7 = 9 (Z), 2 + 4 = 6 (E))

- 28 + 7 = 25
  76 + 15 = 81
  (die Zehnerüberschreitung wird nicht berücksichtigt)

- 87 − 5 = 73
  56 − 4 = 61
  („gelesen": 65 − 4)

- 60 − 21 = 40
  80 − 45 = 40
  (Subtraktion von einer 0 ist für einige Schüler nicht sinnvoll bzw. machbar)

4.3 Multiplikation und Division

4.3.1 Zum Begriffsverständnis und zu den Lösungsstrategien

Ein Verständnis der Multiplikations-/Divisionsoperationen und der Einmaleinssätze setzt als Fähigkeiten u. a. voraus:

- Sicheres Gliedern/Zerlegen von Mengen in gleich mächtige Teilmengen,
- Erfahrungen und Einsichten in den Operatorzahlaspekt („fünfmal" in der Woche zur Schule gehen u. a.),
- Übersicht über den Zahlraum bis 100, über die Zahlbeziehungen und die dekadischen Analogien,
- Beherrschen der Grundaufgaben zur Addition und Subtraktion,
- Verdoppelungs- und Halbierungsverfahren anwenden können.

Überaus wichtig für Grundschüler ist das ausführliche Entwickeln des Multiplikations- und des Divisionsbegriffs über verschiedene Handlungserfahrungen in Sachzusammenhängen. Ein vorschnelles oder gar ausschließliches Beschränken auf die Interpretation von Multiplikation als fortgesetzte Addition gleicher Summanden (z. B. 3 · 4 = 4 + 4 + 4) führt oft zu einem instrumentellen Verständnis der Operation. Viele Kinder lernen dabei lediglich die Multiplikationsreihen auswendig oder versuchen auch noch in späteren Schuljahren, die Einmaleinsaufgaben über fortgesetzte Addition zu lösen und nicht über die Kernaufgaben (s. u.) bzw. über operative Beziehungen.

Drei Aspekte des Multiplikationsbegriffs lassen sich unterscheiden:

1. *der zeitlich-sukzessive Aspekt:*
   Beispiele: „Brigitte faßt dreimal in den Beutel und holt jeweils vier Kastanien heraus" oder „Götz geht dreimal in den Keller und holt jeweils 4 leere Gläser herauf"

Der gleiche Vorgang wiederholt sich mehrmals. Kinder sollten diese Handlungsketten durchführen und die Ergebnisse jedes Prozesses legen. Der Prozeß selber ist nicht darstellbar, allenfalls in Form eines Comics.

Prozeßdarstellung zum Kastanienspiel:

Brigitte faßt einmal in den Beutel und legt auf den Tisch:

Nach dem zweiten Griff in den Beutel liegen auf dem Tisch:

Schließlich hat Brigitte dreimal in den Beutel gefaßt und jeweils vier Kastanien herausgeholt.

Aus entsprechenden zeitlich-sukzessiven Handlungen können sich die folgende Ergebnisse (Darstellungen) ergeben:

oder

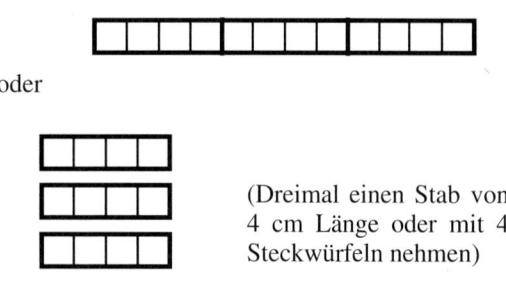

(Dreimal einen Stab von 4 cm Länge oder mit 4 Steckwürfeln nehmen)

Drei gleich lange Sprünge über je 4 Platten:

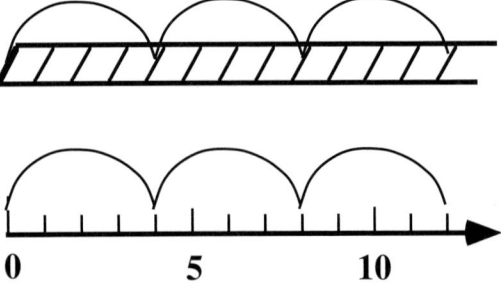

2. *der räumlich-simultane Aspekt:*
Beispiele: „Auf einem Tisch stehen 3 Teller mit je 4 Keksen" oder „In einem Beet gibt es drei Reihen mit je 4 Sonnenblumen"

Dabei wird das räumliche Nebeneinander von gleichartigen Mengen mit gleicher Mächtigkeit beschrieben bzw. multiplikativ erklärt. Die Darstellungen entsprechen denen der Produkte zeitlich-sukzessiver Handlungen.

Der Vollständigkeit halber sei auch ein dritter Multiplikationsaspekt erwähnt, der jedoch in der ersten Phase des Entwickelns eines Verständnisses vom Multiplikationsbegriff mit den Schülern nicht diskutiert werden sollte:

3. *der kombinatorische Aspekt:*
Beispiele: „Beate hat drei Hosen und vier farblich dazu passende Pullover. Wie viele verschiedene Kombinationsmöglichkeiten hat sie zum Anziehen?" oder „Von Adorf gibt es drei Wege nach Edorf. Von Edorf führen vier Wege nach Udorf"

Dabei werden die möglichen Verbindungen/Kombinationen zwischen den Elementen zweier Mengen bestimmt. Auf der Darstellungsebene bieten sich dafür drei Modelle an.

Paardiagramm:

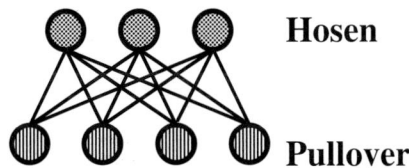

Baumdiagramm:

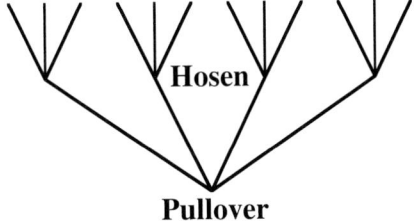

Wegediagramm:

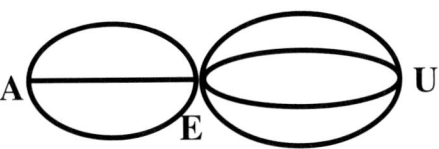

Insbesondere zu den beiden ersten Aspekten der Multiplikation, die miteinander in einer engen Beziehung stehen, sollten die Schüler zahlreiche Handlungserfahrungen sammeln, ehe auf der reinen Symbolebene gearbeitet wird.

– Mehrmaliges Holen, Hinstellen, Legen, Abpacken, Transportieren, Herstellen, Zeichnen, ... von Mengen gleicher Mächtigkeit.
– Rhythmisches Klatschen, Klopfen, Pfeifen, Springen, Bücken, Tippen, ...

Parallel zu den Handlungen werden die Ergebnisse in Form von Strichlisten oder Punktfeldern protokolliert und als Multiplikationsaufgaben notiert:

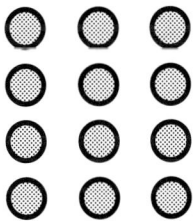

Wie auch WITTMANN & MÜLLER, 1991, betonen, sind das sukzessive Behandeln der einzelnen Einmaleinsreihen im Unterricht und die starke Betonung der fortgesetzten Addition als begrifflicher Hintergrund für viele Schüler wenig hilfreich. Wesentlich fördernder ist das Herausstellen und Konzentrieren auf die sog. Königsaufgaben bzw. Kernaufgaben.

$1 \cdot \square =$
$2 \cdot \square =$
$5 \cdot \square =$
$10 \cdot \square =$

Zur Division müssen die begrifflichen Grundvorstellungen des Verteilens und des Aufteilens/Messens für die Schüler deutlich werden. Dabei kommt es im Mathematikunterricht weniger auf ein begriffliches Unterscheiden der beiden Operationen an als vielmehr auf das Anlegen eines breiten begrifflichen Verständnishintergrundes für das Dividieren.

Beispiele zu 12 : 3
Verteilen (12 Elemente/Gegenstände gleichmäßig verteilt auf 3 Mengen/Behälter):

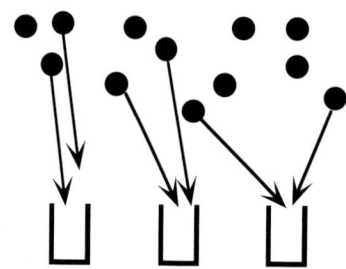

Aufteilen (eine Menge mit 12 Elementen aufgeteilt in Teilmengen mit je 3 Elementen):

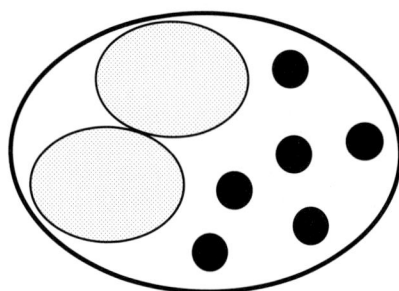

Das Lösen von Divisionsaufgaben setzt neben einem ausreichenden begrifflichen Verständnis voraus, daß die Schüler den Zusammenhang zwischen Divison und Multiplikation erkannt haben und die Aufgaben des kleinen Einmaleins sicher und schnell beherrschen (vgl. dazu die Übungsanregungen in RADATZ & SCHIPPER, 1983; WITTMANN & MÜLLER, 1991). Gerade rechenschwache Schüler verfestigen häufig das Verfahren des Rückwärtssubtrahierens (Rückwärtszählens) oder

des Aufwärtszählens der Einmaleinsreihe. Zum Beispiel rechnen sie bei 28 : 4:
– 28 – 4 – 4 – 4 – 4 – 4 – 4 – 4 = 0; „geht 7mal", also 28 : 4 = 7 oder
– 4, 8, 12, 16, 20, 24, 28; „sind 7", also 28 : 4 = 7.
Beide Lösungsverfahren sind überaus zeitaufwendig und bei den einzelnen Zwischenschritten anfällig für Rechenfehler. Zudem wird das Kurzzeitgedächtnis als Arbeitsspeicher überfordert, wenn es nicht durch Hilfsmittel (z. B. die Finger) beim doppelten Rechnen/Zählen entlastet wird.

4.3.2 Das kleine Einmaleins

Ein sinnvolles Lösen und Lernen der Einmaleinssätze setzt an bei den Kernaufgaben, die von den Schülern sicher bzw. auswendig beherrscht werden sollten. Durch Zerlegen, Verdoppeln oder Vertauschen sind alle übrigen Aufgaben aus den Kernaufgaben schnell ableitbar:

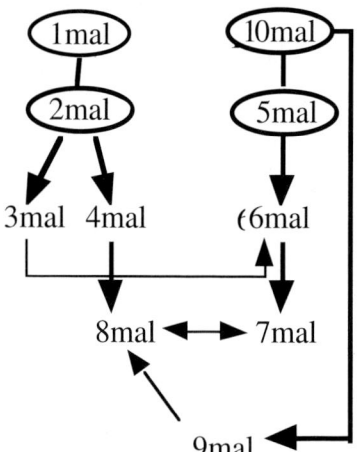

Aus dieser Übersicht wird deutlich, warum für uns Aufgaben des 7malx und des 8malx am schwierigsten zu lösen sind: Für diese Aufgaben sind ausgehend von den Kernaufgaben zwei Lösungsschritte notwendig.

Das Lernen der multiplikativen Grundaufgaben über die Kernaufgaben setzt Einsicht in drei mathematische Beziehungen/Techniken voraus:

- die Zerlegungstechnik
  6 · 4 = _ ... 5 · 4 = 20 (+) 1 · 4 = 4
- die Verdoppelungstechnik:
  4 · 8 = _ ... 2 · 8 = 16 (+) 2 · 8 = 16
- die Vertauschungstechnik
  7 · 5 = 5 · 7

Die Kernaufgaben wie auch die anderen Einmaleinssätze müssen durch zahlreiche Übungen (z. B. über Wendekärtchen) bewußt auswendig gelernt werden. Erweitert man die Kernaufgaben um die Multiplikation gleicher Faktoren (3 · 3, 5 · 5, ...), bietet sich -entsprechend der Aufgaben des kleinen Einspluseins- als übersichtliche Hilfe eine *Einmaleinstafel* an, die längere Zeit als Poster im Klassenraum hängen kann, die aber auch den Schülern jederzeit zur Verfügung stehen sollte, etwa beim Bearbeiten von Hausaufgaben.

Die Einmaleinstafel

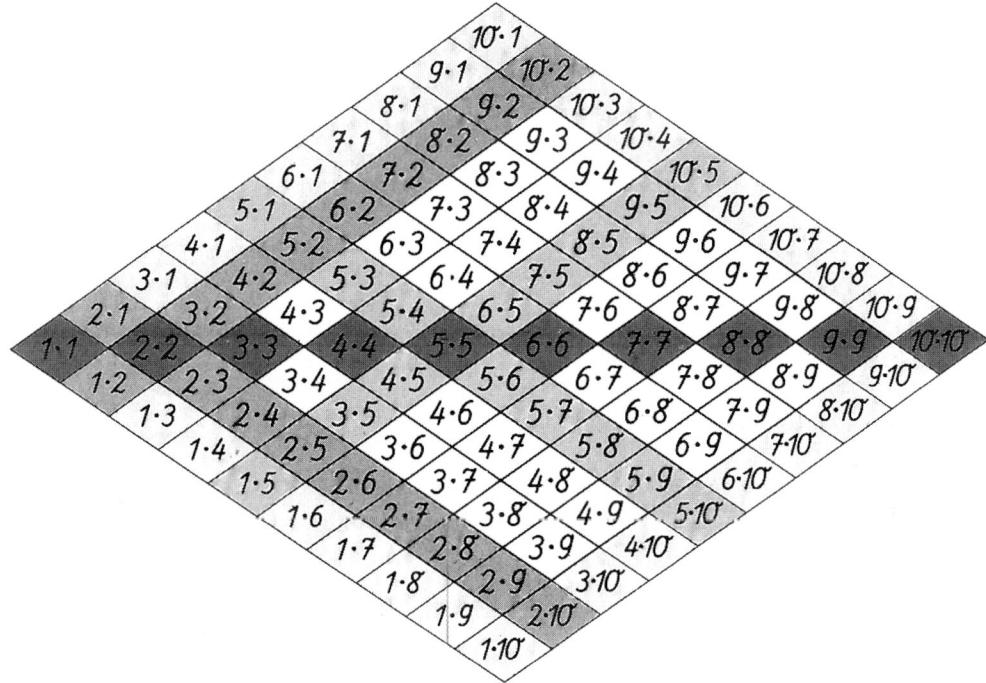

aus WITTMANN & MÜLLER, 1990, S. 119.

4.3.3 Multiplikation und Division von großen Zahlen

Das Lösen von Multiplikations- und Divisionsaufgaben in größeren Zahlräumen setzt bei den Schülern im 3./4. Schuljahr ein sicheres Beherrschen des kleinen Einmaleins sowie des Einsdurcheins voraus. Wer die meisten dieser Zahlensätze nicht auswendig beherrscht, kann die wichtigste Strategie zum Lösen der Aufgaben nicht anwenden:

- Das Bilden und Nutzen von Analogien zu bekannten Aufgaben.

Weitere Voraussetzungen für das Operieren im großen Zahlraum sind:

- Einsicht in die Möglichkeiten des Zerlegens einer Aufgabe in Teilaufgaben (auf Grund des Distributivgesetzes),
- Überblick und überschlägiges Rechnenkönnen im Tausenderraum und darüber hinaus.

Einige Aufgabenbeispiele aus Schulbüchern des 3./4. Schuljahres machen die Anforderungen deutlich:

- $6 \cdot 80 =$ ___, ___ $\cdot 70 = 560$, $7 \cdot 60 - 30 =$ ___;
- $540 : 80 =$ ___, $450 :$ ___ $= 9$, $250 : 40 =$ ___;
- $8 \cdot 42 =$ ___, $9 \cdot 78 =$ ___, $399 : 7 =$ ___;
- $6 \cdot 7000 =$ ___, ___ $\cdot 9000 = 45\,000$, $72\,000 : 8 =$ ___, $240\,000 :$ ___ $= 80\,000$.

Die oben beschriebenen Lösungsvoraussetzungen sowie die wenigen Beispiele lassen erkennen, daß das Multiplizieren/Dividieren in großen Zahlräumen „im Kopf" oder halbschriftlich nicht nur an die rechenschwachen Schüler sehr große Anforderungen stellt. Wie bereits beim Addieren/Subtrahieren wird auch bei diesem Unterrichtsthema empfohlen, in der Klasse eine innere Differenzierung zu organisieren und nicht alle Anforderungen der Rahmenrichtlinien bzw. des Schulbuches von allen Schülern zu erwarten. Sinnvoll ist im 3./4. Schuljahr bei einigen Schülern sicher die Beschränkung auf das Multiplizieren/Dividieren von Zehner- und Hunderterzahlen, also auf Aufgaben wie:

- $20 \cdot 4$, $200 \cdot 4$, $20 \cdot 30$, $20 \cdot 300$, ...;
- $160 : 4$, $160 : 40$, $1600 : 40$, $80\,000 : 20$ u. ä.

4.3.4 Einige häufige Fehler/Fehlertechniken beim „mündlichen" Multiplizieren/Dividieren

Multiplikation:

- $9 \cdot 3 = 21$
 (Fehlerhaftes Zerlegen in $10 \cdot 3 - 1 \cdot 9$)
- $7 \cdot 6 = 43$
 (Zerlegen in $5 \cdot 6$, $+6$, $+7$)
- $9 \cdot 3 = 25$
 (Zählfehler während der Zwischenrechnungen)
- $9 \cdot 3 = 24$
 (Fehler beim Lösen durch Aufzählen der Einmaleinsreihe bzw. durch Verrechnen bei fortgesetzter Addition)
- $6 \cdot 6 = 36$, aber $4 \cdot 4 = 14$
 (Nachwirken von Ziffern im Sinne eines Perseverationsfehlers)
- $700 \cdot 20 = 1400$
 (Vernachlässigen einer Null)
- $8 \cdot 60 = 488$
 ($8 \cdot 6 = 48$ und $8 \cdot 0 = 8$ / Nullfehler)

Division:

- $12 : 4 = 4$, $21 : 3 : 6$
 (Fehler beim Rückwärtsrechnen / Rückwärtszählen oder beim Aufzählen der Einmaleinsschritte)
- $300 : 60 = 20$; $40 : 8 = 20$
 (Tauschen bestimmter Elemente von Dividend und Divisor, z. B. $6 : 3 = 2$ und eine 0 bleibt, also 20)
- $96 : 16 = 10$, $155 : 5 = 301$
 (Anwenden eigener Rechenregeln, z. B. wird gerechnet: $90 : 10 = 9$ und $6 : 6 = 1$)
- $800 : 20 = 400$, $800 : 20 = 4$
 (Probleme mit den Nullen bei reinen Zehner- bzw. Hunderterzahlen)
- $44 : 4 = 14$
 (Nachwirken einer Ziffer / Perseverationsfehler)
- Fehler bei der Division durch Null auf Grund der folgenden Fehlvorstellungen:
 $n : 0 = n$, $n : 0 = 0$, $0 : n = n$, $0 : 0 = 1$.

4.4 Sachrechnen

Eines der wichtigsten Ziele des Mathematikunterrichts ist seit eh und je, das in der Arithmetik und in den Größenbereichen Gelernte in „Sach"-Situationen anzuwenden, damit die Kinder lernen und erfahren, wie sich ihre Umwelt mit mathematischen Mitteln erfassen, strukturieren und erschließen läßt („Sachrechnen").

Seit es den Mathematikunterricht in der Schule gibt, ist das Sachrechnen jedoch auch für Schüler der deutlich schwierigste Inhaltsbereich, in dem die Mißerfolge und Frustrationen am größten sind, nicht nur für die ausgesprochen rechenschwachen Schüler.

Das Lösen von Sachaufgaben setzt eine Reihe komplexer Fähigkeiten und entwickelter Wissensbestände voraus (vgl. auch Kap. 1.3.5). Um nur einige zu nennen:

- Das Wissen über die „Sache" selber muß ausreichen, um den Inhalt der Aufgabe und das Problem (die „Frage") verstehen zu können.
- Das Verständnis in den Größenbereichen (Längen, Geld, Gewichte, Zeit, Geschwindigkeit u.a.) muß so entwickelt sein, daß Vorstellungen, Beziehungen und Umrechnungen möglich sind.
- Die Schüler müssen einen breiten Erfahrungsschatz mit Repräsentationen der einzelnen Rechenoperationen in Sachsituationen zur Verfügung haben, um in Sachaufgaben die mathematischen Strukturen bzw. die Operationen erkennen zu können.
- Für das Bearbeiten von Sachaufgaben sind entwickeltere bzw. komplexere Problemlösungstechniken notwendig als der traditionelle Dreischritt im Mathematikunterricht: Wir fragen: ... Wir wissen: ... Wir rechnen: ... .

Schließlich setzt ein erfolgreiches Lösen von Sachaufgaben auch noch voraus:
- ein sicheres, sinnerfassendes Lesenkönnen,
- ein Zahlraumverständnis und -vorstellungen
- und ein Rechnenkönnen.

Die Schwierigkeiten im Sachrechnen sind nur in den seltensten Fällen auf den letzten Punkt, die möglichen rechnerischen Schwächen, zurückzuführen.

Im Laufe der Grundschulzeit entwickeln viele Schüler zum Sachrechnen ganz spezielle Verfahren und Verhaltensformen, die Eltern und Lehrerinnen immer wieder verzweifeln lassen (vgl. BARUK, 1989; BAUERSFLD, 1991; FLOER, 1991; RADATZ 1984):

- Schüler lassen sich nur selten auf die Sachsituation ein, sie wollen schnell rechnen. So konzentrieren sie sich auf die Zahlenangaben und spekulieren: Vergleichbar große Zahlen müssen addiert oder subtrahiert werden, bei deutlich unterschiedlich großen Zahlen wird multipliziert oder dividiert.

- Akzeptiert werden selbst sinnlose Ergebnisse, bzw. ein Ergebnis wird nicht über eigene Erfahrungen zur Sache überprüft. Überschlägiges Rechnen läßt sich selten beobachten. Die Parole lautet für viele Schüler: Rasch durch zu irgendeiner Lösung!

- In dem bei Lehrerinnen beliebten Schema „Frage – Rechnung – Antwort" bieten die Schüler zu den drei Stufen nicht selten Lösungen ohne inhaltliche Zusammenhänge an.
Beispiel: *„In der Klasse 2b sind 26 Kinder. Davon sind 17 Mädchen."*
Frage: Wie viele Kinder sind es?
Rechnung: $26 - 17 = 9$
Antwort: Es sind 9 Mädchen.

Diese Liste ließe sich um weitere Gewohnheiten oder Lösungsbesonderheiten der Schüler beim Sachrechnen fortsetzen. Was läßt sich aus diesem häufig beobachteten Lösungsverhalten und den anfangs angesprochenen Voraussetzungen für ein erfolgreiches Sachrechnen bzgl. der Fördermöglichkeiten sagen?

Die Hoffnungen müssen sehr klein angesetzt werden, etwa die Lösungsfähigkeit für Sachaufgaben bei einem Viertkläßler zu fördern, wenn einige der angesprochenen Voraussetzungen nicht ausreichend vorhanden sind. Sachrechnen ist eine komplexe Fähigkeit, deren Entwicklung von den ersten Schulwochen an gezielt angebahnt werden muß durch sachstrukturierte Übungen, mit deren Hilfe die Kinder erfahren bzw. lernen,
– die Sache der Aufgaben besser zu verstehen,
– verschiedene Lösungswege zu suchen, zu finden und zu erproben,
– über die Sache selber nachzudenken,
– die Lösung einer Sachaufgabe zu reflektieren und sie zu überprüfen.

In der langen Geschichte des Rechenunterrichts/der Mathematikdidaktik sind sehr viele Bearbeitungshilfen (Lösungshilfen, Lösungsstrategien, Aufbereitungsverfahren o. a.) entwickelt und erprobt worden. Ein Problem des Sachrechenunterrichts scheint zu sein, daß diese Hilfs- und Fördermöglichkeiten von den Lehrerinnen nur selten angeboten bzw. im Unterricht thematisiert werden. WAGEMANN, 1988, hat mit seiner Hauptthese zum Sachrechnen genau diesen Punkt getroffen, wenn er sagt, daß wichtiger als die Ergebnisse vieler einzelner Sachaufgaben das Erkennen und Erörtern von Lösungswegen und Strategien ist, um neue Sachaufgaben und Sachprobleme besser bewältigen zu können.

Bei allem Respekt gegenüber den gegenwärtig mal wieder aktuellen Tendenzen zu einem aktiventdeckenden und mehr selbständigen Lernen: Im Sachrechnen müssen Strategien entwickelt und vermittelt werden, d. h. der Lösungsvorgang bei Sachaufgaben wird zentraler Gegenstand des Mathematikunterrichts, und die Ergebnisse der einzelnen Sachaufgaben sind zweitrangig. Dabei können nicht alle Schüler von sich aus hilfreiche bzw. sinnvolle Bearbeitungsstrategien für Sachaufgaben entdecken oder konstruieren.

Die nachfolgend beschriebenen Bearbeitungshilfen bzw. Fördermöglichkeiten werden seit vielen Jahrzehnten in den Methodiken und Lehrerhandbüchern angesprochen, als mögliche „Väter" dieser Vorschläge sollen hier nur genannt werden POLYA, 1949; THYEN, 1963; LOMPSCHER, 1975; GEISSLER, 1978; MAIER, 1978; STREHL, 1979; FRICKE, 1987 und WAGEMANN, 1988.

Drittkläßler erfinden Rechengeschichten zu 38 + 7 (vgl. RADATZ, 1992):

> 38+7= 7 jeger schießen auf 50 Hasen 2 sint schon tot 48 Hasen lifen weg die jeger lifen hite r da waren schon wider 10 tot 38 Hasen sehten ins ferzek die Hasen waren traureg.

> Es Wa einmal 38 Junns und 7 Mechens Dann gingen sie zu klasen fahrt und dan haten sie krigen geschpielt und dan ist des Junge wieder weg gegangen.

> Mein Bruder hat sehr hoch fieber es sind 38 grad nach 4 Tagen sind 7 grad dazugekricht jezt sind es 45 grad.

> Anke hat 38 Autos (Und Puppen) Und 7 Puppen. Und ihre Freundin darf auch mit den 7 Puppen oder mit den 38. Autos. Sie sind gute Freunde.

> Stefanie hat 38 Schläge gekricht und dan noch 7 dasu, sie hat schon einen roten Po zusamen sind es 45 Schläge

> Es warn ein mal eine 38 und eine 7. Sie gingen ein mal auf eine Reise. Und besuchten ihre Brüder in Afrika Und sie bliben ein kan ganzes Jahr bei ihren Brüdern. Ende

4.4.1 Änderungen der traditionellen Präsentationsform („Textaufgaben")

– *Szenische Darstellung*
einer Sachsituation etwa in der Form des klassischen „Kaufmannsspieles" (oder Post, Zeitungsstand, Obsthandlung, ...). Bei derartigen Spielen werden die Sachsituationen erlebt und verinnerlicht, zudem werden wichtige Handlungserfahrungen in den Größenbereichen gesammelt.

– *Zeichnen einer Skizze zu einer Sachaufgabe*
Beispiele:
„Elke hat 13 Murmeln. Sie gibt Luise 5 Murmeln ab."

„Ein rechteckiger Garten soll eingezäunt werden. Der Garten ist 15 m lang und 12 m breit. Auf einer kurzen Seite des Gartens ist ein Tor von 2 m Breite vorgesehen"

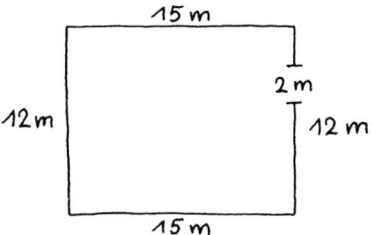

„Marion wiegt 26 kg. Oma wiegt doppelt soviel. Opa wiegt so viel wie Marion und Oma zusammen"

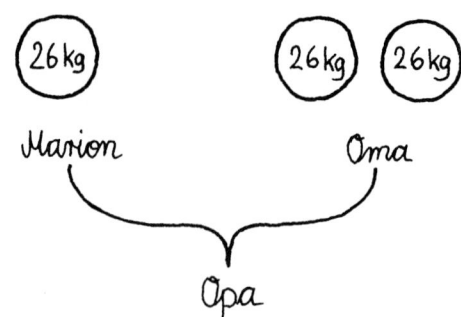

– *Übertragen in Tabellenform*
Beispiel: „Buchhandlung TONOLLO verkauft an die Steiner-Schule 22 Mathematikbücher zu je 19,– DM, 22 Übungshefte zu je 7,– DM und ein Lehrerhandbuch zu 24,– DM. Wie hoch ist die Gesamtrechnung?"

Buchhandlung TONOLLO
Rechnung für die Steiner-Schule   22.10.92

22 Mathematikb. für je 19,- DM	
22 Übungshefte für je 7,- DM	
1 Lehrerhandb. für je 24,- DM	
Total:	

Sachrechnen

– *Lösen von Bildaufgaben*

(Beispiele aus BRACHT & PIETSCHNER, 1979, S. 24/25)

4.4.2 Das Arbeiten am Text einer Sachaufgabe

– *Den Inhalt einer Sachaufgabe mit eigenen Worten nacherzählen.*

– *Einen Kurztext erstellen.*

Beispiel: „An einer Ausfahrtstraße werden an vier Tagen von einem Polizisten zur Hauptverkehrszeit 15 Minuten lang die vorbeifahrenden Pkw gezählt. Bei mehr als 600 Autos in der Stunde soll eine Ampelanlage gebaut werden.
Es fuhren am Montag 120 Autos, am Dienstag 155, am Mittwoch 185 und am Donnerstag 139 Autos. Wird die Ampelanlage gebaut?"

Kurztext:
Montag	120	Autos
Dienstag	155	„
Mittwoch	185	„
Donnerstag	139	„
Zusammen	600	Autos?

– *Im Text unterstreichen oder markieren.*

Beispiel: „Im Regal eines Supermarktes <u>stehen</u> <u>64</u> Dosen mit Gemüse. Der Verkäufer stellt noch <u>27</u> Dosen <u>dazu</u>."

4.4.3 Das traditionelle Lösungsschema „Frage-Rechnung-Antwort" verfeinern

Aus RADATZ & SCHIPPER, 1983, S. 132:

„1) Verstehen der Aufgabe; Erfassen des Gegebenen und des Gesuchten;
Hilfen:
Lies aufmerksam (2mal) die Aufgabe. Erzähle mit eigenen Worten. – Was wird mitgeteilt? Was will man wissen? – Unterstreiche, was zum Rechnen wichtig ist. Frage, wenn Du etwas nicht verstehst. Zeichne eine Skizze. – Kannst Du Dir den Sachverhalt vorstellen?

2) Untersuchen von Lösungswegen; Planen und Finden eines Lösungsweges;
Hilfen:
Hast Du eine ähnliche Aufgabe schon einmal bearbeitet? – Wie lautet die Frage? Schreibe die wichtigen Angaben heraus. Was ist von den Angaben für die Beantwortung der Frage wichtig? Mit welcher Rechnung können wir die Frage(n) beantworten? Kommt man mit einem Rechenschritt zur Lösung oder muß ein Zwischenergebnis ermittelt werden? – Muß das Ergebnis der Rechnung größer oder kleiner sein als die verwendeten/bekannten Zahlen und Größen?

3) Durchführen des Lösungsweges und Aufgabenkontrolle;
Hilfen:
Mache eine Überschlagsrechnung und notiere das Ergebnis! – Numeriere die Rechenschritte. Vergleiche mit der Aufgabenstellung bzw. der Frage. – Überlege, ob erst ein Zwischenergebnis vorliegt.
Paßt Dein Ergebnis zur Aufgabenstellung? Beantwortet es die Frage? – Vergleiche mit dem Ergebnis der Überschlagsrechnung! Formuliere und notiere einen Antwortsatz!"

4.4.4 Übungen und Variationen

– *Aufgaben überprüfen*

Beispiele:
„Während der Sommerferien werden die 24 Klassenräume unserer Schule neu gestrichen. Jeder Klassenraum hat 4 Fenster. Die Maler verdienen 12 DM je Arbeitsstunde."
„Sebastian hat am Montag 4 Stunden Unterricht. Seine ältere Schwester Lena geht bereits in das 6. Schuljahr. Sie muß sich heute noch 2 neue Filzstifte kaufen."

Derartige Texte stellen keine Sachaufgaben dar, sie führen die Tradition der klassischen „Kapitänsaufgaben" fort („Ein Tanker ist 82 m lang, und er hat 2 Anker. Wie alt ist der Kapitän?"). Dennoch beobachtet man bei sehr vielen Schülern die Einstellung, daß Aufgaben im Mathematikunterricht immer irgendwie berechenbar sind, selbst bei unsinnigen Sachinformationen oder Fragestellungen. Um so wichtiger ist es, nicht berechenbare Sachinformationen im Unterricht zu besprechen, damit die Schüler beim Bearbeiten von Aufgaben auch auf die „Sache" selber achten und nicht nur „passende" Zahlen operativ verknüpfen.

– *Überflüssige Angaben bestimmen*

Beispiel:
„Herr Segallo arbeitet täglich 7 Stunden und 35 Minuten in einer chemischen Fabrik. Seine Arbeitszeit beginnt um 6.00 Uhr. In der Fabrik arbeiten 120 Arbeiter."

– *Fehlende Angaben ergänzen*

Beispiel:
„Lehrer Förster verwaltet die Schülerbücherei. Zur Zeit sind 89 Bücher ausgeliehen."

– *Nur die Operation bestimmen*

Zu einfachen Sachaufgaben werden die Schüler angehalten, nur die Operation zu bestimmen, bzw. den Term aufzuschreiben.

– *Das Ergebnis einer Sachaufgabe vorher schätzen (im Überschlag berechnen)*

Beispiel:
„Herr Dahlke arbeitet in der Woche 40 Stunden. Er hat einen Stundenlohn von 18,80 DM. Es werden ihm pro Woche 277,81 DM Lohnsteuer abgezogen."
Überschlagsrechnung:
40 · 20 DM = 800 DM
800 DM – 300 DM = 500 DM

– *Fehler finden in einer gerechneten Aufgabe*

Beispiel:
„Frau Griesel hat 4 Küchenstühle für insgesamt 228 DM gekauft. Einige Tage später sieht sie in einem anderen Geschäft die gleichen Stühle für je 54 DM. Hätte sie die Stühle in dem anderen Geschäft preiswerter kaufen können?"

Rechnung: 228 DM : 4 = 57 DM
Antwort: Frau Griesel hat die Stühle 12 DM preiswerter gekauft.

– *Zahlen / Maßzahlen ändern*

Beispiel:
„Stefan kauft 4 Apfelsinen. Eine Apfelsine kostet 55 Pf."
55 Pf · 4 = ___ Pf

Variation 1: „Stefan kauft 2 (6, 12, ...) Apfelsinen. Eine Apfelsine kostet 55 Pf."

Variation 2: „Stefan kauft 4 Apfelsinen. Eine Apfelsine kostet 45 (60, ...) Pf."

– *Gegenstände / Personen ändern*

Beispiel:
„Anne sieht im Fernsehen einen Kinderfilm. Die Sendung beginnt um 18.00 Uhr und dauert 30 Minuten."

Variationen: „Anne (Jens, ...) sieht im Fernsehen einen Kinderfilm. Die Sendung beginnt um 18.30 (19.00, 18.15, ...) Uhr und dauert 30 (45, 35, ...) Minuten."

– *Den Sachverhalt ändern und die Operationen umkehren*

Beispiel:
„Herr Borg kauft 3 Dosen Hundefutter. Jede Dose kostet 2,40 DM."

Variation 1: „Herr Borg kauft für insgesamt 10,40 DM mehrere Dosen Hundefutter. Jede Dose kostet 2,60 DM."

Variation 2: „Herr Borg kauft 5 Dosen Hundefutter. Dafür bezahlt er 11,50 DM."

4.4.5 Rechengeschichten oder Sachaufgaben von den Schülern selbst finden und formulieren lassen

Eine überaus wichtige Lernform ist es, die Schüler von 1. Schuljahr an anzuhalten, zu vorgegebenen Termen oder Gleichungen, Rechengeschichten selbst zu erzählen bzw. in den späteren Schuljahren selbsterfundene Sachaufgaben aufzuschreiben.

4.4.6 Problemaufgaben – offene Aufgaben – fächerübergreifendes Sachrechnen

Die meisten Sachaufgaben in den Schulbüchern und ergänzenden Arbeitsheften/Kopiervorlagen sind künstlich konstruierte Problemstellungen, die sehr oft weder mit den komplexeren Bedingungen der Realität übereinstimmen, noch aus der kindlichen Erfahrungswelt stammen. Hier mag ein Grund dafür liegen, warum Schüler wenig Interesse zeigen, sich mit diesen „Sachen" inhaltlich auseinanderzusetzen.

Wenn Mathematik für die Schüler kein Fremdkörper sein soll, dann muß sie einerseits in ihren Aufgabenstellungen anregend und interessant sein, und sie muß die Anwendbarkeit bzw. Beziehungshaltigkeit zum realen Erlebnisraum der Kinder erkennen lassen. Eine mißverstandene Verwissenschaftlichung vieler Unterrichtsinhalte – auch bereits in der Grundschule – hat in den letzten Jahrzehnten auch dazu geführt, daß in den meisten Schulfächern der Umfang der Unterrichtsinhalte stark gewachsen ist. Diese Stoffülle hat zur Folge gehabt,

– daß für wichtige Themen zu wenig Zeit zur Verfügung steht (im Mathematikunterricht der Grundschule etwa für einen systematischen Sachrechenlehrgang sowie für die geometrischen Themenkreise),
– daß das wichtige Prinzip der „Ganzheitlichkeit" des Lernens kaum mehr realisiert wird. Innerhalb der Fächer stehen die Themen recht unverbunden nebeneinander, nur ganz selten werden fächerübergreifende Vorhaben, Projekte bzw. Themen über die engen Fachgrenzen hinaus im Unterricht realisiert.
– Der Stoffdruck hat außerdem zur Folge, daß das wichtige „Prinzip des exemplarischen Lernens" gegenwärtig kaum mehr für den Grundschulunterricht relevant ist.

Wenn nachfolgend einige Beispiele zu Problemaufgaben und zum sogenannten „Neuen Sachrechnen" vorgestellt werden, dann geschieht das auch unter dem Gesichtspunkt des Förderns im Sachrechnen. Die Problemaufgaben sind alle dem Lehrgang „alef" (BAUERSFELD u. a., 1975 ff) entnommen. – Weitere Anregungen zum „Neuen Sachrechnen" findet man u. a. in FLOER & HAARMANN, 1982; WINTER, 1985; WITTMANN & MÜLLER, 1991, 1992.

Problemaufgaben

– „Ute besitzt 4 Paar Schuhe. 2 Paar Schuhe sind braun. 3 Paar Schuhe sind Stiefel." (alef 2, S. 49)
– „Herr Otte war 5 Tage krank. Am Dienstag kam er wieder zur Arbeit." (alef 2, S. 104)
– „Frau Riess hat für 13 DM eingekauft. Sie bezahlt mit 5 Münzen." (alef 2, S. 112)
– „Franz, Ursula und Jan wollen sich nach dem Kinobesuch voneinander verabschieden. Wie oft werden beim Verabschieden Hände geschüttelt? Wie oft werden Hände geschüttelt, wenn bei 4 (5, 6 ...) Personen jeder jeden begrüßt?" (alef 3, S. 45)
– „Ein Wechselautomat gibt für ein 5-DM-Stück fünf 1-DM-Stücke. Für ein 1-DM-Stück gibt er ein 50-Pf-Stück und fünf Groschen. – Günter braucht möglichst viele Groschen. Er hat ein 5-DM-Stück und drei 1-DM-Stücke." (alef 3, S. 83)
– „Ein Kaninchenzüchter besitzt Ställe für ein und für zwei Kaninchen. Insgesamt sind es 25 Ställe. Er kann darin 40 Tiere unterbringen." (alef 3, S. 111)
– „Als Gerd halb so alt war wie heute, da war er 7 Jahre alt. Seine Schwester Lilly ist 9 Jahre älter als Gerd. Wie alt ist Lilly?" (alef 4, S. 9)

- „Eine 30 m lange Strecke wird in drei Teilstrecken unterteilt. Teilstrecke A ist halb so lang wie Teilstrecke B. Teilstrecke C ist dreimal so lang wie Teilstrecke A. – Wie lang ist jede Teilstrecke?" (alef 4, S. 31)
- „Eine Expedition dauert 14 Monate. Sie beginnt im November 1991." (alef 4, S. 100)
- „ 4 Zalf kann man gegen 16 Zilf tauschen, 3 Zilf gegen 9 Zulf und 6 Zulf gegen 2 Zelf. Wieviel Zelf erhält man für einen Zalf? – Es lassen sich noch zwei weitere Umwechslungen bestimmen." (alef 4, S. 123)

Realistischeres Sachrechnen

Zwei Beispiele aus BOBROWSKI, 1988, Arbeitskarten 14 und 17:

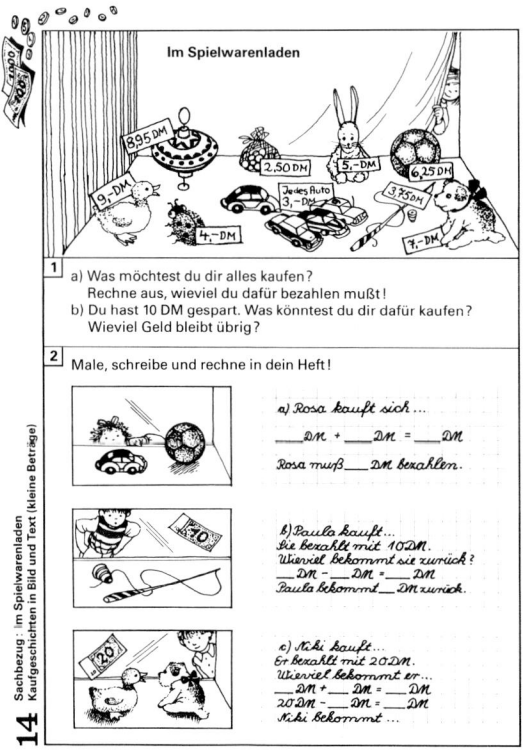
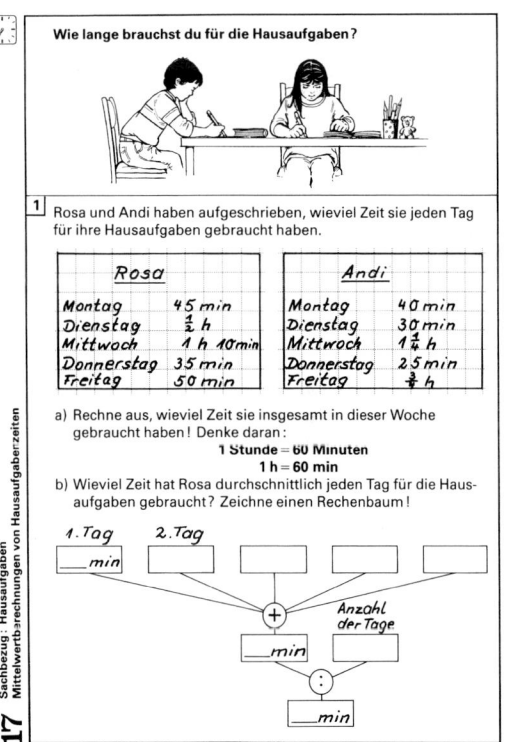

„Frank wird am Dienstag zusammen mit seinem Vater das Mittagessen bereiten. Es soll um 13.30 Uhr fertig sein, wenn die Mutter nach Hause kommt.
Geben soll es: Salat, Fischstäbchen mit Kartoffeln, Schokoladenpudding mit Vanillesoße.

<u>Die Arbeits- bzw. Garzeiten:</u>

Salat: 15 Minuten,
Salatsoße: 5 Minuten,
Kartoffeln: 10 Minuten schälen, 20 Minuten kochen,
Fischstäbchen: 7 Minuten von jeder Seite braten,
Schokoladenpudding: Milch zum Kochen bringen (5 Minuten), Puddingpulver einrühren und aufkochen (3 Minuten), dann den Pudding ca. 2 Stunden kaltstellen,
Vanillesoße: 4 Minuten.

Wie teilen sie sich am besten die Zeit ein, damit alle Speisen pünktlich um 13.30 fertig sind ?"

4.4.7 Erste Erfahrungen sammeln

Neben den Rechengeschichten, die im 1. Schuljahr diskutiert, gelöst und selber von den Schülern entwickelt werden, gibt es eine Reihe sachstrukturierter Übungen, um frühzeitig Erfahrungen in den Größenbereichen zu sammeln und um über Sachsituationen das spätere Sachrechnen vorzubereiten (Beispiele u. a. in WITTMANN & MÜLLER, 1991).

Interessante Möglichkeiten für das 1./2. Schuljahr bieten erste Diagramme, wie sie in den 70er-Jahren vom englischen Nuffield-Projekt erprobt und vorgeschlagen wurden. Gemeinsam werden in der Klasse Daten gesammelt und dazu an der Tafel (besser an einer Hefttafel oder auf Karton, weil die Ergebnisse dann längere Zeit zur Verfügung stehen) einfache Schaubilder bzw. Diagramme entwickelt und diskutiert.

Beispiele:

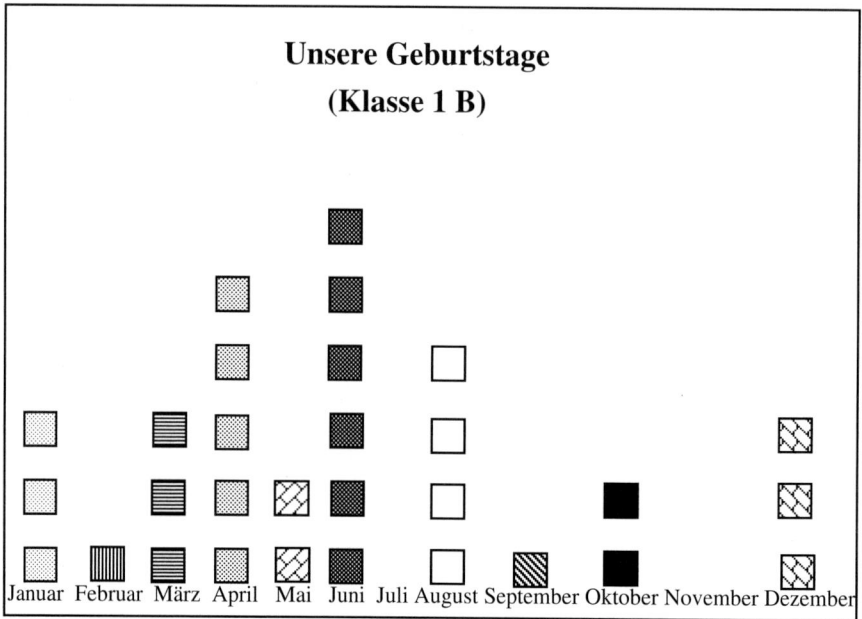

Die Geburtstagstabelle läßt sich auch als „Streifendiagramm" darstellen:

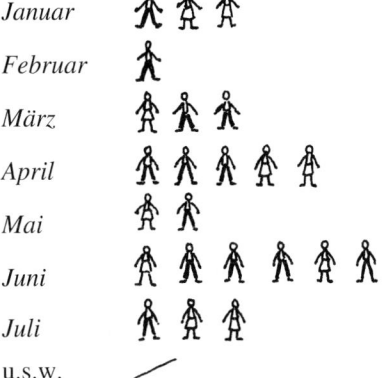

u.s.w.

Weitere Themen:

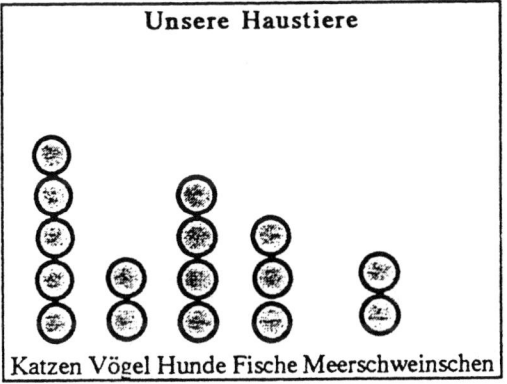

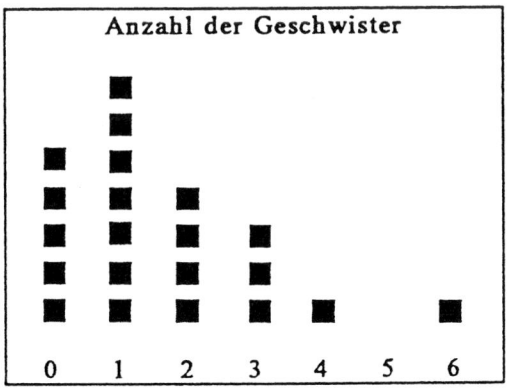

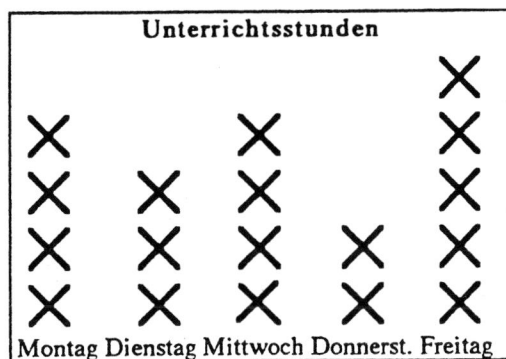

Weitere Beispiele:
„Unsere Lieblingsfarben", „Unsere Lieblingsblumen, „Anzahl der Fernseher", „Unsere Schuhgrößen", „Unsere Lieblingsgetränke" „Wie wir zur Schule kommen", „Wo wir in den Ferien waren" u.v.a.m.

Stand bei den zuvor dargestellten Sachuntersuchungen primär der quantitative Aspekt im Vordergrund (wie viele? mehr / weniger?), kommen bei den folgenden Beispielen qualitative Überlegungen hinzu.

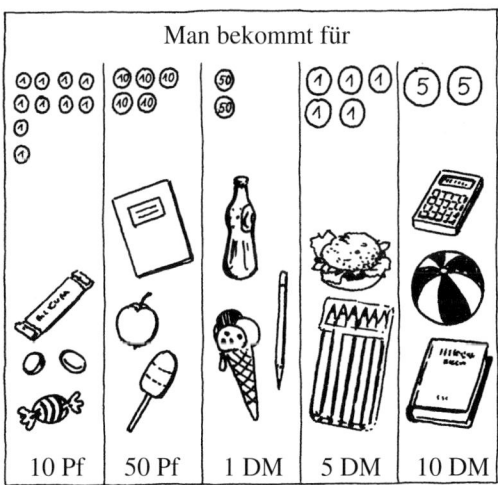

Entsprechend können Fragen untersucht werden wie
– „es sind 1 cm, 5 cm, 10 cm, 100 cm lang",
– „es wiegen ... ",
– „es dauern ..." u. a.

Über ein ganzes Schuljahr hinweg kann mit fachübergreifendem Bezug zum Sachunterricht (u.a. die Rahmenthemen Wetter und Zeit) das Wetter beobachtet werden. Die Schüler einigen sich auf einfache Symbole für die möglichen Wettersituationen, z.B.

☼ für Sonnenschein

/// für Regen

°°° für Schnee

☁ für Wolken und evtl. noch andere.

Dabei muß sich die für die Wettertabelle zuständige Schülergruppe jeden Tag auf ein Symbol einigen.

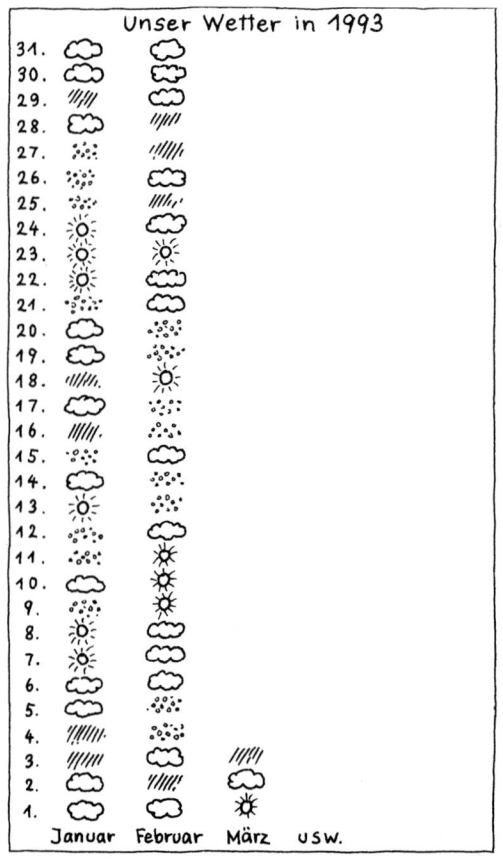

Diese ersten Erfahrungen zur Darstellung von einfachen empirischen Erhebungen bzw. Statistiken lassen sich in den folgenden Schuljahren leicht zu Balken, Streifendiagrammen oder Kurvendarstellungen ausbauen.

4.4.8 Aufgabensammlungen – Kopiervorlagen zum Sachrechnen

– BRACHT & PIETSCHNER: Bildaufgaben für Mathematik; 2. Schuljahr, 3. Schuljahr, 4. Schuljahr (je 32 Bildkarten mit Anleitung). Offenburg (Mildenberger), 1990.
– BOBROWSKI, S.: Klett-Kartei Sachrechnen (zu verschiedenen Größenbereichen). Stuttgart (Klett), 1988.
– SPECTRA-Magnet-Bausteine Sachrechnen. Box I: Rechnen und Sachrechnen, Box II: Sachrechnen (Magnet-Bausteine zu verschiedenen Sachbereichen). Dorsten (Spectra-Lehrmittelverlag), o. J..
– LÜK-Sachrechnen für die Grundschule (Textaufgaben zu verschiedenen Sachgebieten für die Schuljahre 2 – 4). Braunschweig (Vogel) 1984.

© 1980 United Feature Syndicate, Inc.

4.5 Die schriftlichen Rechenverfahren

Über kein anderes Thema des Arithmetikunterrichts wird seit Jahren so intensiv diskutiert, ob es weiterhin Bestandteil der Lehrpläne für die Grundschule oder für die Sonderschule-L sein sollte, wie über die schriftlichen Rechenverfahren. Die meisten Argumente, die gegen das Lehren schriftlicher Rechenverfahren auch noch um das Jahr 2000 vorgebracht werden, hängen mehr oder weniger mit der Entwicklung des Taschenrechners zusammen.

– Die Taschenrechner sind inzwischen derart entwickelt, preiswert, über Solarzellen nahezu allzeit betriebsbereit und klein wie eine Scheckkarte, so daß im Mathematikunterricht auf das Unterrichten bestimmter Fertigkeiten verzichtet werden sollte, wenn diese im Alltags- und im Berufsleben kaum mehr benötigt werden.

– Die unstrittige Relevanz anderer mathematischer Fähigkeiten zum Problemlösen, zur Geometrie, zum Anwenden u.a. spiegelt sich in der Unterrichtspraxis kaum wider, weil die gegenwärtige Stofffülle zu wenig Zeit läßt, sich auf diese Aspekte einzulassen. – Auch wichtige Prinzipien des Lehr-Lernprozesses, wie das entdeckende Lernen, das exemplarische Lernen, das fächerübergreifende Lernen, können seit ca. 30–40 Jahren wegen des Stoffdrucks kaum mehr realisiert werden. Wenn etwas zur Disposition steht, dann u.a. die schriftlichen Rechenverfahren, die in den Schulen der Vor-Technologiezeit sicher ihre Berechtigung hatten.

– Man kann auch hinterfragen, ob in einer Zeit der pluralistischen Gesellschaft die Schule weiterhin per Richtlinien einheitliche Anforderungen an alle Schüler stellen kann/sollte oder ob die inhaltlichen Anforderungen in den einzelnen Fächern nicht stärker differenziert werden müßten. – Warum sollen nicht einige Schüler bereits im 2. Schuljahr schriftlich addieren oder subtrahieren, wenn sie beim Kopfrechnen von Aufgaben wie 72 – 48 oder 34 + 68 große Schwierigkeiten haben? Warum müssen sich alle Schüler mit dem schriftlichen Multiplizieren und Dividieren quälen, zumal wenn sie im 4. Schuljahr noch nicht das kleine Einmaleins ausreichend beherrschen?

– Gerade die curricularen Inhalte der Sonderschule für Lernbehinderte bedürfen einer Überarbeitung. Über viele Schuljahre bemüht man sich in dieser Schulform, den Schülern die schriftlichen Rechenverfahren nahezubringen, durchweg mit sehr bescheidenen Erfolgen.

Als Argumente für ein Beibehalten der schriftlichen Rechenverfahren werden u.a. vorgebracht (vgl. PADBERG, 1986):

+ Die Schüler müssen in der Lage sein, auch mit Hilfe des Taschenrechners durchgeführte Rechnungen kontrollieren zu können, da Irrtümer und Flüchtigkeitsfehler beim Taschenrechner nicht selten sind.

+ Am Beispiel der schriftlichen Rechenverfahren läßt sich die Wirksamkeit algorithmischer Verfahren erfahren.

+ Schriftliche Rechenverfahren tragen auch dazu bei, die Arbeitsweisen von Taschenrechner bzw. von Computern besser zu verstehen.

Vermutlich ist das größte Problem, um Veränderungen zum Themenkreis der schriftlichen Rechenverfahren in der Unterrichtspraxis durchzusetzen, eine jahrhundertealte schulische Tradition zu überwinden, auch wenn diese in der modernen Gesellschaft ihre bisherige Bedeutung längst verloren hat.

Im Hinblick auf Schüler mit Rechenschwächen sollten wir das Thema dieses Kapitels sehr differenziert sehen. Auch die Verfechter der schriftlichen Rechenverfahren im zukünftigen Mathematikunterricht plädieren u.a. für leichtere Verfahren als die gegenwärtigen Normalverfahren, für eine stärkere Betonung der Kontroll- und Überschlagsrechnung sowie für den Verzicht auf die Behandlung der komplizierten Rechenfälle.

Die Leserin findet ergänzende Hinweise zu den Verfahren, zu den methodischen Möglichkeiten und insbesondere zu den Schülerfehlern in den Büchern von GERSTER, 1982; PADBERG, 1986 und RADATZ & SCHIPPER, 1983. Nachfolgend einige Hinweise auf Schwierigkeiten, häufige Schülerfehler und mögliche Fördermaßnahmen bei den einzelnen Rechenverfahren.

– häufige Fehler bei der schriftlichen Addition

Beispiel:	Beschreibung:	einige mögliche Hilfen:

(a)
  2508
+ 437
  6878
	Falsche Stellenzuordnung;	– Wiederholen/Üben der Schreibweise in der Stellenwerttafel;

(b)
  2508
+ 437
  2071
	Verwechseln der Operation;	– jeweils sprachliche Betonung der Operation bei Additions- und Subtraktionsaufgaben; bei gemischten Übungsaufgaben zur Addition/Subtraktion auf Einstellungseffekte achten;

(c)
  2508
+ 437
  2935
	der Übertrag wird nicht berücksichtigt;	*zu den Übertragsfehlern (c) bis (f):*

(d)
  2508
+ 437
  3935
	der Übertrag wird an einer falschen Stelle berücksichtigt;	– Bündelung und zugehörige Schreibweise verdeutlichen;
		Rechnen am Registerbrett / Abakus;
		konsequente Notation der Übertragsziffer;

(e) 2508 + 437 29315	der Übertrag wird im Ergebnis notiert;	– Freilassen einer Zeile zwischen dem unteren Summanden und dem Summenstrich zur Notation der Übertragsziffer. Dabei Notation der Übertragsziffer in die jeweilige Spalte und nicht zwischen den Spalten;

(f)
  2508
+ 437
  2931
	im Ergebnis wird nur der Übertrag notiert;	

(g)
  2508
+ 437
   931
	die Addition wird nicht abgeschlossen;	– Übungen mit kleinen Summanden im überschaubaren Zahlraum (z. B. 14 + 3, 82 + 7);

(h) 2508 + 437 29315	Addition von links nach rechts;	– zusätzliche Bündelungsaufgaben; Hilfspfeil zur Rechenrichtung; Diskrepanzaufgaben im kleinen Zahlraum;

4.5.1 Schriftliche Addition

Die schriftliche Addition ist das unkomplizierteste Verfahren. Die beiden zentralen Voraussetzungen sind
- ein sicheres Beherrschen der Grundaufgaben zur Addition bis 20 und
- ein ausreichendes Verständnis des Stellenwertbegriffs und des Bündelungsprinzips.

Fehler mit der Null ($0+a=0$) sind bei der schriftlichen Addition recht selten, wenn die Null als eine (ganz) natürliche Zahl in den Zahlräumen und bei der mündlichen Addition benutzt worden ist.

Es spricht nichts dagegen, Schülern mit einer ausgeprägten Rechenschwäche bereits im 2. Schuljahr zu gestatten, Additionsaufgaben in schriftlicher Form zu bearbeiten. Es gibt nicht wenige Schüler, die im Zahlraum bis 100 (z.B. bei $34 + 57$) und erst recht in der ersten Hälfte des 3. Schuljahres (z.B. bei $784 + 58$) überfordert sind, auch bei dem angeblich vorteilhaften Rechnen in halbschriftlicher Form.

4.5.2 Schriftliche Subtraktion

Im Laufe der Geschichte des Rechenunterrichts sind sehr unterschiedliche Verfahren der schriftlichen Subtraktion entwickelt worden. Gegenwärtig werden z.B. in den Nachbarländern sehr verschiedene Verfahren gelehrt, es gibt nicht das beste. Die wichtigsten Verfahren unterscheiden sich nach der Art,

- wie die Differenz (der Unterschied) bestimmt wird: durch *Abziehen* oder durch *Ergänzen;*
- wie der Übertrag (Zehnerübergang) behandelt wird: durch *Entbündeln,* durch *gleichsinniges Verändern* von Minuend und Subtrahend oder durch *Auffüllen* des Subtrahenden zum Minuenden.

Die nachfolgende Tabelle bietet eine Übersicht über die möglichen Verfahren (aus GERSTER, 1982, S. 40 ff und RADATZ & SCHIPPER, 1983, S. 111 f).

Behandlung des Zehnerübergangs	Berechnung der Differenz / Rechenrichtung	
	Abziehen (Minus-Sprechweise)	Ergänzen (Plus-Sprechweise)

Entbündeln (Borgen)	8^1 6^1 2
	− 3 8 7
	  4 7 5
		„2 − 7 geht nicht. Ich borge 1 Zehner. Dann sind es 12 Einer. 12 − 7 = 5. Es sind noch 5 Zehner. ..."	8^1 6^1 2
			− 3 8 7
			  4 7 5 „7 + _ = 2 geht nicht. Ich borge einen Zehner. Dann sind es 12 Einer. 7 + 5 =12. Es sind noch 5 Zehner.

Gleiches Addieren (Erweitern)	+10 +10
	  8 6 2
	− 3 8 7
	  1 1
	  4 7 5 „2 − 7 geht nicht. Ich erweitere oben mit 10 Einern und unten mit einem Zehner. 12 − 7 = 5. ..."
		+10 +10
		  8 6 2
		− 3 8 7
		  1 1
		  4 7 5 „7 + _ = 2 geht nicht. Ich erweitere oben mit 10 Einern und unten mit einem Zehner. 7 + 5 = 12. ..."

Ergänzen ohne Erweitern (Auffüllen)		8 6 2
		− 3 8 7
		  1 1
		  4 7 5 „7 + 5 = 12. Die 2 Einer erhalte ich auch bei 12. Dann muß ich einen Zehner in der nächsten Spalte addieren. ..."

Ein Beschluß der Kultusministerkonferenz (KMK) aus dem Jahr 1976 schreibt das Ergänzen mit einer bestimmten Sprechweise für alle Bundesländer vor, so daß von den fünf Verfahren nur das Ergänzen über die Erweiterungstechnik oder das Ergänzen über die Auffülltechnik zulässig sind. Dieser Beschluß stützt sich im wesentlichen auf eine kleine empirische Untersuchung aus dem Jahre 1938, deren Ergebnis (eine geringere Fehlerhäufigkeit beim Ergänzen) durch eine Reihe jüngerer Untersuchungen durchaus in Frage gestellt worden ist.

Eine Schwierigkeit des Ergänzens ist u. a. darin zu sehen, daß die Subtraktion im Unterricht der ersten beiden Schuljahre und auch in der außerschulischen Erfahrungswelt der Schüler überwiegend im Sinne eines Abziehens, Wegnehmens, ... aufgefaßt wird. Das ist auch noch der Fall bei der Unterrichtseinheit, die dem schriftlichen Subtrahieren unmittelbar vorausgeht, der halbschriftlichen Subtraktion im Zahlraum bis 1000. Dieser semantische Hintergrund ist wohl mitverantwortlich für die zahlreichen Probleme beim Erweitern und beim Verständnis des Übertrags.

Die beiden zulässigen Techniken weisen Vor- und Nachteile auf (vgl. GERSTER, 1982 und PADBERG, 1986):

Erweiterungstechnik:

Vorteile:
- Subtraktionsaufgaben mit mehreren Subtrahenden lassen sich schrittweise lösen,
- die Technik läßt sich durch Material veranschaulichen;

Nachteile:
- die gegebenen Zahlen und somit die Aufgabe werden verändert,
- die Sachgebundenheit von Zahlen muß ignoriert werden,
- der Hilfszehner wird von den Schülern als eine Art „Trick" verstanden,
- die Notation in der Anfangsphase ist überaus umständlich,
- aus der Endform der Notation ist das Erweitern nicht mehr ersichtlich,
- Einsicht in das Gesetz von der Konstanz der Differenz ist erforderlich.

Auffülltechnik

Vorteile:
- Subtraktionsaufgaben mit mehreren Subtrahenden lassen sich schrittweise lösen,
- die gegebenen Zahlen werden nicht verändert,
- die Technik läßt sich über Sachsituationen (z.B. Wechseln von Geldbeträgen) erarbeiten bzw. über Materialien begründen (ohne Trick),
- die Auffülltechnik erfordert konsequentes Ergänzen,
- die Anzahl der Merkprozesse ist gering,
- das Gesetz von der Konstanz der Differenz ist nicht erforderlich,
- die Schreibweise bleibt unverändert;

Nachteile:
- wesentliche Nachteile sind nicht bekannt.

Diese Übersicht macht deutlich, daß die Auffülltechnik eine Reihe von Vorteilen gegenüber der Erweiterungstechnik hat. In den allermeisten Schulbüchern wird jedoch seit ca. 20 Jahren das letztere Verfahren angeboten, obwohl dort nach GERSTER (1982; S. 99 ff) typische Fehlermuster leichter auftreten können als bei der Auffülltechnik. Die Lehrerin sollte sich frei fühlen, wegen der grundsätzlichen Mängel der Erweiterungstechnik die Erarbeitung des Verfahrens der schriftlichen Subtraktion über die Auffülltechnik zu organisieren, auch wenn das eingeführte Schulbuch in seinen Lehrtexten ein anderes Modell vorschlägt.

Bei der Erarbeitung des Verfahrens lassen sich vier methodische Stufen voneinander unterscheiden:

1. Repräsentation/Verstehen der Subtraktion im Sinne des Ergänzens durch vielfältige Übungen in Sachsituationen (Längen, Geldwerte u. a.), aber auch an reinen Zahlaufgaben.

2. Auffüllen ohne Überträge

Sachmodell „Geld":

	100 DM	10 DM	1 DM
Elke braucht	2	7	8
Elke hat	2	3	3
Mutter gibt dazu		4	5

Entsprechend kann die Aufgabe über das Sachmodell „Kilometerzähler" bearbeitet werden: Ziel: 278 km, Start: 233 km, noch zu fahren (dazu): 45 km.

3. Auffüllen zum vollen Zehner/Hunderter

Sachmodell „Geld":

	100 DM	10 DM	1 DM
Elke braucht	2	7	0
Elke hat	2	3_1	3
Mutter gibt dazu		3	7

Beim Auffüllen der 1-DM-Stücke müssen 7 DM hinzugefügt (ergänzt) werden. Dann entstehen 10 DM, d. h. die geforderte 0 in der 1-DM-Spalte und ein Übertrag in die 10-DM-Spalte.

4. Auffüllen mit Zehnerüberschreitungen

Sachmodell „Geld":

	100 DM	10 DM	1 DM
Elke braucht	3	5	0
Elke hat	2_1	6_1	3
Mutter gibt dazu	0	8	7

Sprechweise:
  3 plus 7 gleich 10
  7 plus 8 gleich 15
  3 plus 0 gleich 3

– *häufige Fehler bei der schriftlichen Substraktion*

Beispiel:	Beschreibung:	einige mögliche Hilfen:
(a) 564 − 326 242	die Differenz/der Unterschied wird zwischen den Ziffern einer Spalte bestimmt;	– erneutes Erarbeiten des Verfahrens über anschauliche Modelle (Geld, Kilometerzähler u. a.);
(b) 564 − 326 248	der Übertrag wird nicht berücksichtigt;	*zu den Übertragsfehlern (b) bis (e):* – Arbeiten am Registerbrett / Abakus,
(c) 564 − 326 148	der Übertrag wird falsch zugeordnet;	– Kontrastbeispiele im überschaubaren Zahlraum bis 20/100 (Fehler den Schülern bewußtmachen),
(d) 564 − 326 138	durchgängig wird über den Stellenwert hinaus ergänzt / ein Übertrag berücksichtigt;	– Teilfertigkeiten üben (z.B. nur die Überträge eintragen),
(e) 564 − 82 582	der Übertrag wird nicht in die leere Stelle übernommen;	

Beispiel:	Beschreibung:	einige mögliche Hilfen:
(f) 564 − 326 / 178	Rechenrichtungsfehler (E: 6 zu 14, Z: 6 zu 13, H: 4 zu 5);	– Hilfspfeil für die Rechenrichtung einzeichnen, zur Lösung sprechen lassen;
(g) 564 − 326 / 990	Addition statt Subtraktion;	– Überschlagsrechnung / Probe machen, – Kontrastaufgaben im kleinen Zahlraum, – Bedeutung des Ergänzens wiederholen;
(h) 564 − 326 / 237	Verrechnen beim Ergänzen;	– Übungen zum kleinen Einspluseins im Zwanzigerraum;
(i) 564 − 86 / 78	die Subtraktion wird nicht abgeschlossen;	– Arbeit am Registerbrett bzw. mit dem Geldmodell, – Kontrastaufgaben in kleinerem Zahlraum;
(j) 564 − 326 / 336	Ziffern wirken nach (Perseverationsfehler);	– „laut denken" lassen und den Schüler auf den Fehler / die Schwierigkeit hinweisen;
(k) 564 − 324 / 230	bei gleichen Ziffern in einer Spalte wird um 10 ergänzt;	– Darstellung am Registerbrett / mit Rechengeld und dann Übertragen in die Ziffernschreibweise;
(l) 504 − 326 / 238	zur 0 im Minuenden wird nicht ergänzt;	*zu den Nullfehlern (l) bis (o):*
(m) 504 − 326 / 208	Ergänzen zur 0 gibt 0;	– Klärung des Begriffs der 0, – Additions-, Subtraktions- und Ergänzungsaufgaben mit der 0 im kleinen Zahlraum,
(n) 564 − 306 / 208	steht eine 0 im Subtrahenden, dann wird im Ergebnis eine 0 notiert, auch bei einem Übertrag;	– Kontrastaufgaben im kleinen Zahlraum (z.B. 30 – 16 oder 27 – 10), – Wiederholungen und Klärungen über das Geld- bzw. das Kilometerzählermodell,
(o) 500 − 326 / 284	bei mehreren Nullen im Minuenden werden keine Überträge bestimmt.	– Darstellung am Registerbrett und dann Übertragen in die Ziffernschreibweise.

4.5.2 Schriftliche Multiplikation

Zentrale Voraussetzung für das Erarbeiten und Anwendenkönnen des Verfahrens der schriftlichen Multiplikation ist ein sicheres und schnelles Beherrschen des kleinen Einmaleins. Untersuchungen zeigen, daß beide Fertigkeiten auch von vielen Schülern des 3./4. Schuljahres nicht ausreichend beherrscht werden. Multiplikationen mit 7, 8, 6, 4 und 9 werden besonders oft falsch bestimmt. Hinzu kommt, daß der Zeitaufwand mit ca. 15–20 Sekunden je Aufgabe sehr groß ist, wenn Schüler die Multiplikationssätze nicht auswendig beherrschen und diese durch Aufsagen der Einmaleinsreihen noch zeitaufwendig und fehleranfällig bestimmen müssen.

Mathematische Voraussetzungen für das Verständnis des Verfahrens sind zum einen Erfahrungen und Einsichten in das Distributivgesetz ($3 \cdot 67 = 3 \cdot 60 + 3 \cdot 7$), zum anderen die Kenntnis der Multiplikationen mit vollen Zehnern, Hundertern usw.

Folgende Schwierigkeiten sind im Verfahren selber begründet (vgl. GERSTER, 1982, S. 110 ff):

– Schwierigkeiten der (visuellen) Orientierung auf die bei einer Teilrechnung betroffenen Ziffern und Stellen,
– Schwierigkeiten bei der Anordnung der Teilprodukte,
– Schwierigkeiten bei der Addition eines Übertrags (Gedächtnis- und Kombinationsprobleme),
– Schwierigkeiten bei der Multiplikation mit Nullen,
– u. a.

Diese Aufzählung der Voraussetzungen und der Schwierigkeitskomponenten macht verständlich, warum für einige Schüler das Verfahren der schriftlichen Multiplikation eine kaum überwindbare Hürde darstellt.

Auf eine ausführliche Darstellung der methodischen Stufenfolge kann an dieser Stelle verzichtet werden, auf sie gehen die schon zitierten Bücher von GERSTER, PADBERG bzw. RADATZ & SCHIPPER ausführlich ein. Wie beim Erarbeiten des Verfahrens der schriftlichen Subtraktion bereits angesprochen, ist auch bei der Multiplikation der Weg vom halbschriftlichen zum schriftlichen Verfahren nicht unproblematisch. Während die Schüler beim mündlichen und halbschriftlichen Multiplizieren den ersten Faktor als Multiplikator auffassen ($3 \cdot 4 = 4 + 4 + 4$), soll bei der schriftlichen Multiplikation der zweite Faktor der Multiplikator sein ($3 \cdot 4 = 3 + 3 + 3 + 3$). Einige Lehrgänge verzichten daher auf eine ausdrückliche Verbindung von halbschriftlichem und schriftlichem Verfahren.

Wichtige Kontrollverfahren für die Schüler sind *das Schätzen, die Überschlagsrechnung* und *die Kontrollrechnung / Probe* zu den einzelnen Aufgaben. Im Unterricht und noch öfter bei Hausaufgaben versuchen die Schüler, diese zusätzlichen Rechnungen möglichst zu vermeiden. GERSTER, 1982, schlägt u. a. die folgenden Maßnahmen zur Realisierung der Überschlagsrechnung vor:

– Vorgeben der Schreibform für die Überschlagsrechnung, z. B. zur Multiplikation:

Aufgabe: $\underline{387 \cdot 87}$ Überschlag: $\underline{400 \cdot 90}$
          3096   36000
         $\underline{2709}$ oder:
         33669 $400 \cdot 60 = 36\,000$

– die Überschlagsrechnung bei der Zensierung mitberücksichtigen;
– Aufgaben so stellen, daß die Überschlagsrechnung echte Vorteile bietet;
– die Kinder zum kräftigen Runden anhalten;
– für Kinder muß der Zweck der Überschlagsrechnung / der Rechenkontrolle klar und einleuchtend sein;
– zu Aufgaben nur die Überschlagsrechnung durchführen;

Überschlägiges Rechnen ist eine überaus hilfreiche und wichtige Tätigkeit, die gerade im Taschenrechner- und Computerzeitalter an Bedeutung gewonnen hat.

– *häufige Fehler bei der schriftlichen Multiplikation*

Beispiel:	Beschreibung:	einige mögliche Hilfen:
(a) $\underline{293 \cdot 5}$ 1420	Multiplikation von links;	– Hilfspfeil für die Rechenrichtung, – ggf. erneutes Erarbeiten des Verfahrens;
(b) $\underline{293 \cdot 50}$ 1465	die 0 im Einer des Operators nicht berücksichtigt;	*zu den Nullfehlern (b) bis (e):*
(c) $\underline{293 \cdot 50}$ 1465 $\underline{293}$ 14943	Fehler bei der Multiplikation mit der 0 (0 · a = a);	– Kontrastbeispiele im kleineren Zahlraum, damit die Schüler sich der Fehler bewußt werden, – der Unterschied zum Addieren der Null muß herausgearbeitet werden: 0 + 3 = 3 + 0 = 3, aber 0 · 3 = 3 · 0 = 0,
(d) $\underline{290 \cdot 5}$ 1455	entsprechend (c) bei einer 0 im ersten Faktor (a · 0 = a);	– beim Einmaleins die Null wie jede andere Zahl in die Übungen einbauen,
(e) $\underline{53 \cdot 203}$ 106 $\underline{159}$ 1219	Vernachlässigen der 0 im zweiten (entsprechend auch im ersten) Faktor;	– die Nullen bei den Zwischenprodukten notieren, – Vorsicht bei der Regel „die Nullen werden nur angehängt";
(f) $\underline{293 \cdot 52}$ 1465 $\underline{586}$ 2051	falsche Stellenzuordnung bei den Zwischenschritten;	– Darstellen im Registerbrett bzw. in der Stellentafel, – Endnullen in den Zwischenprodukten notieren;
(g) $\underline{293 \cdot 52}$ 1465 $\underline{156}$ 14806	Multiplikation „über Kreuz" (293 · 5 und dann 3 · 52);	– erneutes Erarbeiten des Verfahrens, – Rückgang zum halbschriftlichen Verfahren, – Hilfspfeil für Rechenrichtung einfügen;
(h) $\underline{293 \cdot 5}$ 3505	die Behalteziffer wird dem ersten Faktor zugeschlagen (5 · 3 = 15, 5 · 10 = 50 ...);	*zu den Fehlern mit der Behalteziffer (h) bis (j):* – die Behalteziffern in den Teilprodukten oder links daneben notieren,
(i) $\underline{293 \cdot 5}$ 1055	die Behalteziffer wird nicht berücksichtigt;	– die Behalteziffern mit den Fingern „festhalten", – den Fehler an Kontrastaufgaben im kleinen Zahlraum bewußt machen,
(j) $\underline{293 \cdot 5}$ 6055	übertragen wird die Zahl und nicht die Ziffer (5 · 3 = 15, 5 · 9 = 45; 45 + 10 = 55 ...);	– ggf. das Verfahren neu erarbeiten;
(k) $\underline{293 \cdot 5}$ 1415	Fehler beim Einmaleins (5 · 9 = 40);	– Üben des kleinen Einmaleins.

4.5.4 Schriftliche Division

Das Verfahren der schriftlichen Division stellt wegen der vielfältigen Voraussetzungen und der besonderen Komplexität die größten Anforderungen an die Schüler. Man muß ernsthaft fragen, ob sich die Mühen und der Zeitaufwand im Mathematikunterricht der Grundschule oder der Sonderschule lohnen, den Divisionsalgorithmus einigen Schülern nahezubringen. Im alltäglichen Leben oder in der Berufspraxis werden komplexere Divisionsaufgaben durchweg mit Hilfe eines Taschenrechners gelöst. – Wann haben Sie zuletzt „handschriftlich" dividiert? Bestimmen Sie die Lösungen einer entsprechenden Klassenarbeit im 4./5. Schuljahr schriftlich, mit Hilfe eines Taschenrechners oder über das Lösungsheft des Schulbuches?

Schüler mit Lernschwierigkeiten in Mathematik sind oft in einer besonders prekären Lage: Besuchen Sie nach der Grundschule eine Hauptschule, dann müssen sie dieses Verfahren beherrschen, weil es von den meisten Handwerkskammern in den Aufnahmeprüfungen immer noch erwartet wird. Besuchen sie dagegen in der Sekundarstufe ein Gymnasium, dann dürfen sie diese Rechnungen mit Hilfe eines Taschenrechners ausführen.

Das Verfahren der schriftlichen Division setzt voraus:
– sicheres Beherrschen des kleinen Einmaleins, bei der Division durch mehrstellige Zahlen auch des großen Einmaleins,
– überschlägiges Dividierenkönnen im Zahlraum bis 100/1000,
– klare Einsichten in die Division mit Rest,
– vertieftes Vorwissen zum dezimalen Stellenwertsystem,
– fehlerfreies Subtrahierenkönnen in schriftlicher Form,
– Verständnis für die Bedeutung einer Null im Dividenden oder im Quotienten,
– sukzessives Zerlegenkönnen in und Orientierenkönnen mit Teiloperationen u. a.

Die Komplexität des Verfahrens der schriftlichen Division wird aus dem nachfolgenden Flußdiagramm deutlich (nach PADBERG, 1986; S. 188):

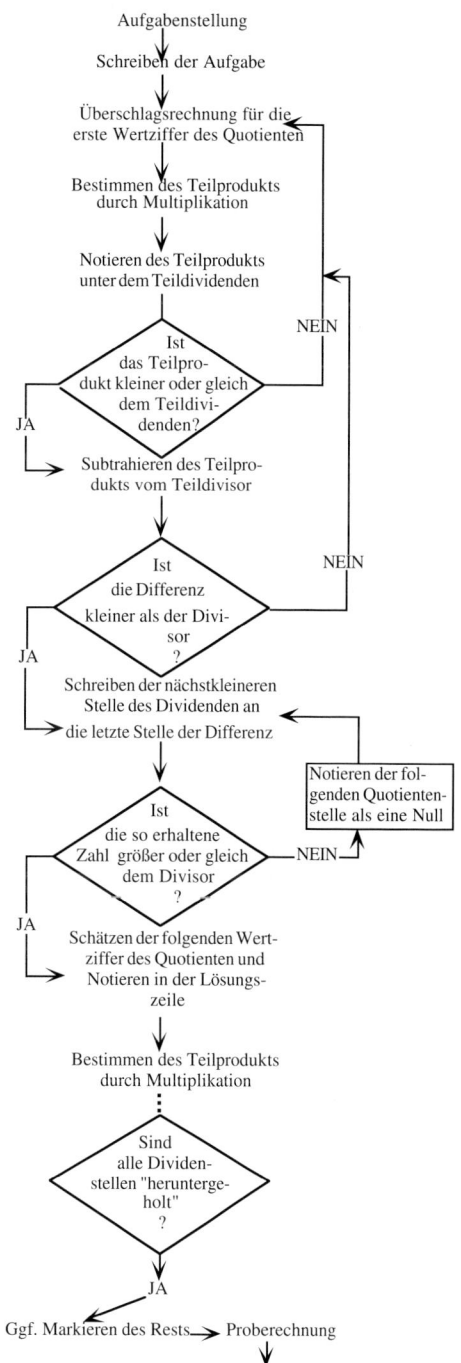

Beim Erarbeiten des Verfahrens lassen sich die folgenden Stufen unterscheiden (vgl. Radatz & Schipper, 1983):

– Ausgehend von einer Sachaufgabe wird konkret ein Geldbetrag verteilt und dieser Prozeß halbschriftlich notiert:

„Die drei Freunde Herbert, Paul und Markus spielen zusammen Lotto. In dieser Woche haben sie 825 DM gewonnen. Sie teilen den Gewinn gerecht." Festhalten des Verteilvorganges mit Rechengeld in halbschriftlicher Form:

825 DM : 3
600 DM : 3 = 200 DM
210 DM : 3 = 70 DM
 15 DM : 3 =   5 DM
825 DM : 3 = 275 DM

– Rechnen in halbschriftlicher Form:

825 : 3 =
600 : 3 = 200
225
210 : 3 = 70
 15
 15 : 3 =   5
  0

825 : 3 = 275

– Rechnen nur noch mit den Stellenwerten in einer Stellentafel:

H	Z	E		H	Z	E
8	2	5	: 3 =			
6 2 2	2 1 1 1	5 5 0	: 3 = : 3 = : 3 =	2	7	5
8	2	5	: 3 =	2	7	5

– Die obige Schreibweise in der Stellentafel kann verkürzt werden:

H	Z	E		H	Z	E
8	2	5	: 3 =	2	7	5
6 2 2	2 1 1 1	5 5 0				

– Schließlich geht es auch ohne Stellentafel:

827 : 3 = 275 Rest 2
<u>6</u>
22
<u>21</u>
17
<u>15</u>
 2

Ein häufiger Fehler bei der schriftlichen Division ist die falsche Stellenzahl des Quotienten, weil die Schüler eine Teildivision nicht notieren, im Quotienten eine Null weglassen, mehrmals eine Teildivision durchführen, fehlerhaft Ziffern herunterholen u. a. Bei entsprechenden Unsicherheiten ist es hilfreich, die Stellenzahl des Quotienten im voraus zu bestimmen:

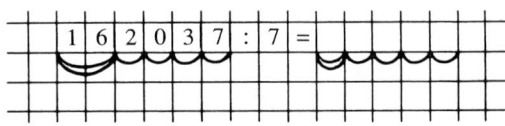

Zunächst wird der erste Teildividend bestimmt und mit einem Doppelbogen markiert, ein entsprechender Doppelbogen wird unter das erste (Leer-)Kästchen des Quotienten gezeichnet. Jedes Herunterholen einer weiteren Ziffer des Dividenden (einfacher Bogen) liefert eine weitere Ziffer des Quotienten. Wenn die Schüler zusätzlich die erste Quotientenziffer errechnen, ist mit dieser Technik auch schnell eine Überschlagsrechnung möglich (vgl. GERSTER, 1982, S. 195).

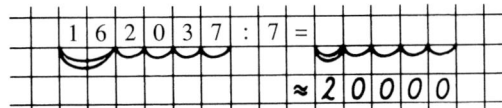

– *häufige Fehler bei der schriftlichen Division*

Beispiel:	Beschreibung:	einige mögliche Hilfen:

(a) 1731 : 3 = 5770 ←
    15
    23
    21
    21
    21
     0
	bei Division ohne Rest wird eine 0 an das Ergebnis gehängt;	– Fehlermuster bewußtmachen an Kontrastbeispielen in kleinerem Zahlraum,
		– in einer Stellentafel rechnen,
		– die Anzahl der Quotientenstellen vorab bestimmen;

(b) 1731 : 3 = 57
    15
    23
    21
     2 ←
	die Division wird nicht abgeschlossen; die letzte Ziffer des Dividenden wird nicht „heruntergeholt";	– Fehlermuster bewußtmachen an Kontrastbeispielen in kleinerem Zahlraum,
		– in einer Stellentafel rechnen,
		– die Anzahl der Quotientenstellen vorab bestimmen;

(c) 1731 : 3 = 4177
    12
     5 ←
     3
    23
    21
    21
    21
     0
	nicht hinreichendes Dividieren in den Zwischenschritten (zu kleines Teilprodukt);	(ist prinzipiell nicht falsch, führt aber häufig zu Fehlern über die Schreibweise)
		– über das halbschriftliche Verfahren die Aufgabe bearbeiten,
		– in einer Stellentafel rechnen,
		– die Anzahl der Quotientenstellen vorab bestimmen;

(d) 1731 : 3 = 543 Rest 1
    15
    13 ←
    12
    11
    10 ←
     1
	Verrechnen bei der schriftlichen Subtraktion und beim Bestimmen eines Teilprodukts;	– Wiederholungen und Festigungen zum Verfahren der schriftlichen Subtraktion, Übungen zum Ergänzen sowie zum kleinen Einmaleins;

Beispiel:	Beschreibung:	einige mögliche Hilfen:

(e) 1731 : 3 = 5070 R. 2
    15
      2 ←
      0
    231 ←
    21
      2 ←
      0
      2
	fehlerhafte Stellenzuordnung bei den Teilprodukten	– in einer Stellentafel rechnen,
		– die Anzahl der Quotientenstellen vorab bestimmen,
		– über das halbschriftliche Verfahren die Aufgabe bearbeiten,

(f) 17310 : 3 = 577
    15
    23
    21
      21
      21
        0
	die 0 in der Einerstelle des Dividenden wird vernachlässigt;	*zu den Nullfehlern (f) bis (h):*
		– die Bedeutung der 0 in einer Stelle über Sachaufgaben oder über halbschriftliche Verfahren erarbeiten,

(g) 17031 : 3 = 577
    15
    23
    21
      21
      21
        0
	eine 0 im Dividenden wird nicht berücksichtigt;	– Fehlermuster bewußtmachen an Kontrastbeispielen in kleinerem Zahlraum,
		– die Anzahl der Quotientenstellen vorab bestimmen;
		– Berechnen von Aufgaben wie 7000 : 3, 23 030 : 6, 70 004 : 5 ...;

(h) 1521 : 3 = 57
    15
    21
    21
      0
	die Quotientenziffer 0 wird nicht notiert;	

Die anfangs beschriebenen Schwierigkeiten bei der schriftlichen Division nehmen bei mehrstelligen Dividenden noch erheblich zu, die Anzahl der möglichen Fehlermuster vergrößert sich. Abgesehen von den für das Verfahren vorauszusetzenden Fähigkeiten des großen Einmaleins und der schriftlichen Subtraktion ist die Sicherheit der Schüler in den folgenden Bereichen notwendig:

– die Bedeutung der 0 in einer Stelle des Dividenden, des Divisors und des Quotienten,
– das genaue Einhalten der Verfahrensschritte, insbesondere des „Herunterholens",
– Verständnis der Division mit Rest und der entsprechenden Schreibweise,
– Überschlagenkönnen der Quotientenziffer auch bei der Division durch zwei- oder dreistellige Zahlen,
– regelmäßiges Bestimmen eines Überschlags und Durchführen von Proberechnungen.

Es gibt einige Vorschläge, die Komplexität der schriftlichen Division zu reduzieren, etwa durch das Subtraktionsverfahren oder das Verdoppelungsverfahren (vgl. PADBERG, 1986, S. 209). Sie sind jedoch nicht vereinbar mit den in den Rahmenrichtlinien vorgeschriebenen Normalverfahren. Wenn man im Hinblick auf Schüler mit besonderen Lernschwierigkeiten bestimmte curriculare Ausnahmeregelungen erwägt, dann empfiehlt sich allerdings der Verzicht auf die schriftliche Division und das Bearbeiten entsprechender Aufgaben mit Hilfe des Taschenrechners. Die so gewonnene Unterrichtszeit kann dann für die betreffenden Schüler sinnvoll für Fördermaßnahmen in anderen Inhaltsbereichen genutzt werden.

In einigen Ländern der Europäischen Gemeinschaft ist die Diskussion dahingehend schon sehr weit fortgeschritten, das schriftliche Dividieren nicht mehr verpflichtend als Unterrichtsthema für alle Schüler vorzuschreiben.

5. Inhaltsübergreifende Fördermöglichkeiten

Im folgenden sollen Beispiele für Fördermaßnahmen beschrieben werden, die inhaltsunspezifisch sind, aber jene allgemeinen kognitiven Fähigkeiten verbessern helfen, die für das Lernen mathematischer Inhalte notwendig sind. Daß im folgenden eine Einteilung in schulische und außerschulische Maßnahmen vorgenommen wird, rechtfertigt sich lediglich durch die unterschiedliche Gewichtung. Das, was in der Schule durchführbar ist, kann durchaus auch zu Hause von der bemühten Mutter nachvollzogen werden und umgekehrt. Es kommt nicht von ungefähr, daß eine Reihe sogenannter Förderspiele sowohl auf Schulen als auch auf besorgte Eltern als Käufer-Zielgruppe schielt. Für welche Spiele oder Fördermaßnahmen man sich auch entscheidet, es handelt sich um Lernhilfen für das Leistungs- und Problemlöseverhalten des Schülers (vgl. NLI, 1983; GUDER, 1988).

Es dürfte auch für bislang ungeübte und in das spezifische Gebiet der Rechenschwäche nicht eingelesene Lehrerinnen keineswegs unüberwindbare Hindernisse bedeuten, geeignete Materialien auszuwählen, da die diagnostischen Verfahren sich i.a. gleichzeitig auch als Fördermittel verwenden lassen. Mit etwas kreativem Aufwand lassen sich aus dem Umfeld der Aufgabenklassen, die dem Schüler Schwierigkeiten bereiten, neue Aktivitäten mit steigendem Schwierigkeitsgrad aufbauen.

Im übrigen handelt es sich nicht um neue, ungewohnte Verfahren, sie gehören vielmehr seit langem zum Arsenal verfügbarer heil- und sozialpädagogischer Methoden, wie sie in Kindergärten und Rehabilitationsstätten zum Einsatz kommen.

Die folgenden Beispiele zeigen, daß die Übungsprogramme und methodischen Prinzipien in dem Sinne unspezifisch sind, als sie auf allgemeine, grundlegende kognitive Fähigkeiten abzielen. Dadurch wirken sie leistungsfördernd für sämtliche Schulfächer, die diese Fähigkeiten fordern. Nun fallen rechenschwache Schüler aber insbesondere durch Leistungsminderung im arithmetischen Anfangsunterricht auf, so daß gleichzeitig die mathematischen Defizite behoben werden müssen. Die curricularen und heilpädagogischen Maßnahmen laufen aus diesem Grunde parallel.

Der Zusammenhang zwischen beiden läßt sich dadurch steigern, daß für die Förderprogramme die Übungsaufgaben so abgewandelt werden, daß sie arithmetischen Inhalten nahe sind. Zu oft ergibt sich als Ergebnis eines jahrelangen Trainings zum Beispiel mit dem Frostig-Programm, daß die Schüler zwar sämtliche Aufgaben des zugehörigen Tests zufriedenstellend meistern, nicht aber die nächste Mathematikarbeit. Aus diesem Grunde werden im folgenden die eigentlich inhaltsübergreifend gemeinten Verfahren mathematiknah abgeändert.

© 1981 United Feature Syndicate, Inc.

5.1 Förderung der visuellen Fähigkeiten

5.1.1 Schulische Fördermaßnahmen – Prinzipien des methodischen Vorgehens

Der arithmetische Anfangsunterricht geht, unabhängig vom verwendeten Schulbuch, davon aus, daß sich aus den Handlungen eine Begriffsentwicklung bzgl. Zahlen und Operationen ergibt. Aber der schlichte Umgang mit dem konkreten Material reicht dafür nicht hin. Der Schlüssel liegt darin, die Grundmuster der Handlung in einem Prozeß vom Konkreten zum Allgemeinen beizubehalten, wofür Vorstellungsbilder günstig und in der Altersstufe der Grundschüler unverzichtbar sind.

Diese Vorstellung über den mathematischen Eingangsunterricht lehnt sich an die Theorie PIAGETS an. Leider hat PIAGET selbst wenig zur didaktischen Umsetzung seiner Ideen ausgeführt. Dennoch lassen sich folgende Gesichtspunkte hervorheben:

– Der zu lernende Inhalt wird als Reihe wohldefinierter *Handlungen* aufgefaßt und in Handlungsteile zerlegt, die vom Schüler ausgeführt und bewältigt werden sollen.
– Die kindliche Wahrnehmung, Vorstellungsfähigkeit und das Denken entwickeln sich nicht automatisch, sondern durch Anleitung. Der Erwachsene stattet das Kind zwar mit *Veranschaulichungsmaterial* aus, der Schüler führt allerdings die Handlungen im Kontakt mit dem Lehrer und im Dialog mit ihm selbst aus.
– Die Handlungen bilden eine *hierarchische Ordnung*, und in dieser müssen sie bewältigt werden. Um bestimmte Handlungen ausführen zu können, dürfen keine vorangehenden, grundlegenden und elementaren Handlungen übersprungen werden.
– Die Analyse bezieht sich auf die *psychologischen Lernstufen*, die das Kind zu vollziehen hat. Die curriculare Aufgabenanalyse (siehe 2.4) hat hier zwar ihren Platz, aber wesentlich ist die psychologische Struktur der Handlungen. Im Sinne der Aufgabenanalyse kann beispielsweise die Addition mit einstelligen Zahlen leichter durchführbar erscheinen als mit vierstelligen, in psychologischem Sinne können hingegen beide Handlungen sehr ähnlich sein.

Nun scheitern rechenschwache Kinder selten an den Handlungen, die sie mit dem Material durchführen sollen, sondern versagen dann, wenn ihnen diese Hilfen entzogen werden. Ihnen gelingt es nicht, diese Handlungen *stellvertretend in der Anschauung* zu vollziehen und dann in eine symbolische, ziffernmäßige Lösung zu übertragen.

Wie verläuft der Verinnerlichungsprozeß von der Handlung mit konkretem Material zur vorgestellten Operation mit Anschauungsobjekten? Was sind mögliche und notwendige Zwischenstufen, die durchlaufen werden müssen? Und wie können diese didaktisch und methodisch angeleitet und die visuelle Anschauungsfähigkeit für arithmetische Inhalte gefördert werden?

Man kann zwei Handlungen unterscheiden, die zwischen die Manipulation mit dem konkreten Material und die geistigen Handlungen (im Sinne PIAGETS) geschaltet werden:

die *Wahrnehmungshandlung* und
die *Sprachhandlung*,

wobei das Wort Handlung hier nicht den ausführenden Akt, also das Wahrnehmen und das Sprechen bezeichnet, sondern die Ausführung der betreffenden Handlung in der Vorstellung bzw. der Sprache.

Die Wahrnehmungshandlung fußt auf der Vorstellung des Individuums und soll das Denken von der Handhabung konkreter Objekte und deren spezifischen Eigenschaften entkoppeln.

Ein **Fallbeispiel** aus einer Beratungsstelle für Rechenschwäche soll die methodischen Stufen der Förderung der visuellen Fähigkeit erläutern:

Oliver, 11 Jahre, 4. Klasse, besitzt eine Störung der Vorstellungsfähigkeit und der Raumorientierung. Mit Hilfe der Mehr-System-Blöcke (1000er-Blöcke, 100er-Platten, 10er-Stangen und 1er-Würfel) bearbeitet er die Aufgabe 1000 - 64.

1. Phase

Oliver kennt das Umtauschverfahren und wechselt dementsprechend den Tausenderblock in 10 Hunderterplatten. Eine hiervon tauscht er dann in 10 Zehnerstangen um, wiederum eine davon in 10 Einerwürfelchen. Jetzt nimmt er 6 Zehnerstangen und 4 Einer weg, zählt den verbleibenden Rest ab, gibt das Ergebnis an und notiert es.

Diese konkreten Ausführungen mit dem Material wurden im Schulunterricht mit Oliver häufig wiederholt, ohne nennenswerte Erfolge jenseits dieser Handlungen zu zeitigen. Bleibt aber der Unterricht, wie hier, auf dieser materialgebundenen Stufe stehen, dann versagt Oliver bei den entsprechenden Aufgaben, wenn er das Veranschaulichungsmaterial nicht mehr zur Verfügung hat, z. B. bei Klassenarbeiten.

Das Legen mit Material stellt die erste und wichtigste Stufe auf dem Weg zur Verinnerlichung arithmetischer Operationen dar, die meist zu früh wieder verlassen wird.

2. Phase

Oliver tauscht den Tausenderblock in 10 Hunderter und davon einen in 10 Zehnerstangen. Jetzt muß Oliver sich vorstellen, 64 wegzunehmen, denn der Umtausch in Einer wird nicht mehr durchgeführt! In einem nächsten Schritt wird auch der Umtausch in die Zehnerstangen fortgelassen, lediglich in Hunderterplatten darf Oliver wechseln.

Visuelle Fähigkeiten

3. Phase

Jetzt muß Oliver sich vorstellen, die gesamte Wechselaktion durchzuführen. Ihm wird lediglich gestattet, den vor ihm liegenden 1000-Block zu berühren, mit den Fingern darüber zu streichen und seine vorgestellten Handlungen sprachlich zu beschreiben.

4. Phase

Zuletzt muß Oliver sich auch den Tausenderblock vorstellen und die gesamte Handlung an dem nun vorgestellten Objekt ausführen und beschreiben. Erst jetzt ist er auf der Ebene der geistigen Handlungen im Sinne PIAGETs.

Bei Oliver sind Zwischenschritte notwendig, die ihn veranlassen sollen, sich das Material vorzustellen. In welcher Phase er sich befindet und wie er sich das Material vorstellt, kann lediglich an seinen sprachlichen Beschreibungen und seinen Zeichnungen beobachtet werden. So gelingt es Oliver zwar zu einem bestimmten Zeitpunkt der Übungsphase, sich das Material vorzustellen, aber nicht die Operationen, die er kurze Zeit vorher damit ausgeführt hat. Er malt die Aufgabe 463–237 in Form der bevorzugten Mehr-System-Blöcke, zuerst die 4 Hunderterblöcke, dann die 6 Zehnerstangen und schließlich die 3 Einerwürfel als Punkte. Darunter zeichnet er die entsprechende Darstellung der Zahl 237 (hierbei ist seine

Oliver's Zeichnung, wie er mit den Dienes-Blöcken die Aufgabe 463–237 glaubt bearbeitet zu haben.

Darstellung der 7 Einer bemerkenswert, da er sie wie die Punktmuster auf Spielkarten malt).

Die vorgestellte Handlung kommentiert Oliver mit:

„Zuerst tue ich die Hunderter zusammen (er erhält 6 und notiert dies), dann die Zehner (er erhält durch Abzählen 9) und dann noch die Einer, (er zählt ab:) 10."

Als Oliver gefragt wird, wie die Aufgabe hieß, erkennt er, daß er statt der Subtraktion die Addition durchgeführt hat. Er beginnt von neuem.

„Ich nehme die 7 Einer weg (streicht sie beim Subtrahenden durch), dann die Zehner (hier streicht er beim Minuenden durch) und dann die Hunderter (ebenfalls beim Minuenden)."

Als Ergebnis bekommt er durch Abzählen am Minuenden 233.

Es ist deutlich, daß Oliver sich nicht an die von ihm tatsächlich vollzogene Handlung erinnert, denn diese hatte in schlichtem Wegnehmen vom Minuenden (463) bestanden. Für die Zeichnung und damit wahrscheinlich auch in seiner Vorstellung legt er aber die Blöcke entsprechend der Ergänzungsmethode und müßte nun Material hinzulegen. Hier vermischen sich die beiden Subtraktionsverfahren, was aufgrund didaktogener Verwirrung bei vielen rechenschwachen Kindern beobachtet wird. Dadurch unterlaufen ihm Fehler, denn er weiß nun nicht, an welcher Stelle er die Blöcke entfernen, also in der Zeichnung durchstreichen soll. Oliver versucht, die Handlung zu erinnern, besser: erneut durchzuführen, jetzt aber an der Zeichnung und nicht am Material.

Es ist in diesem Stadium fraglich, ob er sich das Material vorzustellen versucht. Die von ihm erstellte Zeichnung scheint eine neue, nicht notwendig mit den Mehr-System-Blöcken verbundene Aufgabe darzustellen. Während die Handlung am konkreten Material ihm mühelos gelingt, kann er die anscheinend nur leicht veränderte

Aufgabe an den (nicht verschiebbaren) Bildern nicht bewältigen, denn hier sind die durchgestrichenen Zeichen noch immer vorhanden und werden von ihm berücksichtigt.

Als er nach 10 Minuten die Aufgabe lediglich schriftlich lösen sollte, unterlief ihm kein Fehler.

$$\begin{array}{r} 46\overset{10}{\cancel{3}} \\ -2\cancel{3}\cancel{7} \\ \hline 226 \end{array}$$

Die (richtige) schriftliche Rechnung von Oliver zeigt, wie diese nicht mit seiner (falschen) Handlung verbunden wird.

Die Phasen der Umsetzung von konkreten Materialmanipulationen bis zu verinnerlichten Handlungen dauern bei Kindern mit Störungen im Bereich der Vorstellungsfähigkeit naturgemäß länger, als der herkömmliche Unterricht zu tolerieren erlaubt; im Falle von Oliver beispielsweise fast 2 Jahre. Will man aber auch bei rechenschwachen Schülern nicht auf das verzichten, was gemeinhin unter Einsicht fungiert, dann ist man wohl auf solches Vorgehen angewiesen.

Drei Punkte sind bei den Wahrnehmungshandlungen wichtig:

– Die Handlungen werden verinnerlicht.
– Die Handlungen werden verkürzt, indem einige Schritte übersprungen, andere zusammengefaßt werden. Die Handlungsverkürzungen dienen dazu, Automatismen auszubilden.
– Obwohl eine beständige Ablösung vom Material vollzogen wird, bleibt die Verbindung immer vorhanden. Das Kind kann fortwährend darauf zurückgreifen und wird in kritischen Situationen auch dazu ermuntert. Die Handlung am konkreten Material verbleibt als Stütze dem Schüler verfügbar.

Als *didaktisch-methodische Zwischenschritte*, die dem Kind helfen sollen, sich das Material vorzustellen und in der Vorstellung damit zu operieren, lassen sich Bilder malen und Skizzen anfertigen.

Man kann gegenüber der Funktion der Sprache skeptisch sein. Während sowjetische Didaktiker das Ausführen der Handlung in der Sprache als zentral für die Begriffsentwicklung ansehen, kann man ihr auch lediglich eine stützende Funktion zumessen. Sprache ist Teil der Interaktion zwischen Schüler und Lehrerin. Die Lehrerin setzt sie vornehmlich in Form von Fragen ein, die den Schüler orientieren und seine Aufmerksamkeit steuern sollen. Die Fragen sollen zur vorstellungsmäßigen Vorwegnahme von geplanten bzw. zur Reflexion über bereits ausgeführte Handlungen anleiten („Was machst Du als nächstes?", „Was würde passieren, wenn Du ...?", „Warum hat es dieses Mal geklappt?", Was hast Du jetzt anders gemacht?" etc.).

In der konkreten Handlung wird die Aufmerksamkeit des Schülers entweder auf die auszuführende Operation, zum Beispiel die Vereinigung von zwei Mengen, oder auf das Resultat gelenkt. Ist der Schüler bei dem Ergebnis angelangt, dann ist allerdings die durchgeführte Operation selbst nicht mehr sichtbar: Die Operation ist verschwunden, lediglich das Resultat, die Vereinigungsmenge, die vor dem Schüler als Mengenhaufen liegt, wird wahrgenommen. Dies führt häufig zu Problemen bei der Ziffernschreibweise.

Beispiel: Gert, 6 Jahre, 1. Klasse, notierte als Zeichenfolge für Additionsaufgaben lediglich die Handlungen, die er im Sinn der Aufgabe ausführte. Das Legen der Ausgangsmenge gehörte aus seiner Sicht nicht mit zur Aufgabe, sondern nur das Wegnehmen. Deshalb ließ er immer den ersten Summanden fort. Für ihn ist dies selbstverständlich, denn bei Aufgaben wie „Hans hat 5 Murmeln, 3 davon gibt er Peter" ist das „Murmeln haben" keine Handlung. Aus seiner Sicht ist das Neue, die Veränderung wichtig.

Gerts Notation zur Aufgabe 5–3

Innerhalb des Unterrichtsablaufs bedarf es bei Schülern mit visuellen Vorstellungsschwierigkeiten einer genauen und detaillierten Schrittfolge. Die von anderen Schülern schnell, quasi mit einem Blick nachvollziehbaren Unterrichtsschritte treffen bei diesen Kindern auf Unverständnis: Die (naheliegenderweise) übersprungenen Schritte, der Nachvollzug von Handlungsabläufen und damit der entsprechenden mathematischen Operation werden von ihnen in der Vorstellung nicht geleistet. Sie bedürfen der behutsamen Anleitung.

Die im obigen Beispiel durchgeführte Schrittfolge läßt sich durch weitere Aktivitäten betonen und ergänzen:

– **Geometrische Propädeutik.** Zwar schreiben die meisten Rahmenrichtlinien die Behandlung geometrischer Inhalte vor, zumeist fallen diese (aus der Sicht mancher Lehrerin: nachrangigen) Curriculumanteile der vermeintlichen Stoffülle der Arithmetik zum Opfer. Gerade in der Eingangsklasse dient aber die Behandlung geometrischer und topologischer Begriffe wie Lagebeziehungen, Ordnungsrelationen etc. dem Aufbau des Zahlbegriffs und der arithmetischen Operationen (vgl. Kap. 3.3; GUDER, 1988).

– **Eigenständige Schülerhandlungen.** Der Umgang mit dem konkreten Material gehört zu den unverzichtbaren Prinzipien jedes Anfangsunterrichts. Für Kinder mit visuellen Störungen wird diese Phase zu schnell verlassen. Bevor sie in die Lage versetzt sind, wie ihre Alterskameraden die Handlungsabläufe auch vorstellungsmäßig durchzuführen, ist der Unterricht bereits bei abstrakteren, ikonischen Darstellungen angelangt oder bereits darüber hinaus. Nun verwischt sich für sie der Zusammenhang zwischen den Ziffernoperationen und den Handlungen.

In der 3. und 4. Klasse wird nur noch selten auf Handlungen zurückgegriffen, die Lehrerin beschränkt sich auf eine sprachliche Beschreibung der jeweiligen Aktivität, was für die meisten Schüler durchaus hinreichend ist; sie können aus den Worten ein inneres Abbild der Tätigkeit aufbauen, ohne diese selbst ausführen zu müssen.

Nicht aber die Kinder mit Vorstellungsproblemen! Für sie reicht es nicht aus, die Aktivität stellvertretend beim Nachbarn zu beobachten, sie müssen diese selbst und mehrfach ausführen, um den gesamten Bewegungsablauf auch als Körpergefühl zu erfahren und erinnern zu können.

– **Verdeckte Handlungen.** Dieses Vorgehen ist aus der heilpädagogischen Frühförderung her bekannt. In einem ersten Schritt soll das Kind die im Unterricht verwendeten Veranschaulichungsmittel unter einem Tuch verdeckt oder mit verbundenen Augen durch bloßes Betasten wiedererkennen, große von kleinen Steinen, Zehnerstangen von Einerwürfeln unterscheiden lernen usf. (SCHARLAU & SCHMITZ, 1986). Zur Erschwerung und Abwechslung lassen sich Alltagsgegenstände hinzufügen. Danach kann die Lehrerin die Hände des Kindes unter dem Tuch so bewegen, daß damit die mathematischen Operationen durchgeführt werden. Das Kind soll seine Bewegungen beschreiben, um sie dann selbsttätig zu wiederholen und evtl. anschließend aufzumalen.

Diese Übung dient der Ausbildung taktil-kinästhetischer und motorischer Stützfunktionen, die als Vorstufe zur Erinnerung wahrgenommener Handlungen notwendig ist. Der Schüler kann lediglich solche Handlungen anderer Personen und damit auch der Lehrerin und der Mitschüler interpretieren, von denen er sich vorstellt, er habe sie selbst durchgeführt oder könne dies zumindest tun.

– **Die durchgeführten Handlungen malen.** Es handelt sich hierbei um eine Stützaktivität, die zwischen der konkreten Handlung und dem inneren Bild liegt. Dabei soll im ersten Schritt das Material, das gezeichnet werden soll, noch für das Kind sichtbar auf dem Tisch liegen. Es ist darauf zu achten, daß sämtliche Handlungsschritte von dem Schüler gemalt werden („Wie sieht es aus, wenn Du zwei Plättchen hinzulegst?", „Wie sah es aus, nachdem Du die Zehnerstangen entfernt hast?", „Und nachdem Du auch die Einer weggenommen hattest?").

Die Schwierigkeit besteht bereits darin, die Ausgangslage zu erinnern, aus der die nun sichtbare Endposition hervorgegangen ist. Erst allmählich darf auch diese verdeckt werden, wobei günstigerweise ein Tuch benutzt wird, um dem Kind jederzeit eine gewünschte Kontrolle auch von Teilschritten zu ermöglichen. Ein zu frühes Übergehen auf bildhafte Darstellungen ist zu vermeiden, im Gegenteil sollte das Kind Gelegenheit haben, materialgenau zu zeichnen und entsprechend den Veranschaulichungsmitteln farblich auszumalen. Dies dient nicht nur der Motivation, sondern bietet eine zusätzliche Gedächtnisstütze, da Kinder mit Anschauungsproblemen eher Schwierigkeiten mit der Form und Anordnung als mit der Farbe haben.

– **Sprachliche Beschreibung** der Tätigkeit. Hier sollte von offenem, lautem Beschreiben sämtlicher Merkmale des Materials und der durchgeführten Handlung zu leisem bis schließlich lautlosem, lediglich innerem Sprechen vorangeschritten werden. Ein allmählicher Verzicht auf für die mathematische Operation unwesentliche Merkmale kann erfolgen, wenn sichergestellt ist, daß der Schüler das Verfahren des inneren Sprechens beibehält. Auch dieser Schritt muß eingeübt werden!

Der Schüler ist angehalten, die beabsichtigte Handlung zu beschreiben, bevor sie durchgeführt wird. Dies dient dazu, ihn zu einem Vorab-Bild seiner Tätigkeit zu führen, in der Vorstellung einen Plan zu entwerfen, der durch die Ausführung korrigiert wird.

– **Strukturgleiche Materialien.** Häufig kommen im Mathematikunterricht der Eingangsstufe verschiedenartige Veranschaulichungsmaterialien zum Einsatz (siehe 3.2), oft werden von den Kindern im Klassenzimmer andere verwendet als zu Hause, da die Eltern von älteren Geschwistern Übernommenes oder ihnen aus der eigenen Schulzeit noch Vertrautes, als brauchbar Angesehenes zur Verfügung stellen. Gerade bei rechenschwachen Schülern bedeutet aber die Vielfalt der Anschauungsmittel eher eine Verwirrung als eine Hilfe, da sie die unterschiedlichen Materialien ineinander übersetzen müssen.

Die im mathematischen Sinne vorhandene Äquivalenz von beispielsweise Hundertertafel und Rechenmaschine ist den Kindern keineswegs augenfällig, sie muß im Gegenteil erst gelernt werden. Noch schwieriger fällt ihnen, einen Zusammenhang z. B. zwischen Zahlenstrahl und Cuisenaire-Stäben herzustellen, zu weit klaffen beide Mittel in den Handlungen, die mit ihnen ausgeführt werden, auseinander.

Für rechenschwache Kinder ist daher die Verwendung verschiedener, aber im psychologischen Sinne strukturgleicher Materialien, günstigerweise jedoch nur eines Veranschaulichungsmittels notwendig. Erst wenn der Umgang damit gesichert ist, das heißt, auch ohne konkrete Materialhandlung beschreibbar und daher (wahrscheinlich) vorstellbar ist, sollten ähnliche Mittel verwendet werden. Nun ist aber die Äquivalenz in gesonderten Formen zu sichern, indem zum Beispiel jeweils Bezug auf entsprechende Tätigkeiten am alten Material genommen wird („Wie hättest Du es denn an der Hundertertafel gemacht?", „Kannst Du aufmalen, wie Du das gleiche am Zahlenstrahl machen würdest?").

Es empfiehlt sich, in einer Übergangsphase die konkreten Handlungen an beiden Materialtypen vollziehen zu lassen. Auch kann die Lehrerin an einem Veranschaulichungsmittel eine Operation durchführen, während das Kind versucht, diese am anderen Material nachzumachen. Die letzte Maßnahme muß vor allem dann durchgeführt werden, wenn neue, dem Kind noch nicht vertraute Anschauungsmittel im Unterricht eingeführt werden.

> Neben der längeren Eingewöhnungsphase benötigen rechenschwache Kinder ein ständiges Üben der Übersetzungstätigkeit von Material zu Material. Jede einzelne Operation, auch die an einem Mittel flüssig beherrschte, ist dabei erneut zu lernen.

5.1.2 Spezifische Trainingsverfahren außerhalb der Schule

Hat die Anschauungsstörung ein kritisches Ausmaß angenommen oder wird sie so spät erkannt, daß der Erfolg mit Mitteln des herkömmlichen Unterrichts wahrscheinlich nicht mehr erreicht werden kann, dann müssen spezifische Übungsverfahren durchgeführt werden. Dies geschieht außerhalb des Mathematikunterrichts oder der Förderstunden, zudem bedarf es hierfür besonders geschulten Personals. Es gibt nur wenige Programme, die die Mathematiklehrerin in ihren Stunden mit den Kindern durchführen kann (z. B. HEINER MÜLLER, 1982, Optisches Differenzierungs- und Konzentrationstraining, Hamburg: Persen). Es hieße, die Mathematiklehrerin zu überfordern, wollte man sie mit diesen Aufgaben zusätzlich belasten, allerdings trägt sie insofern eine Mitverantwortung, als sie durch ihre Diagnostik die Bedürftigkeit eines Schülers hierfür festzustellen hat.

So wenig wie die Lehrerin diese Fördermaßnahmen durchzuführen in der Lage ist, sind es die Eltern. Ihre Hilfe sollte sich darauf konzentrieren, dem Kind eine emotional entspannte Atmosphäre zu schaffen, so daß es seine Defizite nicht als persönliches Versagen erlebt und sich negative Rückwirkungen auf sein Leistungsverhalten einstellen.

Förderprogramm von Affolter

AFFOLTER, 1977, unterscheidet drei Stufen in der kindlichen Entwicklung:

– Die *modalitätsspezifische Wahrnehmung*, d. h. die Wahrnehmung innerhalb eines Sinnesgebietes (visuell, akustisch, taktil-kinästhetisch);
– die *intermodale Wahrnehmung*, d. h. die aufeinander bezogene Wahrnehmung (z. B. visuell-akustisch), und die Übersetzung einer Sinnesmodalität in eine andere;
– die *seriale Integration*, d. h. die Wahrnehmung zeitlicher Abläufe, die die Grundlage für Raum- und Zeitwahrnehmung darstellt.

© 1992 CREATORS/Distr. BULLS

Das 6-stufige, auf diese Phasen bezogene Trainingsprogramm hat als Ziel, die Wahrnehmungsorganisation zu verbessern und dabei insbesondere durch wiederholte Handlungen deren Integration im Gedächtnis zu festigen. Hierdurch soll das Kind in die Lage versetzt werden, sein Repertoire gespeicherter und von der direkten Wahrnehmung losgelöster Inhalte zu erhöhen, um so lediglich in der Vorstellung Handlungen planen zu können. Besonderes Gewicht wird auf sogenannte Wirklichkeitssituationen, das heißt auf Problemlöseaufgaben aus dem Alltag, gelegt.

Förderprogramm von Frostig

FROSTIGS Programm zur Verbesserung der visuellen Wahrnehmungsfähigkeit (1972) beinhaltet insbesondere die folgenden Komponenten:
– Die *visuo-motorische Koordination*, d.h. die Fähigkeit, visuelle Information mit motorischen Reaktionen zu verknüpfen.
– Die *Figur-Grund-Wahrnehmung*, die es ermöglicht, eine Figur aus dem umgebenden Hintergrund optisch herauszulösen; sie gilt als Voraussetzung für die Raum-Lage-Orientierung und dient zur Abschirmung gegenüber Reizüberflutung und der Aufmerksamkeitszentrierung.
– Die *Wahrnehmungskonstanz*. Diese Fähigkeit ermöglicht, ein Objekt unabhängig von der Entfernung und dem Blickwinkel, d.h. seiner gerade wahrgenommenen Form, Lage und Größe, als identisch wahrzunehmen.
– Eine Störung der *Wahrnehmung der Raumlage* führt zu mangelndem Verständnis räumlicher Begriffe wie vor, hinter, oben, unten, neben, über etc. und kann Ursache von Verdrehungen und Vertauschungen sein, etwa bei (angeblich) typischen Legasthenie-Fehlern der Buchstaben- und Ziffernverdrehung und Umkehrung arithmetischer Operationen.
– Die *Wahrnehmung räumlicher Beziehungen* bezeichnet die Fähigkeit, die Lage von zwei oder mehr Gegenständen in Beziehung zueinander und in Bezug zu sich selbst wahrzunehmen. Hierbei erlangen, im Gegensatz zur Figur-Grund-Unterscheidung, alle Teile gleich viel Aufmerksamkeit.

Förderprogramm von Ayres

Dieses Verfahren (AYRES, 1979) versucht, Entwicklungen aus den frühen Reifungsstufen des Gehirns nachzuholen. Neben anderen, sehr spezifischen aber hier weniger bedeutsamen Trainingseinheiten zielt auch ein Abschnitt auf

– Störungen in der Form- und Raumwahrnehmung.

Dieses Programm hat seinen Platz bei massiver Beeinträchtigung der sensorischen Informationsaufnahme und -verarbeitung, es dürfte aus diesem Grund allerdings nur für einen kleinen Teil der Kinder angezeigt sein, denn ihre Lernstörung sollte vor dem arithmetischen Anfangsunterricht erkannt werden (was aber nicht immer geschieht).

Förderprogramm von Johnson & Myklebust

Dieser Ansatz ist insofern interessant, als er neben Trainingseinheiten zum auditiven Lernen, Lesenlernen, Störungen der geschriebenen Sprache und den nichtsprachlichen Störungen auch einen Unterabschnitt zu Rechenstörungen enthält. Die Autoren zählen zwar die Rechenschwäche zu den verbalen Störungen, doch es handelt sich im wesentlichen um Störungen der visuell-räumlichen Wahrnehmung und um die Unfähigkeit, Beziehungen von Quantitäten, Ordnung, Größe, Raum und Entfernung herzustellen.

Das Förderprogramm bietet aus diesem Grunde nicht nur Materialien, um allgemeine, generalisierte Fähigkeiten zu steigern, sondern zielt auf den sukzessiven Aufbau mathematischer und geometrischer Begriffe.

Förderprogramm von Kephart

Im theoretischen Bezugsrahmen dieses Programms (KEPHART, 1977) werden Lernstörungen auf entwicklungspsychologische Besonderheiten zurückgeführt und die Förderung dementsprechend als Aufgabe aufgefaßt, Lernerfahrungen zu vermitteln, die die Entwicklung beschleunigen. Insbesondere wird das Augenmerk auf Entwicklungsstufen gelegt, in denen bislang getrennte sensorische Fähigkeiten integriert werden (Wahrnehmung-Motorik, visuelle Abfolge, Richtungssinn, Raum-Lage-Orientierung, Figur-Grund-Unterscheidung und Formwahrnehmung).

Förderprogramm von Cruickshank

CRUICKSHANK, 1981, nimmt für Lernstörungen eine „sensorische Hyperaktivität" an, die sich darin äußert, daß wesentliche Reize nicht von unwesentlichen unterschieden werden können, so daß das Kind einer dauernden Reizüberflutung unterliegt. Daneben wird der Lernprozeß nach Ansicht des Autors u. a. durch nachstehende, insbesondere visuelle Wahrnehmungsstörungen beeinträchtigt:

– Die Unfähigkeit, Objekte im Zusammenhang und als Gesamtheit, als Gestalt zu sehen.
– Die Gestalt-Hintergrund-Umkehrung, das heißt Umweltreize so zu strukturieren, daß die Gestalt von ihrem Hintergrund trennbar wird.

Verschiedene Aufgaben wie Puzzles, Ausschneiden und Ausmalen von Schablonen, Zuordnungsprobleme, Kopieren geometrischer Figuren, Muster nachbauen (teilweise mit geschlossenen Augen) etc. dienen dem Aufbau und der Stabilisierung der geforderten Fähigkeiten, so unter anderem der Händigkeit, Auge-Hand-Koordination, Formerkennung und dem räumlichen Sehen.

Psychomotorische Förderprogramme

Es gibt eine Vielzahl psychomotorischer Übungsbehandlungen, die im einzelnen hier nicht aufgezählt werden sollen (vgl. zusammenfassend FRITZ, 1986). Einig sind sich die jeweiligen Autoren darin, daß Lernschwächen mit Bewegungsstörungen einhergehen, uneins sind sie sich über die spezifischen Ursachen. Bestandteil sämtlicher Programme sind Fördereinheiten zu sensu-motorischen Aspekten wie taktiler, akustischer und optischer Wahrnehmung, Erfassung des Körperschemas und der Raumorientierung, sowie kognitiven Aspekten wie Steigerung der Problemlösefähigkeit durch Ausbildung verinnerlichter Bewegungsabläufe.

Für welche der diversen Übungseinheiten sich die Behandlerin entscheidet, hängt wohl weniger von den individuellen Symptomen des Kindes als von der Vertrautheit der Behandlerin im Umgang mit dem betreffenden Programm ab.

Aus diesem Grund wollen wir keine Bewertung der einzelnen Förderprogramme vornehmen. Auch wir haben bestimmte Vorlieben für diese oder jene Übungseinheit aus verschiedenen Programmen ausgebildet, vielleicht weil wir sie in der Vergangenheit häufig benutzten, weil wir sie frühzeitig und in jungen, prägenden Jahren kennenlernten und nun damit vertraut sind oder weil wir es zu mühsam finden, uns neue Übungsfolgen anzueignen (was wir auf Vorhaltung natürlich strikt von uns weisen würden). Wenn man einen bestimmten Förderbereich anzielt, sind allerdings die Unterschiede zwischen den Programmen auch nicht so beträchtlich.

5.2 Training des Gedächtnisses

5.2.1 Allgemeine Strategien

Kein Mensch kommt ohne die Fähigkeit zur Welt, sich etwas zu merken, und die Schüler in unseren Schulen bringen eine Fülle von Kenntnissen und Weltwissen mit, das sie aus ihren außer- und vorschulischen Erfahrungen verdichtet haben und als konkrete Erlebnisse oder als verallgemeinerte Begriffe erinnern. Aber Kinder sind in bezug auf ihr Erinnerungs*vermögen* keine kleinen Erwachsenen, die sich genauso viel und in gleicher Weise merken könnten wie diese und es nur boshafterweise nicht tun.

Nicht nur der Umfang der Gedächtnisinhalte verändert sich mit dem Lebensalter, sondern auch die Strategien, sich wahrgenommene Inhalte einzuprägen und bei Bedarf wieder abzurufen. Kinder im Vor- und Grundschulalter können durchaus darüber Auskunft geben, was sich am Vortag abgespielt hat und was sie Interessantes erlebt haben. Selbst länger zurückliegende Ereignisse können sie mitunter präziser beschreiben als Erwachsene. Und bei Spielen, die ein kurzfristiges Merken erfordern, wie Memory-Spiele, schneiden sie oft besser ab als ältere Geschwister, Eltern und Lehrerin.

Allerdings war mit wenigen Ausnahmen (Lernen von Weihnachtsliedern, Muttertagsgedichten und Versen für Großvaters Geburtstag) in der Vorschulzeit praktisch nie das Bedürfnis vorhanden, Inhalte zu lernen bzw. sich gedächtnismäßig einzuprägen.

> *Kein Vorschulkind merkt sich heute etwas, um es morgen zu wissen.*

Es merkt sich, was es interessant findet und daher wissen möchte, aber dieses „Merken" ist zufällig, es ist kein Willensakt des Kindes. Es handelt sich um zufälliges Lernen, das nebenbei passiert und deshalb zwar für den eingeschränkten Bereich nicht weniger effektiv sein muß, aber unkontrolliert und ziel- und planlos abläuft.

> Insbesondere fehlt den Kindern des Vor- und Grundschulalters die Einsicht, daß es besonderer Anstrengung bedarf, wenn etwas gerade Gegenwärtiges eingeprägt werden soll, um es zukünftig zu erinnern, wenn es nicht mehr sichtbar ist.

Dieses absichtsvolle Erinnern ist für Kinder kein Selbstzweck, wie für Erwachsene oder bewußte Lerner, es stellt für sie kein wesentliches Handlungsziel dar. Sie haben nicht erkannt, welche Bedeutung das Behalten von Situationen und Sachverhalten für einen späteren Problemlöse-Prozess hat.

„Distanz" zum Wissen

Selbst wenn das geforderte Wissen „eigentlich vorhanden" ist, können Grundschüler nur unflexibel und unzureichend mit ihrem Wissen umgehen. Ihr Wissen ist situationsabhängig (vgl. 1.1 und 2.6), es sperrt sich dagegen, in neuen, ungewohnten Zusammenhängen aufgerufen zu werden.

Kinder sind erst ab dem 12. Lebensjahr in der Lage, aktive und variable Formen des Einprägens und Erinnerns zu verwenden. Hierzu bedarf es einer reflektierten Einstellung gegenüber dem eigenen Wissen, eines Abstands, eines sich Distanzierens, das einen planvollen Einsatz wirkungsvoller Strategien erst ermöglicht.

Die Verfahren, die sich bislang in der Gedächtnisforschung für Erwachsene als wirkungsvoll erwiesen haben, lassen sich daher nicht ohne weiteres auf das Lernen im Grundschulalter übertragen. Insbesondere die Methoden eines planvollen Einsatzes von Gedächtnisstrategien scheitern in der Regel daran, daß Grundschüler wenig über *verschiedene* Lösungsstrategien und ihr eigenes Wissen wissen.

Spiele

In Abwandlung von Memory-Spielen lassen sich folgende Aktivitäten im Klassenverband durchführen:
- Zeigen von auf dem Tisch ausgebreiteten Objekten verschiedener und steigender Anzahl
- Bestimmung neu hinzugekommener/entfernter Objekte
- Verkürzung der Darbietungsdauer von anfangs 1–2 Minuten auf schließlich wenige Sekunden
- Änderung der Anordnung auf dem Tisch von anfänglicher Regelmäßigkeit zu größerer Unstrukturiertheit
- Veränderung der Lage der Gegenstände und Bestimmung der „verlegten" Objekte und deren alter Lage
- Merken von gegenständlichen Bildern oder Bild-Paaren
- Verändern von Bildern
- Letzlich Bilder mit unanschaulichen (z. B. mathematischen) Symbolen

Die Verstehenstiefe

Nun sind innerhalb empirischer Untersuchungen zum Gedächtnis meist Inhalte verwendet worden, die nicht sinnhaftes Lernen zum Gegenstand haben, sondern das Memorieren sinnloser Zeichen oder Wort-Paare. Jeder weiß aber vom eigenen Lernen, daß er Inhalte, die er „verstanden" hat, leichter wieder erinnert, als sinnlose. Zwar ist es beispielsweise durchaus möglich, heute ein chinesisches Gedicht auswendig zu lernen, ob es aber morgen noch reproduziert werden kann, ist eher fraglich. Ganz anders ist dies mit einem deutschen Gedicht! Warum?

Das Behalten des chinesischen Gedichts gelingt nur über die Anstrengung, sinnlose Lautfolgen als akustische Ketten abzuspeichern, die lediglich einem „hörenden", aber keinem sinnerfassenden Erinnern zugänglich sind. Das deutsche Gedicht wird dagegen in vielfältiger Weise gespeichert. Neben die Worte treten Bilder, die mit dem Text verbunden sind, Erinnerungen an ähnliche Begebenheiten, ein Gespür für die Reime und ein Verständnis der Grammatik: Der Text wird auf mehreren Ebenen zugleich interpretiert und im Gedächtnis abgelegt.

Was bedeutet dies für das Vor- und Grundschulalter? Schlicht und einfach:

> *Ein (mathematischer) Inhalt läßt sich dann gut behalten, wenn er verstanden ist.*

Insbesondere heißt es, daß der Inhalt in der für dieses Alter angemessenen Denkform, also in einer bildhaft-konkreten Weise, dargestellt wird. Schon sehr junge Kinder (ab 4 Jahre) können ihre Behaltensleistung drastisch erhöhen, wenn sie zu aufwendigen bildhaften Strategien angehalten werden. Für den Mathematikunterricht bedeutet dies, daß die Rückführung an das konkrete Veranschaulichungsmaterial, die ständige Rückkopplung an die durchgeführten Handlungen die Gedächtnisleistung der Schüler verbessert. Dies kennzeichnet zwar prinzipiell einen guten Unterricht, muß hier aber im Zusammenhang mit dem Gedächtnis noch einmal besonders betont werden.

> Es gibt kein schlechtes Gedächtnis, sondern nur ein schlechtes Lernen.

5.2.2 Spezielle Erinnerungsstrategien

Es lassen sich aber durchaus einfache Merkstrategien bei erfolgreichen „Erinnerern" feststellen, die auch von Grundschülern angewendet werden können. So wie Rechenkünstler ihre Fähigkeit dadurch steigern, daß sie mit Zahlen zusätzliche Qualitäten wie Farben, Gerüche u. ä. verbinden oder sie bei Gedächtnisaufgaben an räumlich unterscheidbaren Orten „befestigen", so lassen sich auch für Kinder solche Erinnerungsstützen verwenden. Zwar werden kaum Gerüche oder beliebige Raumorte eine Rolle spielen, aber die Anbindung des Gedächtnisinhaltes an verschiedene Sinne, insbesondere das Berührungs- und Hautempfinden und den eigenen Körper Betreffende, hat sich als hilfreich erwiesen. Weiter unten werden einige Beipiele zeigen, wie es durch die Einbeziehung der Finger gelingt, Zahlenreihen zu memorieren.

Die Einbeziehung der Farbe spielt bei einigen Veranschaulichungsmaterialien eine wesentliche Rolle, da Kinder auf die Farbe als Merkmal in höherem Maße reagieren als Erwachsene. Dies machen sich die Cuisenaire-Stäbe und die Dienes-Blöcke zu eigen. Die Dienes-Blöcke erlauben dadurch, die Einer, Zehner und Hunderter in verschiedenen Farben entsprechend dem Material aufzuschreiben, was die Stellenwertschreibweise unterstützt. Dies ist als gedächtnisentlastende Maßnahme bei Kindern zu empfehlen, die Orientierungsstörungen besitzen und deshalb Zahlen verdrehen (37–73, 481–418).

Auch das Material *Unifix* und *Colormultimat* verwendet für die Additions-/Subtraktionstabellen und die Multiplikationstafeln eine farbige Struktur, die durch ihre Regelmäßigkeit, d. h. geordnete Farbwiederholung, das Einprägen erleichtern soll.

5.2.3 Gedächtnishilfen bei speziellen Inhalten

Es wurde schon mehrfach angedeutet, daß rechenschwache Schüler zum Lernen mathematischer Inhalte mehr Zeit benötigen als ihre leistungsdurchschnittlichen oder -starken Klassenkameraden. Dies macht ihre Schwäche ja gerade augenfällig. Aus diesem Grund verlangt das didaktisch-methodische Vorgehen bei bestimmten Inhalten eine längere Verweildauer. Nun ist der von den besorgten Eltern ausgehende Druck auf die Grundschule und die erwartet rasche Abfolge der Lerninhalte („Mein Kind kann immer noch nicht bis 100 rechnen", beklagen sich häufig Erst-

klässler-Eltern nach einem halben Jahr) ebenso bekannt wie die Schwierigkeiten, dem entgegenzuhalten.

Solange aber der Zahlraum bis 10 resp. 20 nicht gefestigt und mit visuellen Vorstellungsbildern verbunden ist, muß jede darauf aufbauende Verallgemeinerung scheitern. Üblicherweise machen die Kinder bei den Generalisierungen ($5+3 \rightarrow 50+30$, $7+4 \rightarrow 57+4$) kaum Fehler, wenn sie den Zahlraum bis 20 beherrschen. In der Regel liegen die Probleme gerade in der ungenügenden Fertigkeit der Addition und Subtraktion bis 20 (und dies gilt für fast alle Schüler), die automatisiert sein sollten. Ähnlich wie beim Einmaleins sollte hier ein *Auswendiglernen* (= Wissen) angestrebt werden, da diese den Zeitaufwand bei Rechenoperationen und damit bei Klassenarbeiten verringert und die Fehlerquote deutlich erniedrigt: Kaum ein Erwachsener wird bei der Aufgabe $7 \cdot 7$ fälschlich 48 oder 50 angeben, er weiß die Anwort automatisch, so wie er den Vornamen seiner Mutter weiß, er muß die Lösung nicht berechnen oder ableiten.

Die Schüler machen ihre Fehler, weil sie *rechnen müssen*, anstatt die Antwort aus dem Gedächtnis abzurufen, und sie tun dies, weil entgegen ihren Bedürfnissen die gängige Didaktik des arithmetischen Anfangsunterrichts ein zu frühes Verlassen des Zahlraums bis 20 verlangt. Bei Schülern mit Lernstörungen im Mathematiklernen ließen sich viele Schwierigkeiten vermeiden, wenn der Zahlraum bis 20 erst Mitte der 2. Klasse verlassen werden dürfte.

Berücksichtigt man, daß selbst in den Klassen 3 und 4 bei schriftlichen Additions- und Subtraktionsaufgaben im Zahlraum bis 1 000 000 und darüber hinaus die eigentliche Rechnung selten die Zahl 20 übersteigt, so wird die Notwendigkeit einer sicheren, automatisierten Beherrschung dieses Bereiches deutlich. Die Kinder mit Rechenstörungen fallen in der 4. Klasse unter anderem dadurch auf, daß sie beim spaltenweisen Addieren bzw. Subtrahieren mehrstelliger Zahlen immer noch ihre Finger zu Hilfe nehmen.

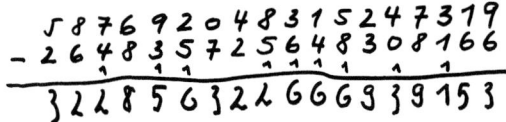

Eine bei Schülern ab der 2. Klasse beliebte „Riesen"-Rechenaufgabe, die motivierend wirkt und die, wenn leicht gelöst, das Zutrauen in das (meist angeknackste) Selbstvertrauen stärkt

Im Zahlenraum bis 20

Daß die Zähler unter den Schülern fast ausschließlich die Finger benutzen, ist nicht nur auf deren leichte Verfügbarkeit und Handhabbarkeit zurückzuführen. Die Finger unterstützen die Gedächtnisleistung durch den taktilen Faktor und bilden darüber hinaus günstig die Zehnerstruktur unseres Zahlensystems ab. Dieser Vorteil läßt sich günstig für die Anschauung verwerten. Dies ist nur ein scheinbarer Widerspruch zu den bisher beschriebenen Methoden, die ja das Ziel hatten, den Schüler von der Fingermanipulation abzuhalten. Während der Zählvorgang ein dynamisches Moment beinhaltet und die Finger einer nach dem anderen auf- oder zuklappen, wird in dem hier vorgeschlagenen Verfahren das *statische* Moment betont: Die dem Schüler vertrauten Fingerbilder werden produktiv genutzt.

Meist haben die Schüler keine Schwierigkeiten 3, 7 oder 9 Finger zu zeigen, fallen aber bei der Zehnerergänzung auf die bewährte Zählmethode zurück. Hier läßt sich durch taktiles Training die jeweilige Anzahl fehlender Finger *ohne sukzessives Aufklappen* bestimmen, dies muß allerdings geübt werden. Dazu ist es hilfreich, wenn der Schüler sämtliche Finger auf den Tisch legt und die rechts bzw. links einer Markierung liegende Fingerzahl bestimmt.

Erkennen der Ergänzung zu 10 und der zusammengehörigen Zahlen

Meist gelingt ihm dies aufgrund der vorangehenden Anzahlbestimmungsübung relativ leicht. Die Frage nach der Zehnerergänzung ist gesondert zu stellen, da sie vom Kind nicht automatisch mitvollzogen wird (in der Abbildung: „Wieviel ist es von der 4 bis zur 10?", „Wieviel von der 6 bis zur 10?"). Die Fingerdarstellung erleichtert auch die Zuordnung von „Zahlenpärchen" (3–7, 1–9 etc.), die den Zählern meist nicht aufgefallen oder gar geläufig ist.

Es ist dabei nicht nur wichtig sondern unumgänglich, sämtliche Zahlbeziehungen jeweils abzufragen:

– Wieviel fehlt von der 4 bis zur 10?
– Wieviel fehlt von der 6 bis zur 10?
– Wieviel ist 4 + 6?
– Wieviel ist 6 + 4?
– Wieviel ist 10 – 4?
– Wieviel ist 10 – 6?

Ebenso wichtig ist es, die Wortwahl innerhalb der Fragestellung zu variieren, da dies von den Kindern nicht immer erkannt wird:

– Wieviel fehlt von der 4 bis zur 10?
– Wie weit ist es von der 4 bis zur 10?
– Wie viele Schritte mußt Du von der 4 bis zur 10 gehen?
– Wie viele Schritte mußt Du von der 10 bis zur 4 zurückgehen?

Die Einmaleins-Reihen

Die Hinzunahme des taktil-kinästhetischen Faktors erleichtert auch das Lernen sonst sehr eintöniger Erinnerungsaufgaben, etwa des Einmaleins in der 2. Klasse. Die Anbindung eines Sachverhaltes an viele Sinne erhöht auch hier die Möglichkeit, die Multiplikationsreihen im Gedächtnis zu speichern.

Die Finger eignen sich gerade bei Zählern mit Anschauungsproblemen durch ihre Vertrautheit im Umgang. Auch hier ist wieder darauf zu achten, daß die Finger *statisch* verwendet werden, sie sollten sich *nie nacheinander* bewegen. Die folgende Abfolge hat sich dabei nach unserer Erfahrung bewährt:

- Die Zahlen der jeweils zu lernenden Reihe werden oberhalb der Fingerspitzen (oder auf die Fingernägel) aufgeschrieben. Für die 7er-Reihe gibt dies die Abbildung wieder.
- Die Zahlenreihe der ersten Hand wird gelesen, mehrfach wiederholt, rückwärts gelesen und ebenfalls wiederholt. Hierbei werden die entsprechenden Finger von der Lehrerin berührt.
- Die gleiche Übung wird dann in unsystematischer Abfolge (7, 21, 35, 28, 35, 14, ...) durchgeführt.
- Anschließend werden die bislang sichtbaren Zahlsymbole abgedeckt. Durch schlichtes Tippen auf den Finger soll das Kind die zugehörige Zahl benennen (hier also Mittelfinger = 21, Daumen = 35). Man beachte, daß sich an der linken Hand die Reihenfolge in der für das Kind ungewohnten Weise umkehrt, was aber erfahrungsgemäß keinerlei Probleme bereitet, da die Finger taktil verwendet werden.

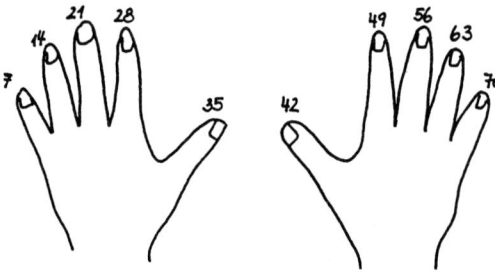

Fingerbild der 7er-Reihe

- Nun werden beim Antippen der Finger die entsprechenden Multiplikationsaufgaben begleitend gesprochen (Zeigefinger: 28 = 4 · 7). Das Antippen kann nach einiger Zeit unterbleiben und sollte nur noch hilfsweise bei Unsicherheit des Schülers eingesetzt werden.
- Jetzt wird lediglich eine Zahl genannt (28, 14), woraufhin der Schüler die Multiplikationsaufgabe angibt (4 · 7, 2 · 7). Hier wird man oft die Augenbewegung des Schülers bemerken, mit der er den entsprechenden Finger (Zeigefinger, Ringfinger) sucht.
- Nachdem an der ersten, meist linken Hand die eine Hälfte der Zahlenreihe gelernt wurde, verfährt man entsprechend mit den anderen Fingern (hier also 42–70 für den Daumen bis zum kleinen Finger der rechten Hand).
- Im letzten Schritt werden dann sämtliche 10 Finger abwechselnd in die Übung einbezogen, ein Antippen unterbleibt.
  Allerdings ist dem Schüler noch gestattet, sich die Finger bei den Multiplikationsaufgaben und ihren Umkehrungen (6 · 7 = , 63 =) anzuschauen.
- Zuletzt wird die Überprüfung der Reihe mit geschlossenen Augen des Schülers vorgenommen.

Es sind durchaus andere gedächtnisunterstützende Verfahren denkbar, das beschriebene hat sich aber durch seine körperbetonten Momente bewährt. Zu beachten sind hier, wie bei allen Lernprozessen, die auf eine Memorierung angelegt sind, bestimmte Prinzipien der Gedächtnispsychologie.

> *Insbesondere sollte nach 20 Minuten die Übung festigend wiederholt werden.*

In dieser Phase findet der kritische Wechsel des Speicherungsvorganges im Gehirn statt, und zwar vom Kurzzeitgedächtnis zur Langzeitspeicherung (chemische Veränderungen an den Nervenenden), das im Prinzip unbegrenzt ist. Von dort geht nichts mehr verloren, es sei denn durch äußere Einflüsse.

5.2.4 Hilfsstrategien, Tricks und Kniffe beim Kopfrechnen

Hierbei handelt es sich nicht um eigentliche gedächtnis*stützende* Verfahren oder Automatismen, sondern um Hilfen, die das Gedächtnis *entlasten*. Dies ist zwar nicht dasselbe, aber der Effekt ist der gleiche: Die Aufgaben werden schneller und sicherer bearbeitet.

Allerdings heißt dies nicht, das man immer alles in seinem Gedächtnis wiederfindet, was man dort abgelegt hat; aber dies betrifft dann die *Wiederfindungsprozesse*, nicht das Gedächtnis im engeren Sinne.

> Jede Lehrerin weiß von sich, daß sie Aufgaben im Kopf anders rechnet als mit Hilfe von Papier und Bleistift.
>
> *Aber die Schüler wissen es nicht und entwickeln daher von sich aus auch keine eigenen Kopfrechenverfahren.*

Diese anderen, neuen Verfahren und günstigen Hilfen müssen sie erst kennen- und benutzen lernen, bevor sie sie wirksam anwenden können. Sie stellen einen eigenen Unterrichtsgegenstand dar, der darüber hinaus den Vorteil hat, daß er von den Schülern gerne aufgenommen wird, weil sie sofort erleben, wie sich ihre Fähigkeiten steigern, sich ihre Rechenkompetenz erweitert. Dieser Motivationseffekt ist gerade bei rechenschwachen Schülern nicht zu unterschätzen.

Vereinfachung

Aufgrund fehlender Alternativstrategien lösen viele Schüler Multiplikationsaufgaben des großen Einmaleins oder komplizierte Additionsrechnungen genauso „wie im Heft". D. h. sie stellen sich die Aufgabe als schriftliche Vorgabe vor und versuchen, sie entsprechend zu lösen.

Das halbschriftliche Verfahren der Multiplikation entspricht aber eher dem Vorgehen, mit dem geübte Rechner oder Erwachsene solche Aufgaben angehen: Eine schwierige Aufgabe wird vereinfacht und in leichtere Teilaufgaben zergliedert, wie z.B.

– $31 \cdot 27$ wird zerlegt in $30 \cdot 27 + 1 \cdot 27$
– $23 \cdot 15 = 20 \cdot 15 + 3 \cdot 15$

Dies setzt natürlich voraus, daß das kleine Einmaleins als Automatismus verfügbar ist, sonst hilft diese Entlastung nichts. Keineswegs selbstverständlich ist aber eben diese Zerlegung in „einfache" Aufgaben, also Aufgaben, die die Schüler schon auswendig wissen oder leicht berechnen können. Hierbei handelt es sich um übergeordnetes Wissen (Metawissen), denn der Schüler muß erkennen, was für ihn leicht ist.

Dies ist insofern nicht banal, als das, was für einen Schüler leicht ist, für den Nachbarn keineswegs leicht sein muß. Die obige Vereinfachung ist nur dann hilfreich, wenn tatsächlich $20 \cdot 15$ automatisch berechnet werden kann. Anderenfalls stellt obige Vereinfachung eine Erschwerung dar, da ja hier wesentlich mehr Rechenoperationen ausgeführt werden müssen, etwa eine zusätzliche Addition. Es ist also notwendig, vor den Vereinfachungen sicherzustellen, daß die Grundaufgaben *bei dem individuellen Schüler* verfügbar sind.

Bei Additionsaufgaben erleichtert der Überblick über glatte Zerlegungen in verschiedenen Zehnerpotenzen auch vermeintlich schwierige Rechnungen:

– $347 + 669$ wird zerlegt in
  $340 + 660 + 7 + 9 = 1000 + 16$.
– $453 + 549$ wird zerlegt in
  $450 + 550 + 3 - 1 = 1000 + 2$.
– $737 - 458$ kann vereinfacht werden zu
  $750 - 450 - 13 - 8 = 300 - 21$

Wie gelangt der Schüler zu solchen Vereinfachungen, zu diesen schnellen Urteilen über günstige Lösungswege beim Kopfrechnen? Zum einen ist es dafür notwendig, möglichst verschiedene Lösungswege nicht nur („theoretisch") kennenzulernen, sondern mit allen vertraut zu sein, d. h. sie alle an einer Vielzahl von Aufgaben ausprobiert zu haben.

Zum anderen bedarf es der Vermittlung von Kriterien: Wann ist eine bestimmte Strategie günstig, wann eine andere? So lösen natürlich Erwachsene die Aufgabe 91–89 durch Ergänzung, nicht weil das Ergänzungsverfahren im heutigen Unterricht meist vorgeschrieben ist, sondern weil es sich *bei dieser Aufgabe* als optimal erweist. Bei der Aufgabe 91–2 würde dagegen kein Erwachsener und auch keine Lehrerin das Ergänzungsverfahren anwenden, sondern schlicht abziehen.

Dieser flexible Umgang mit den ansonsten vermeintlich unflexiblen mathematischen Unterrichtsinhalten und Algorithmen kann sich aber nur über den ständigen Vergleich ausbilden. Der Schüler erlebt dabei, wie die verschiedenen Verfahren und Strategien zwar zum gleichen Ergebnis führen, aber auch wo, also z. B. bei welchen Zahlen, sie günstiger und weniger günstig sind etc.

So ist das Abzählen ein Verfahren, das immer zum Ziel führt und deshalb insbesondere von unsicheren Schülern der Eingangsstufe so hoch geschätzt wird. Aber selbst eingefleischte Zähler verwenden es nicht bei Aufgaben wie 3 + 3, 5 + 5 oder 10 + 10. Kann es dann nicht bei anderen Aufgaben auch günstigere Verfahren geben? Etwa bei 3 + 4, 5 + 6, 5 + 7, 10 + 11, 10 + 12?

Ein weiterer Rechentrick besteht darin, einfache Zahlzusammenhänge zu benutzen (man könnte auch sagen, algebraische Kenntnisse umzusetzen). So lassen sich einige Rechnungen vereinfachen, indem man die Mittelwerte von Zahlen verwendet:

- $4 + 8 = 2 \cdot 6$
- $4 + 5 + 6 = 3 \cdot 5$
- $13 + 15 + 17 + 19 + 21 = 5 \cdot 17$

Warum ist dies so? Klappt dieses Verfahren immer? Auch hier können die Kinder die Strategie nur dann erinnern und v.a. in neuen Situationen anwenden, wenn sie die zugrundeliegende Gesetzmäßigkeit auf Handlungen zurückführen können:

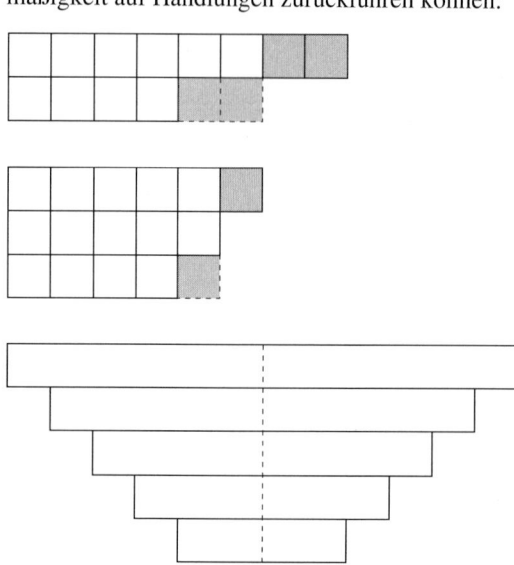

Darstellung des Mittelwertes

Bei Multiplikationsaufgaben ist für bestimmte Zahlenkombinationen ebenfalls ein Rechentrick bekannt. Liegen die beiden Faktoren gleich weit von einer Zahl entfernt, die sich leicht mit sich selbst malnehmen läßt oder deren Quadrat bekannt ist, dann vereinfacht sich die Kopfrechnung erheblich:

- $7 \cdot 13 = 10 \cdot 10 - 3 \cdot 3 = 100 - 9$
- $18 \cdot 22 = 20 \cdot 20 - 2 \cdot 2 = 400 - 4$
- $107 \cdot 93 = 100 \cdot 100 - 7 \cdot 7 = 10\,000 - 49$
- $288 \cdot 312 = 300 \cdot 300 - 12 \cdot 12 = 90\,000 - 144$

Dies mag auf den ersten Blick immer noch ein erheblicher Rechenaufwand sein, aber tatsächlich sind die erforderlichen Operationen auch für Grundschüler einfach durchführbar. Wesentlich ist allerdings, daß diese Strategien als Tricks eingeführt werden:

- Warum klappt dieses Verfahren bei diesen Zahlen?
- Funktioniert es immer? Wo nicht?

- Welches sind hierfür schöne Zahlen, welche nicht?
- Welche Quadratzahlen kenne ich?
- Gibt es ähnliche Gesetzmäßigkeiten bei den Multiplikationsaufgaben, die ich schon kenne?

So ist es interessant zu untersuchen, ob es immer so ist, daß eine Quadratzahl um 1 mehr ist als das Produkt der Nachbarzahlen:

$7 \cdot 7 = 49 \qquad 6 \cdot 6 = 36 \qquad 8 \cdot 8 = 64$
$6 \cdot 8 = 48 \qquad 5 \cdot 7 = 35 \qquad 7 \cdot 9 = 63$

Für viele arithmetische Bereiche lassen sich solche gedächtnisentlastenden Kniffe einsetzen, und die erfahrene Lehrerin wird einige davon in ihrem Repertoire haben. Unglücklicherweise sind aber diese Strategien alle bereichsspezifisch, d.h. sie lassen sich nicht auf andere Inhaltsbereiche oder gar andere Fächer übertragen. Dies erklärt auch den geringen Erfolg von Büchern der Art „In 3 Tagen zum perfekten Gedächtnis" (außer für das Konto des Autors).

Die dort empfohlenen Strategien helfen vielleicht zum Memorieren von fremden Namen und neuen Telefonnummern, selten verbessern solche allgemeinen Gedächtnisstützen aber sinnerfassendes Lernen. Aber seien wir realistisch, auch unsere Tips werden nicht aus den Grundschülern Gedächtnisgenies machen. Die beste Strategie liegt bei der Lehrerin, die den Schülern hilft, den Inhalt zu verstehen.

Und für die Automatismen trifft leider immer noch die alte, inzwischen zu Unrecht verpönte Weisheit zu:

Fertigkeiten erwirbt man durch sinnvolles und regelmäßiges Üben.

Es gibt noch eine Menge weiterer, sehr erfolgreicher Strategien, das Gedächtnis zu verbessern, die wir aber leider wieder vergessen haben.

5.3 Förderung der Konzentration und der Aufmerksamkeit

Auch wenn Grundschüler einer ganzen Unterrichtsstunde nicht konzentriert folgen können (vgl. Kap. 2.6), so fallen doch einige Kinder durch hohe Ablenkbarkeit und mangelnde Aufmerksamkeit auf, so daß sie dem Unterrichtsinhalt nicht in erwarteter Weise folgen können oder bei Aufgaben zögern, stocken und ganz abbrechen müssen.

© 1981 United Feature Syndicate, Inc.

Machmal reichen sehr einfache Mittel der Aufmunterung und Bestätigung, wenn ein Schüler aufgrund hoher Ängstlichkeit und Unwissenheit darüber, wie er die Aufgabe angehen oder fortsetzen soll, seine Flucht in der Ablenkung sucht. Häufig helfen schon einfache Zuwendung wie:

– „Nun laß Dir mal ruhig Zeit, damit Du auf alles achten kannst, was bei der Aufgabe wichtig ist."
– „Weißt Du noch genau, was Du herausfinden willst?"
– „Ja, bitte, sag Dir erst mal vor, was Du tun sollst. Was sind die Schritte, die nacheinander kommen?"
– „Ja, das ist jetzt Dein Plan. Was wirst Du also zuerst tun?"
– „Gut, richtig. Das hast Du gut gemacht. — Ja. Schön. Und weiter — laß Dir aber Zeit, hier wird es ein bißchen schwerer. Da mußt Du gut aufpassen. Ja, das ist nicht so gut gegangen. — Stell Dir noch mal genau vor, wie Du es machen willst. Du kannst das besser. Was kommt zuerst?"
– „Dann langsam — ja, so wirst Du es schaffen können. — So ist es schon viel besser geworden" (WAGNER, 1984, S. 49).

Manchmal aber reichen diese Hinweise nicht aus, und es bedarf einer individuellen Förderung und eines speziellen Trainingsprogramms. Diese werden meist von der schulpsychologischen Beratungsstelle durchgeführt, die Grundschullehrerin kann das Training aber in ihrem Unterricht unterstützen, indem sie die entsprechenden Verhaltensweisen übernimmt.

Die meisten Programme basieren auf dem „inneren Sprechen" und dem Modellernen. Die Lehrerin macht dem Kind vor, wie sie eine Aufgabe beginnt und spricht dabei laut, sie instruiert sich selbst (WAGNER, 1984, S. 62 f):

(Aufgabenanalyse)
– „Was ist meine Aufgabe?"
– „Weiß ich genau, was ich zu tun habe?"
– „Ich kann mir die Aufgabe einteilen."

(Materialanalyse)
– „Ich kann mir einen Plan machen."
– „Was ist gegeben?"
– „Was weiß ich schon?"

(Zielanalyse)
– „Kenne ich mein Ziel?"
– „Was soll ich erreichen?"
– „Was will ich eigentlich?"

(Konfliktanalyse)
– „Warum komme ich jetzt nicht weiter?"
– „Was ist das eigentlich, was da stört?"
– „Von welcher Seite kann ich das Problem betrachten?"

(Formulierung von Zwischenzielen)
– „Bis hierhin habe ich es schon geschafft."
– „Was weiß ich denn jetzt schon mehr über die Aufgabe?"
– „Bis jetzt sind alle Schritte richtig."

(Bewertung von Ergebnissen)
– „Das habe ich gut gemacht."
– „Die Mühe hat sich gelohnt."
– „Das war ganz schön anstrengend, aber ich habe es geschafft."

(Bewältigung von Frustrationen)
– „Jetzt habe ich einen Fehler gemacht, das ist nicht schlimm, Fehler kann man verbessern."
– „Ich kann das schon, wenn ich genau hinsehe."
– „Ich brauche keine Angst zu haben, ich mache ruhig und bedächtig weiter."

(Aufforderung zum Zeitlassen, Bedächtiges Vorgehen)
– „Ich kann ruhig langsam machen, Hauptsache es wird richtig."
– „Wenn ich mich jetzt aufrege, übersehe ich leicht etwas Wichtiges."
– „Lieber langsam und richtig, als schnell und falsch."
– „Noch einen Satz, und ich mach' erst einmal eine Pause."

Die Lehrerin spricht dies laut, während sie eine Aufgabe bearbeitet, sie regt den Schüler gleichzeitig an, diese Selbstinstruktion ebenfalls zu verwenden. In zunehmendem Maße spricht sie dabei leiser, zuletzt unhörbar, wobei nur noch die Mundbewegungen zu sehen sind. Schließlich entfällt auch dies: Es findet nur noch ein inneres Sprechen statt.

Damit das Kind später ohne Hilfe der Lehrerin das innere Sprechen übernimmt, hat sich gerade in Grundschulklassen die Einführung von Symbolen bewährt. Diese liegen als Kärtchen vor dem Schüler oder hängen, für alle Kinder sichtbar, an der Wand.

Beispiele für Symbole zum Aufmerksamkeitstraining, die die Schüler selbst erfinden können.

Die Eltern sind meist aufgrund der emotionalen Spannung, die Schulschwierigkeiten mit sich bringen, selten in der Lage, in ähnlich entspannter Weise wie die Lehrerin ihrem Kind als Modell für konzentriertes und aufmerksames Arbeiten zu dienen. Sie sollten auf im Handel erhältliche Spiele zur Konzentrationsförderung zurückgreifen, wie „Schau genau", „Was kommt danach?", „Differix" und die Simile-Serie. Diese Spiele eignen sich auch für das Aufmerksamkeitstraining im Unterricht bzw. der Beratungsstelle, da sich an ihnen ohne die emotionale Belastung des schwierigen mathematischen Stoffes die Selbstinstruktion üben läßt.

Detektivspiel

Die Schüler verbessern Geschichten der Lehrerin, in die sie „aus Versehen" Fehler eingebaut hat. Hierbei wird neben der Aufmerksamkeit auch das Kurzzeitgedächtnis gefordert.

Beispiel:

„Nachdem ich mich gestern abend mit der Zahnbürste gekämmt hatte, legte ich mich unters Bett." (Wie viele Fehler?)

„Klaus konnte heute morgen nur langsam zur Schule fahren, weil an seinem Fahrrad der Tacho kaputt ist."

Zahlen vermeiden

Anstelle einer bestimmten Zahl, die vorher ausgemacht wird, sagen die Schüler ein Wort, z. B. „Nase".

Beispiel:

Ist die Zahl 7 bestimmt, dann heißt es 4, 5, 6, Nase, 8, ..., 16, Nasezehn, 18, ..., sechsundnasezig, Nasenasezig, ...

Erweiterung:
Das entsprechende Wort muß auch bei den Zahlen gesagt werden, die sich durch die vereinbarte Zahl teilen lassen (hier 14, 21, ...)

Was ist verschwunden?

Auf dem Tisch werden verschiedene Gegenstände ausgebreitet. Nachdem das Kind diese einige Zeit betrachten durfte, wird ein Gegenstand entfernt. Das Kind muß den fehlenden Gegenstand angeben.

Erschwerung:
Die verbleibenden Gegenstände werden umgeordnet.
Es werden mehrere Objekte entfernt.

Training des Aufgabenverständnisses

Arbeitsblattvorschlag (nach VESTER, BEYER & HIRSCHFELD, 1979, S. 63):

Dies ist ein zeitlich begrenzter Test. Du hast nur 3 Minuten Zeit.

1. Lies alles, bevor Du etwas tust.
2. Schreibe schnell Deinen Namen in die obere rechte Ecke des Blattes.
3. Kreise im vorigen Satz das Wort „schnell" ein.
4. Zeichne 5 kleine Vierecke in die obere linke Ecke dieses Blattes.
5. Zeichne ein „x" in jedes der Vierecke.
6. Unterschreibe dieses Blatt rechts unten nur mit Deinem Nachnamen.
7. Vor Deine Unterschrift schreibe „Ja, Ja, Ja".
8. Sprich laut und deutlich Deinen Namen.
9. Kreise jede auf diesem Blatt erkennbare „3" ein.
10. Schreibe ein „x" in die untere linke Ecke dieses Blattes.
11. Zeichne einen Kreis um das soeben geschriebene „x".
12. Sage so laut, daß dich jeder verstehen kann: „Ich bin nahezu fertig, ich habe alle Anweisungen befolgt".
13. Und nun, da Du alles sorgfältig durchgelesen hast, tue nur das, was in der Anweisung 2 steht.

Bilder zum Einfügen in ein Feld

Die in beliebiger Reihenfolge als Quadrate vorgegebenen Figuren werden in ein Feld eingemalt. Neben dem Erfassen geometrischer Figuren ist eine hohe Aufmerksamkeit und eigenständige Überprüfung gefordert (s. Bild).

Visuelle Fähigkeiten

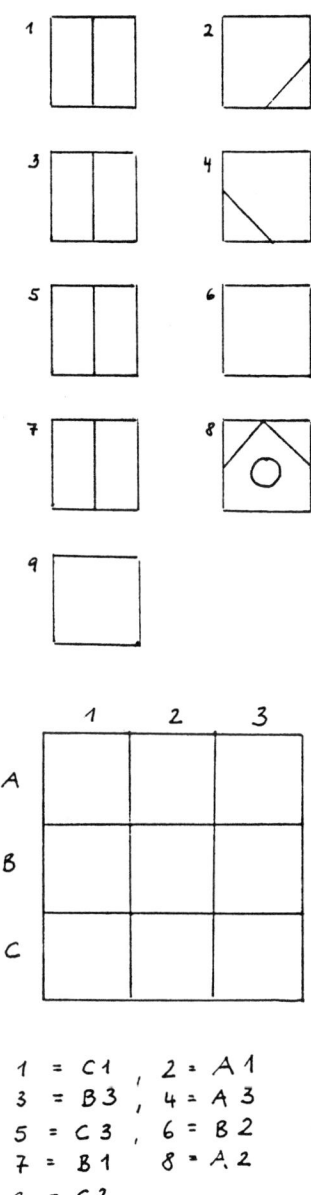

1 = C1 , 2 = A1
3 = B3 , 4 = A3
5 = C3 , 6 = B2
7 = B1   8 = A2
9 = C2

Muster fortsetzen

Die Grundschullehrerin verfügt über ein Repertoire an Spielen, die sich für Konzentrationsübungen eignen. Die an dieser Stelle aufgeführten sollen lediglich als Anregung für weitere Möglichkeiten dienen. Es lohnt sich aber, aus Zeitschriften die Spiele **Original und Fälschung** und **Muster fortsetzen** zu sammeln.

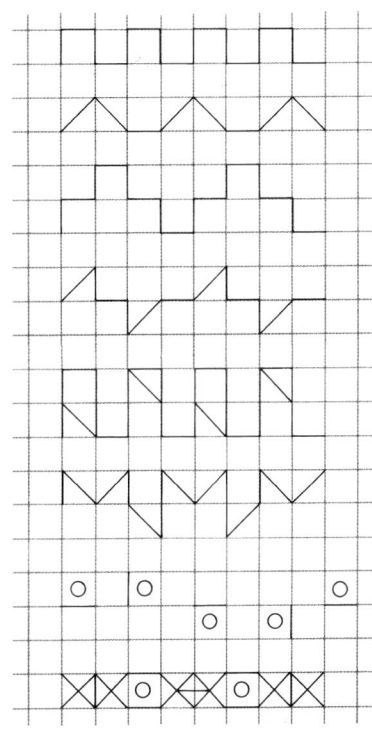

Setze die Muster fort

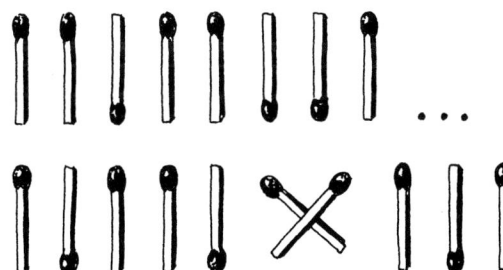

Sollte eine Leserin beim Durcharbeiten dieses Kapitels die Konzentration verlassen haben: 10 Kniebeugen machen, 1 Glas frisch gepreßten Orangensaft trinken und nochmal von vorne beginnen!

5.4 Entwicklung von Einprägestrategien

Ein gutes Gedächtnis ist zwar von unschätzbarem Wert (wie einer der Autoren jeden Morgen auf der Suche nach seinem Autoschlüssel schmerzhaft erfahren muß), es hängt aber, glücklicherweise nur in geringem Umfang mit der Intelligenz zusammen. Dies trifft allerdings lediglich auf die in Intelligenztests verwendete Gedächtnisprüfung zu, die eine Denkleistung weitgehend auszuschließen versucht und sich auf das Erinnern sinnloser Silben- oder Zahlenfolgen (oder Autoschlüsselaufenthaltsorte) beschränkt.

Kinder unterscheiden sich aber deutlich darin, wie sie einem zu lernenden Inhalt eine Ordnung und eine Struktur geben. Rechenschwache Schüler nutzen den Ordnungsgrad des dargebotenen Materials nicht aus, besser: sie erkennen ihn nicht immer oder geben ihm von sich aus keine Struktur. Damit entgeht ihnen die Möglichkeit, jenseits mechanisch-assoziativen Memorierens sich „logischer" Einprägehilfen zu bedienen und für die Aufgabenstellung Unwesentliches fortzulassen.

> *Rechenschwache Schüler lernen genauso viel wie ihre Klassenkameraden, aber das Falsche.*

Es gibt einige Spiele und Prinzipien für sinnhaftes Einprägen, die im folgenden kurz dargestellt werden sollen.

Eine hilfreiche Strategie, sich Objekte oder Sachverhalte zu merken, besteht darin, einen Oberbegriff bzw. eine gemeinsame Eigenschaft oder einen gemeinsamen Verwendungszusammenhang zu konstruieren. Dies kann spielerisch im Unterricht angegangen werden. So werden auf dem Tisch diverse Objekte (Kamm, Schachtel, Fläschchen, Schwamm, Füller, Radiergummi, Seife u.a.m. ausgebreitet, die anschließend mit einem Tuch verdeckt werden. Die Schüler sind angehalten, sich die Objekte zu merken.

- Die Schüler stellen fest, daß sie nur wenige Objekte erinnern, anfangs vielleicht 6–7.
- Auch eine ständige Wiederholung dieser Aufgabe führt nicht dazu, sich mehr Objekte zu merken.
- Die Schüler sind nun angehalten, die Objekte zu ordnen: Welche sind schwer, welche leicht? Welche Objekte sind eckig, welche nicht? Welche Objekte brauche ich beim Händewaschen, welche beim Schreiben? Usf.
- Die Schüler stellen fest, daß sie plötzlich wesentlich mehr Objekte behalten können. Warum?
- Eine Diskussion mit den Schülern kann (sollte) ergeben, daß sie nun anders vorgehen: Sie versuchen, die Objekte entlang der Oberbegriffe zu erinnern, was ihnen wesentlich leichter fällt. *Sie stellen die Objekte in Zusammenhänge* („Die Sachen liegen bei mir zu Hause auf dem Tisch", „Die gehören zum Auto", „Die riechen gut").
- Und diese Strategie läßt sich nun auf neue Objekte übertragen. Die Schüler sind angehalten, sich die Objekte in einer Situation oder zusammen während einer Handlung vorzustellen, die nicht unbedingt realistisch sein muß („Der Füller liegt im Wasserglas", „Ich habe einen Handschuh an und wasche mit dem Schwamm den Radiergummi").
- Auch hier sollten die Schüler ihre individuellen Vorstellungsbilder austauschen und so kreative und wirkungsvolle Zusammenhänge erfahren.

Einprägestrategien sind inhaltsabhängig, da sie die Struktur des Inhalts verwenden. Für mathematische Aufgaben bedeutet dies, daß der Schüler zuerst das Material *analysieren* muß, bevor er es sich einprägen kann (vgl. IRRLITZ, 1978). Die Fähigkeit, Sachverhalte, die der Schüler sich merken möchte, zu analysieren, muß zwar nicht unbedingt an arithmetischen Inhalten geübt werden, bietet sich aber für rechenschwache Kinder an.

Dann werden die Teile des einzuprägenden Inhaltes klassifiziert und neu geordnet. Hierzu bieten sich Aufgabenkärtchen an, auf denen Material enthalten ist, das in zwei oder mehr getrennte Gruppen zerfällt, z. B.

Rose, Kirsche, Tulpe, Gurke, Nelke, Apfel

Veilchen, Banane, Köln, Frankfurt, Rose, Apfelsine, München, Tulpe, Zitrone

4, 45, 155, 55, 65, 5, 145, 165, 6

Berlin, Prag, Bremen, Rom, London, Bielefeld, Paris, Berleburg

2 0,5 0,7 4 0,6 8 0,8 6

Auch kommt es darauf an, ob das Material in genau der Reihenfolge wiedergegeben werden soll, wie es dargeboten wurde, oder ob, wie in den obigen Beispielen, die Reihenfolge beliebig ist und eher entsprechend den Oberbegriffen abgearbeitet wird.

Soll die Reihenfolge eingehalten werden, dann sollte, zumindest in der Anfangsphase des Trainings, das Material auch entsprechende Reihung zulassen, wie beispielsweise

1 5 9 13 17 21 25 29 33 37

7 15 12 20 17 25 22 30 27 35

3 6 4 8 6 12 10 20 18 36

Wichtig ist, daß sich die Schüler über ihre unterschiedlichen Einprägestrategien verständigen und diese austauschen können. Dabei lernen sie, wie Klassifikationen und die Bildung von Oberbegriffen das Einprägen erleichtern und die Abrufstrategien steuern.

Name	Zeichen	Zeichenbedeutung (wurde den Schülern nicht genannt)
Tisch	⊓	(Stuhl)
Beil	∧∧∧∧∧	(Säge)
Tür	†	(Fenster)
Haus	△	(Dach)
Regen	◁	(Regenschirm)
Märchen	□	(Buch)
Blume	∨	(Vase)
Tal	∽	(Berg)
Wasser	~	(Wellen)
Garten	∣∣∣∣∣∣	(Zaun)
Auto	∕ ∕	(Straße)
Strom	:	(Steckdose)

Beispiele für das Lernen von Wort-Bild(Symbol)-Paaren; der Schüler erleichtert sich die Aufgabe, wenn er Beziehungen zwischen den Teilen herstellt (aus IRRLITZ, 1978, S. 113).

5.5 Was können die Eltern tun?

Für die Förderung der Rechenfähigkeit existieren Aktivitäten, die sich problemlos als familiäre Spiele umdeuten oder in soziale Tätigkeiten einbeziehen lassen und zu denen die Eltern lediglich gezielter Hinweise bedürfen, um sie durchzuführen.

Spiele

Spiele sollten sporadisch und situationsangemessen eingesetzt werden, um nicht ihren auflockernden, streßfreien Charakter zu verlieren. Sie dürfen von den Eltern nicht als abgewandeltes Trainingsprogramm mißverstanden und von den Kindern als zusätzliche Belastung, als Nachhilfe aufgefaßt werden. Häufig reicht es aus, gezielte Fragen zu stellen, die die Vorstellung fordern, ohne schulisch zu wirken. Die folgende Liste von Aktivitäten strebt keine Vollständigkeit an und ist von kreativen Eltern beliebig zu ergänzen.

Das **Papierfalten** läßt sich ohne Mühe durchführen. Der Erwachsene faltet einen Bogen Papier und schneidet aus dem so entstandenen kleineren Blatt einfache Teile (Ecken, Dreiecke) ab. Das Kind erhält ein eigenes Papierblatt, auf dem es jene Stellen markiert, die nach dem Auffalten fehlen würden. Der Schwierigkeitsgrad läßt sich dabei durch Hinzunahme weiterer Faltachsen beliebig steigern, die Form der ausgeschnittenen Schnipsel kann in der Kompliziertheit von symmetrischen zu asymmetrischen Formen ansteigen.

Die zur Weihnachtszeit gebastelten Sterne bieten ebenfalls eine diesbezügliche Aktivität: Die Aufforderung besteht nun darin, eine vorgegebene Figur durch geeignetes Falten und Ausschneiden herzustellen (für weiterführende Aufgaben siehe LÖRCHER & RÜMMELE, 1987).

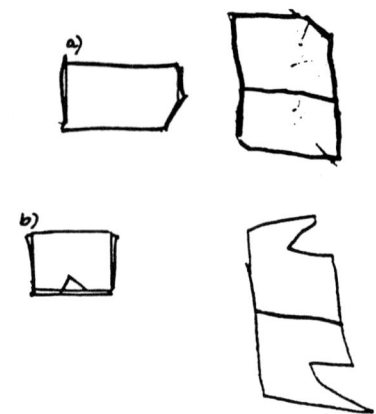

Aus gefaltetem Papier ausgeschnittene Teile, die von einem rechenschwachen Kind auf seinem Blatt anzugeben waren

Diese Form des Faltens und Ausschneidens ist eine andere als beim **Origami**. Auch dort wird zwar Papier gefaltet und zur Begeisterung der Kinder entstehen Elefanten, Pinguine, Frösche, Blumen und ähnliches. Das einfachste Beispiel ist das Papierschiffchen, das auch motorisch ungeschickte Kinder meist erstellen können. Nur: Dieses Falten wird als Bewegungsabfolge gespeichert, die Kinder wissen, „Jetzt muß sich diese Kante auf jene legen, dann entsteht ein Quadrat, dann dort umknicken, ...". Die Zwischenstücke können aber nicht von der Zielfigur her abgeleitet werden, sie haben in der Regel keine anschauliche Beziehung zu ihr, sondern ergeben sich als Zwischenschritte, die wiedererinnert werden und die weitere Faltfolge einleiten. Sie können jedoch selten für sich reproduziert werden. Ist ein Teilschritt falsch erinnert, besteht für die Kinder wenig Möglichkeit, den Algorithmus von sich aus zu korrigieren: Sie müssen die richtige Abfolge neu lernen (FLOER, 1982).

Visuelle Fähigkeiten

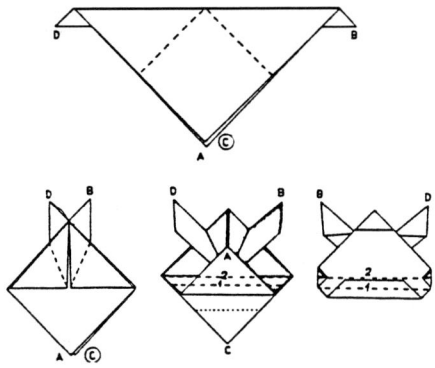

Ein Origami-Helm mit Zwischenschritten (vgl. auch I. KNEIßLER, Das Origami-Buch, Ravensburg: Maier, 1965)

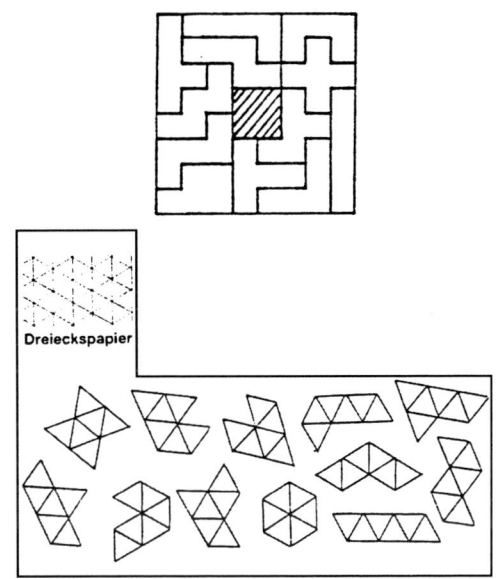

Pentominos und Hexominos (vgl. auch LÖRCHER & RÜMMELE, 1987)

Puzzles sind praktisch in jedem Kinderzimmer zu finden, auch bei jenen Kindern, die dieses Spiel weitgehend zu vermeiden trachten. Für die Förderung der Anschauung sind allerdings abstraktere, formbetonte Puzzles vorzuziehen, wie z.B. die Tangrams. Puzzles lassen sich aus Karo- oder Dreieckpapier selbst herstellen. Die zusammenzusetzenden Flächen können variieren: Aus den 12 verschiedenen Pentominos (Figur aus 5 gleichen Quadraten) sollen Rechtecke gelegt werden (3 x 20, 4 x 15, 6 x 10), ebenso aus den 12 Hexominos (aus 6 gleich großen, gleichseitigen Dreiecken).

Bei **Würfeldrehungen** besteht die Aufgabe in der Bestimmung der oben (rechts, unten, hinten etc.) befindlichen Augenzahl, nachdem ein vorher sichtbarer, dann abgedeckter Würfel in eine der vier möglichen Richtungen gedreht wurde. Beherrscht das Kind die einfache Variante, dann sind Erschwerungen durch mehrfache Drehungen möglich. Kennt das Kind die Eigenschaft der Spielwürfel, daß die Summe gegenüberliegender Augenzahlen immer 7 ergibt, dann reicht es im nächsten Schritt, den Würfel nur aus einer Perspektive zu betrachten, aus der drei Seitenflächen sichtbar sind; die jeweils anderen muß das Kind dann ableiten, d. h. sich vorstellen.

Erfahrungsgemäß wird dem Schüler die Vorstellung erleichtert, wenn er die Drehung unter dem Tuch selbst vollzieht (aber natürlich nicht sieht). Führt der Erwachsene die Bewegung aus, dann fehlen dem Schüler körpernahe Empfindungen als Unterstützung; noch schwieriger wird es, wenn der gesamte Ablauf nur sprachlich beschrieben wird. Auch für Erwachsene stellt dies

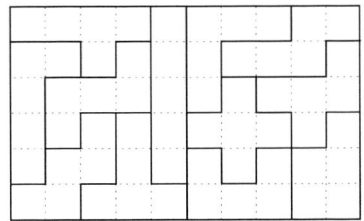

keineswegs eine leicht zu lösende Aufgabe dar: „Stelle Dir einen Würfel vor, bei dem oben die 6, links die 3 und vorne die 5 steht. Drehe ihn jetzt nach hinten, dann nach rechts, dann wieder nach hinten. Was liegt jetzt unten?" Auch unmögliche Würfelbeschreibungen können gegeben werden (vorne die 3, rechts die 4).

Im Zusammenhang mit den Würfeldrehungen sind **Würfelnetze** verwendbar, in die das jeweilige Drehergebnis einzuzeichnen ist. Dies stellt eine Steigerung dar, weil eine zusätzliche Operation, die Übertragung in eine flächige Darstellung bzw. das Zerschneiden entlang der Kanten und das Aufklappen des Würfels in der Vorstellung geleistet werden muß. Es ist darauf zu achten, daß nicht eine bestimmte Form sich zu einem Standardnetz entwickelt, sondern ungewöhnliche Netze bevorzugt werden, wenn die Kinder die einfachen Darstellungen beherrschen.

Würfel und weitere **Kanten- und Flächenmodelle** wie Prismen, Pyramiden, Stümpfe etc. lassen sich leicht aus Trinkhalmen und Pfeifenreinigern bzw. Karton herstellen. Die eigentätige Konstruktion unterstützt dabei den Aufbau von Vorstellungsbildern und die nachfolgende Analyse der räumlichen Figur (FLOER, 1982). Klebe- und Malformen sind im Handel erhältlich, beispielsweise K. & I. SCHILER, 1972, Malen–Kleben–Denken, Reinbek: Carlsen.

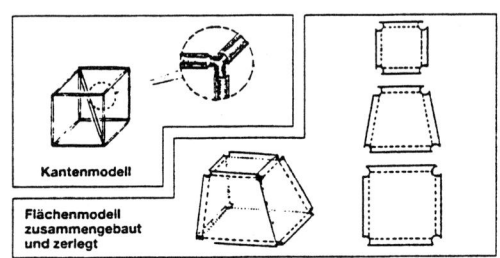

Kanten- und Flächenmodell (LÖRCHER & RÜMMELE, 1987)

Die Arbeit mit **Würfeldrehungen und -netzen** ist eine Spezialform der Kopfgeometrie (vgl. RADATZ & RICKMEYER, 1991), die von den Kindern verlangt, sich ein Objekt vorzustellen, Details auszugliedern, Perspektiven zu wechseln und Bewegungen in der Anschauung auszuführen. Für die Schüler ist es meist hilfreich, bei diesen Aufgaben die Augen geschlossen zu halten, da sie von den realen Wahrnehmungsobjekten abgelenkt werden und diese dem Aufbau innerer Bilder entgegenwirken. Mögliche Aufgaben sind:

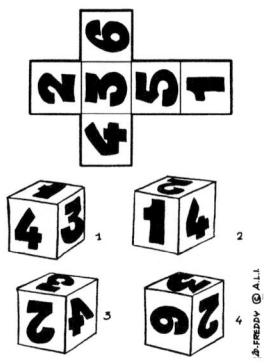

Welcher der vier Würfel wurde aus dem obigen Netz gebaut?

Mit Würfelnetzen können auch weitere Operationen durchgeführt werden (Einzeichnen einer Kante, einer Ecke; vgl. BAUERSFELD, 1972); es können am konkreten Würfel gezeigte oder beschriebene, vorgestellte Zerteilungen vorgenommen werden, die im Netz einzumalen sind (Abschneiden einer Ecke, Durchsägen etc.).

– Bestimmung der Schnittflächen (an Kugeln, Zylindern, Quadern = Backsteinen, Tetraedern = Safttüten, Kegeln; für eine auch im Unterricht verwendbare Form vgl. JAHNKE, 1988)

– Zielpunkte von Wegen angeben, die vom Erwachsenen beschrieben werden („Wir gehen aus der Wohnungstüre hinaus, steigen die Treppe sieben Stufen hinunter; müssen wir uns nach rechts oder links drehen? Wir gehen zur Haustüre hinaus, wenden uns nach rechts, gehen bis zur Straßenkreuzung. Geht es links oder rechts ab zur Kirche, zum Supermarkt etc.?" „Eine Spinne läuft im Zimmer von dem Bild ab zur Decke, dann zum Fenster, hinunter zum Fußboden und in die Mitte des Zimmers. Wenn sie jetzt zur Tür will, muß sie nach rechts oder links laufen?"). Ab 8–9 Jahren lassen sich auch die Wegbeschreibungen mit Maßzahlen durchführen (m, cm, mm), soweit sie den Kindern bekannt sind.

In eine ähnliche Richtung gehen Aufgaben zur **Längen-, Flächen-, Volumen- und Gewichtsschätzung.** Diese sollten ins Alltagshandeln einfließen und nicht zu eigenständigen Übungsschritten hochstilisiert werden. In den unteren Altersstufen erweist es sich als günstig, die jeweilige Einheit vorzugeben und nicht die herkömmlichen Maße zu verwenden, da die Kinder diese selbst noch lernen müssen. Am leichtesten fällt den Kindern das Schätzen relativ kurzer Streckenabschnitte:

- Anlegen eines Würfels an eine Blattkante und angeben lassen, wie viele weitere Würfel bis zur gegenüberliegenden Kante benötigt werden; anschließend mehrere Bögen benutzen. Bei Fehlleistungen sollten die Kinder die einzelnen Würfeleinheiten auf dem Blatt markieren, um das schrittweise Vorgehen in der Vorstellung zu üben;

- Variation der Würfelgröße; es lassen sich längere Einheiten herstellen, indem Würfel oder andere Objekte aneinander geklebt oder befestigt werden (Büroklammern, Lego- und Duplosteine, Bleistifte quer etc.).

Erst dann sollten größere Streckenabschnitte geschätzt werden (Länge des Zimmers, des Teppichs, des Hauses; auf der Straße der Abstand zur Laterne, zur Straßenkreuzung, zur Schule), wobei der Schritt als Maß dem Meter vorzuziehen ist. Immer sollten die Kinder ihre Schätzung überprüfen, die Bewegung selbst ausführen, damit sie dieses Bild langsam verinnerlichen und bei folgenden Schätzungen wieder benutzen. Es handelt

sich ja nicht um eine Einführung in Größen, sondern um das Operieren in der Vorstellung, das Zerlegen eines Raumes in kleinere Teile, um sie dann wieder anschauungsmäßig zusammenzufügen.

Größen sollten durchaus sowohl im Unterricht als auch im alltäglichen Umgang behandelt werden, wobei besonderer Wert auf Größenbeziehungen gelegt wird. Hierbei werden allerdings zu häufig die Wortverwendung und das anschauungslose Wissen über einen Sachverhalt gedrillt, ohne daß die Schüler denselben lebenspraktisch anzuwenden wüßten (WINTER, 1987). Zwar verfügen sie über die Kenntnis, daß 1000 m ein Kilometer und 100 cm ein Meter sind, können aber mit diesen Größen selbst nichts anfangen, wie sich leicht nachweisen läßt, wenn sie aufgefordert werden, einen Zentimeter oder Meter zu zeigen. Hier helfen Eselsbrücken weiter: 1 cm entspricht der Dicke des Daumens, 1 m ist die Länge des Arbeitstisches oder die Breite der Tür, 1 mm das Weiße (häufiger das Schwarze) des Fingernagels u.a.m.

Auch **Projektionen** sind nützlich („Wenn ich den Tisch aufrichten würde, wie weit würde er an der Wand hochstehen? Kannst Du einen Strich dorthin machen? Wie groß bist Du im Vergleich dazu? Wie groß Papa? Kannst du darüber springen?").

Entsprechende Aufgaben sollten zur Flächenbestimmung gestellt werden („Wieviel Papierbögen benötige ich, um den Tisch auszulegen? Den Teppich? Das Zimmer? Das Fenster?", „Wie viele Kacheln aus dem Badezimmer brauche ich, um den Tisch zu bedecken?", später dann zum Gebrauch großer Zahlen und multiplikativer Zusammenhänge: „Wie viele Karokästchen sind auf dem Blatt Papier?" und ähnliche). Die Vielfalt der möglichen Aufgaben ist unerschöpflich, da sich überall Längen und Flächen befinden, die zum Vergleich mit anderen dienen können.

Gewichts- und Volumenschätzungen werden beispielsweise beim Kochen benötigt („Wieviel

Wasser aus dem kleinen Krug brauche ich, um den Topf vollzumachen? Für die große Schüssel?", „Kannst Du mir mal doppelt soviel Mehl geben, wie ich hier Butter habe?", „Wie viele Löffel voll Erbsen benötige ich? Wie viele Kartoffeln muß ich schälen?", „Was ist schwerer, die Dose mit Karotten oder das Päckchen Butter?", „Wenn ich jetzt die Kartoffeln in den Topf mit Wasser gebe, läuft es dann über?". (Auflösung auf Seite 367)

Die jedem Erwachsenen geläufige Beziehung zwischen Volumen und Gewicht (dreimal soviel ~ dreimal so schwer, weshalb das „dreimal soviel" umgangssprachlich austauschbar für Gewichts- und Volumenbezeichnungen benutzt wird), ist Kindern keineswegs selbstverständlich, sie muß sinnlich erfahren werden. Erst durch häufiges Abwägen mit den Händen läßt sich eine Vorstellung von der Schwere eines Objektes im Vergleich zu anderen Gegenständen aufbauen.

Der Gebrauch einer Waage hilft hier nicht, er ist indirekt, durch Zwischenschaltung eines anderen optischen Signals, des Zeigers oder der Ziffernanzeige, vermittelt. Die Erfahrung der Schwere oder Leichtigkeit eines Gegenstandes ist eine andere als die des Strecken- oder Winkelabschnitts; hinzu kommt, daß das Ablesen einer Waage selbst erst gelernt werden muß und die Linearität der Skala nicht vertraut ist. Was bedeutet es für das Kind, wenn es auf die Waage steigt und 34 kg abliest oder der Zucker auf der Küchenwaage 643 g zum Ausschlag bringt? Es wird vermutlich wissen, daß die abgefüllte Menge leichter als 700 g und schwerer als 200 g ist, mehr aber auch nicht. (Für Spiele, die von Eltern durchgeführt werden können, siehe zum Beispiel die Reihe Spiel+Spaß+Lernen, Reinbek: Carlsen; mit Heften zu „Maße und Gewichte", „Die Uhr und die Zeit", „Ziffern und Zahlen", „Form und Farben".)

Weitere im Haushalt durchführbare Aktivitäten liegen im Umfeld des *Eierschneiders* (Parallelenschar) und der geometrischen Vorerfahrungen des Teilens und damit der Division durch Handlungsvollzug beim Kuchenschneiden und der „Messer-Systeme", die sich auf Parkettierungen erweitern lassen. Die Betonung liegt auch hier in der vorstellungsmäßigen Vorwegnahme der anschließend ausgeführten Tätigkeit, die Frage nach dem Ergebnis der geplanten Handlung darf also nie fehlen.

Wahrscheinlich wird die Vorstellung der Kinder zum ersten Mal durch Geschichtenerzählen angeregt. Es ist aber gerade bei Kindern mit Raumvorstellungsschwierigkeiten keineswegs sicher, daß sie beim Vorlesen von Märchen und Erzählungen den beschriebenen Sachverhalt und Ablauf auch wirklich in Form innerer Bilder nachvollziehen. Sie sollten daher die Geschichten nacherzählen, sie sollten Abänderungen vornehmen („Was würde denn passieren, wenn ...?", „Und wenn nun der Schatz gar nicht in der Höhle liegt, wo könnte er dann sein?") und Phasen der Handlungen aufmalen. Gezielte Fragen lassen leicht erkennen, ob das Kind vornehmlich sprachliche oder bildhafte Gedächtnisspeicherung verwendet, indem es dieselben Worte benutzt wie in der Erzählung oder ein eigenständiges „Bild" entwirft. Oft sind in den Märchen Auslassungen vorhanden, die von der Phantasie ausgefüllt werden müssen und von Kindern teilweise sehr präzise vorgenommen werden und erfragbar sind („Was hatte denn der Räuber an?"). Sie sind, wie Erwachsene auch, oft hochenttäuscht, wenn die Verfilmung eines Romans den Helden anders portraitiert, als ihre Phantasie diesen bislang entworfen hat, auch wenn die Vorlage keinerlei Hinweise auf Details wie Falten, Haaransatz und Körpergröße gab.

Um das **Körperschema** und damit die Vorstellung von Bewegungsabläufen zu unterstützen, lassen sich spielerisch Bewegungen mit geschlossenen Augen ausführen. Dies kann durch Aufforderung geschehen: „Hebe den rechten Arm, das linke Bein", „Winkele den Arm an", „Beschreibe mit beiden Händen einen Kreis, ein großes, kleines Viereck", „Führe die rechte Hand von hinten durch die Beine und berühre den linken Fuß", „Klemme den linken Fuß hinter das rechte Ohr" (auch für Grundschullehrerinnen zu empfehlen; vormachen!). Ohne direkte Kontrolle durch die Augen werden die Körperkontrolle und der Gleichgewichtssinn trainiert.

Der Wahrnehmung des eigenen Körpers dienen auch Spiele zur Gestik- und Mimikimitation. Hierbei führt der Erwachsene Bewegungen aus, die nachgemacht werden sollen. Der zeitliche Abstand zwischen ursprünglicher und imitierter Ausführung kann variieren, zusätzlich können dem Kind bei der eigenen Bewegung die Augen verbunden werden. Die Kinder sollten abwechselnd in gleicher Richtung oder spiegelbildlich zueinander stehen, um auch die Orientierung zu üben.

In bestimmtem Umfang sind **Schattenspiele** hilfreich, da sie einmal den Bezug zum eigenen Körper herstellen, gleichzeitig aber auch die Faktoren „Entfernung" und damit „Größe" beinhalten. Die Aufgabe sollte darin bestehen, vorgegebene Schattenumrisse mit den eigenen Händen zu bilden. Hierbei werden Drehungen im Raum und Projektionen im Sinne von Perspektivverschiebungen gefordert.

Der visuellen Kontrolle im Sinne der Figur-Hintergrund-Unterscheidung, Detailerfassung, Herauslösung eingebetteter Figuren etc. dient das **Nachmalen** von Bildern. Figuren gelingen den Kindern dabei wesentlich leichter als abstrakte, unanschauliche Darstellungen. So kontrollieren sie sich bei ersteren durch sprachliche Begriffe („Habe ich bei dem Mann auch nicht die Nase vergessen, fehlt die Hand noch?"), so wie sie es auch bei freien Zeichnungen gemeinhin machen („Auf das Haus gehört immer ein Schornstein und auf die Wiese eine Blume"). Assoziationsfreie, symbolische Zeichen ohne Bedeutung haben sich dagegen bewährt, da sie vom Kind die visuelle Orientierung ohne sprachlich-begriffliche Hilfen verlangen. Der Abstand zwischen Vorlage und Kopie sollte zunehmend vergrößert werden, da hierbei das Bild im Kurzzeitgedächtnis behalten werden muß.

Gelingt das Abmalen nach einer Vorlage, kann in einem weiteren Schritt aus dem Gedächtnis gemalt werden. Um Größenbeziehungsprobleme zu umgehen, sollte anfangs Karopapier verwendet werden, erst später kann bei hinreichender Übung unliniertes Papier zur Anwendung kommen. Das Kind sollte bei auftretenden Schwierigkeiten angehalten werden, die Richtung des jeweils nächsten Strichs sprachlich zu betonen („Zwei Karos nach links, eins nach unten") und dann behutsam zu leisem, zuletzt innerem Sprechen überzugehen. Die Trainingserfolge nach mehrfacher Übung sind in der nachfolgenden Abbildung offensichtlich.

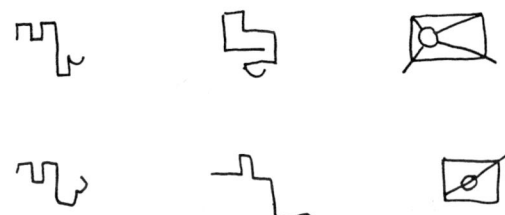

Kopierversuche einer 9jährigen Schülerin bei steigendem Abstand der Vorlage von der Kopie (links 15 cm, Mitte 30 cm, rechts 50 cm); die Abnahme der Ähnlichkeit ist durch die erhöhte Gedächtnisanforderung verursacht.

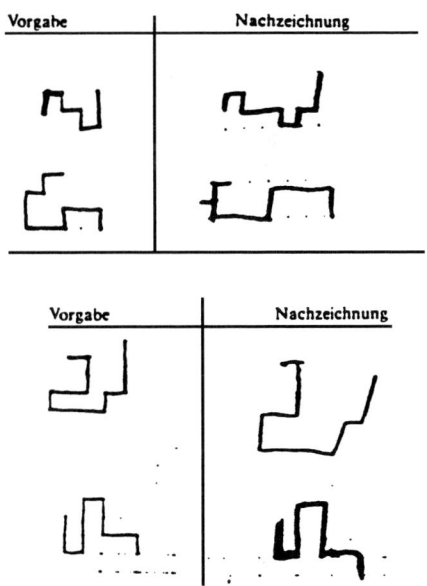

Nachzeichnungen eines 8-jährigen vor und nach einem 14-tägigen Training (vgl. LORENZ, 1987d)

Auch **Vexier- und Suchbilder**, die sich in den Kinderseiten von Zeitschriften finden lassen, eignen sich hierfür, ebenso **Irrgärten** (im Handel erhältlich, beispielsweise M. MIETTINEN & T. SAUVO, 1979, Spiele zum Lernen 1–4, Reinbek: Carlsen). Dabei kann es sich um konkrete Formen handeln, die mit Bauklötzen aufgebaut sind und mit einem Spielzeugauto durchfahren werden, oder komplizierte, auf Karopapier aufgemalte Wege. Nach mehreren Durchgängen sollte das Kind versuchen, die Wege mit geschlossenen Augen zu meistern. Es kann auch den Irrgarten nach Beschreibung selbst aufmalen („Zwei Karos nach links, drei nach oben ..."), auch dieses im fortgeschrittenen Stadium mit verbundenen Augen. Als letzte Stufe kann der Irrgarten abgedeckt und nur über einen Spiegel sichtbar sein. Dies erfordert bei jeder Richtungsänderung eine neue Entscheidung und Prüfung der vorgestellten Bewegung.

Bei allen vorangehenden Spielen liegt die Betonung auf der eigenständigen Aktivität des Kindes, da auf dieser im Vor- und Grundschulalter die Vorstellung basiert. Damit die inneren Bilder eine Struktur erhalten, die auf neue Situationen und Sachverhalte übertragbar wird, eignen sich ungeordnete oder auch geordnete Mengen nicht so sehr. Vorzuziehen sind Weglängen, Volumen, Treppen etc., die mit Handlungen bzw. den Vorstellungen hiervon verknüpft sind: Die Kinder sollen sie messen, ordnen, kopieren, aufblasen, umbauen, einteilen usf.

Und letzlich sollten die Eltern auf die saubere Ernährung ihrer streng gehaltenen Kinder achten (vgl. RADATZ, 1992b):

© 1992 CREATORS/Distr. BULLS

6. Weitere Anregungen zum Fördern und zum Üben

6.1 Kommerzielle Förderprogramme

Praktisch jeder Verlag hat inzwischen die Marktlücke erkannt, die sich durch rechenschwache Schüler und damit durch besorgte Eltern öffnet. So existieren zu den gängigen Grundschulwerken zugehörige Materialien, seien es Veranschaulichungsmittel, Rechenkästen, Arbeitsblätter, Kopiervorlagen, Übungsbögen, Karteien für die Grundrechenarten oder Trainer für Textaufgaben. Diese können zusätzlich zu den Lehrwerken verwendet werden, können und sollen aber diese nicht ersetzen.

Daneben haben sich einige Werke durchgesetzt, die unabhängig vom jeweiligen Schulbuch verwendet werden können, wie die diversen Heinevetter-Trainer und das umfangreiche LÜK-Programm (zu beziehen über Lehrmittelverlage oder den Buchhandel). Diese erfreuen sich sowohl im Unterricht als auch bei Eltern und Schülern (!) allgemeiner Beliebtheit.

Da der Markt rapide wächst und jeder Verlag rechtzeitig für die nächste didaktische Messe mit diesbezüglichen Neuheiten aufwartet, erscheint es uns nicht sinnvoll, die aktuellen Materialien aufzulisten. Die Unterschiede zwischen den verschiedenen Mitteln sind, sieht man von der graphischen Gestaltung und der farbenfrohen Verpackung ab, nur sehr gering, und dies hat seinen Grund.

Die Programme zielen auf die Situation, in der der Schüler *allein mit dem Material arbeitet* und zusätzliche Hilfe nicht mehr erhält. Sie werden in der *Festigungsphase eingesetzt*, um die Ausbildung der Automatismen zu unterstützen. Sie sollen die Grundschullehrerin und die besorgten Eltern entlasten und dem Kind ermöglichen, sich selbst und den erzielten *Lernfortschritt zu kontrollieren*.

Die Prinzipien, an denen sich kommerzielle Förderprogramme orientieren, sind die folgenden:

– Sie kommen während der **Übungsphase** zum Einsatz. Sie setzen voraus, daß die arithmetischen Begriffe entwickelt sind, die mündlichen bzw. schriftlichen Verfahren bekannt sind und angewendet werden können und keine Verstehensschwierigkeiten vorhanden sind.

– Sie unterstützen die „Geschmeidigkeit" des Rechenflusses, sie dienen der **Ausbildung von Rechenfertigkeiten**, nicht der Rechenfähigkeit.
Dies ist nicht abwertend gemeint und Rechentrainingsverfahren sollen nicht in die Nähe sportlicher Ertüchtigung gestellt werden. Die Materialien, die ja im wesentlichen aus Aufgabensammlungen bestehen, zielen aber nicht direkt auf eine Fähigkeit oder auf Einsicht, das können sie nicht. Der Bezug ist indirekt: Der Schüler konstruiert sein Verständnis von Zahlzusammenhängen und arithmetischen Operationen selbst, sie werden nicht von außen in ihn eingepflanzt (siehe Kap. 1). Wenn er nun viele Aufgaben bearbeitet, ist die Möglichkeit, solche Zusammenhänge zu erkennen und Wissen auszubilden, größer. Die alte Didaktik hatte sich dieses Prinzip zu eigen gemacht, welches aber durch seine Nähe zu Drillmethoden pädagogisch fragwürdig wurde (vgl. Kap. 3.1).

– Der Schüler arbeitet für sich. Es entfällt der Vergleich zu anderen Schülern, der **Konkurrenzaspekt** („Die anderen sind schneller/besser"), der gerade bei rechenschwachen Kindern zu einer Selbstwertbeeinträchtigung führt.
Daß der Schüler bei der Aufgabenbearbeitung sich selbst überlassen bleibt, bedeutet aber für sich noch nicht, daß damit auch seine Selbständigkeit gefördert und seine Eigenverant-

wortung gestärkt würde (ein Argument, daß viele Programme für sich beanspruchen). Hierzu bedarf es zusätzlicher Maßnahmen. Günstigerweise ist es dem Schüler selbst überlassen, zu welchem Zeitpunkt er welchen Teil des Programms bearbeitet.

- Der Schüler erhält neutral und wertfrei **Rückmeldung** über seine Fehler. Diese Bewertung stellt keine öffentliche Be- oder gar Verurteilung dar, sondern weist ihn lediglich auf Kenntnis- oder Fertigkeitsdefizite hin. Es erlaubt ihm, von sich aus anschließend Fragen zu stellen und Hilfen einzuholen und damit seine Eigenverantwortung zu stärken.
Diese Möglichkeit muß dem Schüler deutlich und selbstverständlich sein, denn sie gehört mit zur sinnvollen Verwendung der Programme.

- Die Programme dienen der **emotionalen Entspannung**. Indem der Schüler mit den Eltern übt und nicht mehr ihrer ständigen Kontrolle ausgesetzt ist, entspannt sich das Verhältnis zwischen ihnen (siehe Kap. 2.7). Das Lernen von Mathematik kann so in etwas „Normales" übergehen, frei von familiären Trübungen und Verletzungen.
Diese Seite der selbständigen Arbeit ist nicht zu unterschätzen. Sie nimmt vom Lernenden die Bedrückung, die sich zu häufig bis zu Lernblockaden ausweitet.

- Die Förderprogramme versorgen die Grundschullehrerin mit zusätzlichen Übungsaufgaben. Die gängigen Lehrbücher der Grundschule enthalten sehr viel weniger Aufgaben, als die Werke früherer Zeiten. Die (farbenfrohe) Ausgestaltung der Schülerbücher mit vielfältigem Anschauungsmaterial geht auf Kosten von Aufgabenangeboten. Diese muß die Lehrerin entweder selbst in Form von Arbeitsblättern erstellen, oder sie muß auf kommerzielle Aufgabenpakete zurückgreifen. Dies steht im Dienste der Entlastung, nicht allerdings der Differenzierung.

Es ist deutlich, daß es nur in seltenen Fällen ausreicht, dem Schüler die Förderprogramme zu überlassen, ohne daß parallel dazu im Unterricht darauf bezogene Lerninhalte angeboten werden. Insbesondere beraubt sich die Lehrerin einer Informationsquelle, wenn sie die Fehler nicht analysiert.

Um die verschiedenen Angebote zu bewerten, kann man sich an folgenden Kriterien orientieren:

- **Das Material deckt** nur einen bestimmten, **eingeschränkten Inhaltsbereich ab**, z. B. Addition/Subtraktion im Zahlraum bis 10 (100, 1000), Multiplikation/Division mit einstelligen Zahlen, Zehnerübertrag u. ä. Je spezifischer und beschränkter die Programm-Einheit ist, um so individueller kann sie an die Bedürfnisse des Kindes angepaßt werden. Das Gießkannen-Prinzip, das mit Hilfe kleiner Aufgabenpakete den gesamten Grundschulstoff abzudecken versucht, ist für Kinder mit eingrenzbaren Schwierigkeiten ungeeignet.

- Die **Kontrollmöglichkeiten** können vom Schüler eigenständig genutzt werden und geben ihm genaue Rückmeldung über die richtig/falsch bearbeiteten Aufgaben. Die üblichen Verfahren verwenden verschiedenartige Kontrollen, beispielsweise farbige Muster (LÜK), passende Puzzle-Teile (Heinevetter) oder Schablonen, welche nach der Bearbeitung einer Übungseinheit die richtigen Lösungen aufdecken.

- Die vom Schüler verlangten Rechenverfahren entsprechen denjenigen, die ihm aus dem Unterricht her vertraut sind.
Diese Forderung mag überflüssig erscheinen, da die Programme keine Anforderungen stellen, die Rechnungen in einer bestimmten Weise auszuführen. Und sie tun dies nicht, weil sie in der Regel keine Hinweise oder gar Erklärungen geben, wie eine falsch gelöste Aufgabe richtig zu rechnen gewesen wäre. Dies ist aber wünschenswert.

– Eine **Fehleranalyse** ist in fast keinem Material vorgesehen. Hierbei wird leider die Fähigkeit des Schülers unterschätzt, seine häufigen Fehler zu erkennen und diese dann zu verbessern. Dies setzt allerdings voraus, daß die Übungsprogramme in den Unterricht einbezogen werden. Für rechenschwache Schüler, die ja dadurch gekennzeichnet sind, daß sie viele Fehler machen, nützt die Angabe der Fehlerzahl wenig. Sie können den falschen Algorithmus oder die ungenügende Begriffsbildung von sich aus nicht korrigieren.

Die kommerziellen Förderprogramme stellen den Versuch dar, bestimmte Bedürfnisse von Lehrerinnen, Eltern und Schülern zu erfüllen. In dem eingeschränkten Bereich des Übens erreichen sie ihren Zweck, allerdings können sie nur zusätzlich zu differenzierenden Maßnahmen treten, die von der Lehrerin durchgeführt werden müssen.

© 1992 CREATORS/Distr. BULLS

6.2 Diagnose- und Förderprogramme über Computer

Der Einsatz von Computern in der Grundschule ist zum aktuellen Zeitpunkt noch nicht gestattet, auch wenn einige Schulen damit ausgerüstet sind. Dies mag mit der Einsicht verbunden sein, daß weder das notwendige didaktische Material vorhanden ist, noch sich die Folgewirkungen abschätzen lassen, die dieses Gerät auf Schüler der Altersstufe 6–10 hat. Solange, meint der Gesetzgeber, wie die Stimmung zwischen Euphorie und Ablehnung schwankt, kann sinnvoller Einsatz nicht gewährleistet sein. Auch wenn nicht immer mit panischer Angst erfüllt, so stehen viele Grundschullehrerinnen dem Problem des Computereinsatzes skeptisch gegenüber.

Dies hat sicher seinen Grund auch darin, daß den verfügbaren Programmen nicht jene didaktische Wirkung zugestanden werden kann, die man vom Unterricht erwarten darf. Zur Zeit ist der Einsatz des Computers lediglich als zusätzliches Hilfsmittel möglich, das dem Schüler die Möglichkeit zu intensivem Üben eröffnet. Seine Funktion ist im wesentlichen die eines besseren (teilweise eher schlechteren) Nachhilfelehrers, der stoisch zwar und emotionsfrei, aber auch stumpfsinnig, unsozial und kommunikationsarm eine Aufgabe nach der anderen stellt und hin und wieder Lob oder Tadel verteilt. Durch Mißerfolg belastete Schüler können diesen geduldigen Lehrer entspannt erleben. Eine Alternative zur leibhaftigen Lehrerin ist er wohl nicht.

Vor der Auswahl eines Programms sollte man sich über mehrere Punkte Klarheit verschaffen:

– **Handhabbarkeit** durch den Schüler; zwar stellen sich die meisten Kinder ab der 2. Klasse ohne große Probleme auf die Tastatur ein, andere Bearbeitungsformen (Maus, Bildschirmstift u. ä.) sind aber für sie günstiger und direkter.

– **Unterrichtsangemessenheit**; damit ist gemeint, ob die Verfahren, die dem Schüler abverlangt werden, den Verfahren entsprechen, die er aus dem Mathematikunterricht kennt. So gibt es durchaus Programme, bei denen in den Übungen zu den schriftlichen Rechenverfahren z. B. „von links her" addiert und subtrahiert werden muß, da der Cursor nur so läuft.

Es ist also zu prüfen, ob der jeweilige Algorithmus dem Vorgehen entspricht, das der Schüler bei der mündlichen oder schriftlichen Bearbeitung auch anwendet, wobei diese beiden durchaus verschieden sein können.

Nur sehr wenige Programme gestatten beispielsweise, den Übertrag zu notieren; diesen muß der Schüler im Kopf behalten, was zu Fehlern führt, die dem Programm anzulasten sind.

– **Individualisierung**; da der Schüler gemeinhin alleine vor seinem Gerät sitzt und Aufgaben bearbeitet, scheint dies gegeben zu sein. Gemeint ist hier aber die Fähigkeit des Programms, sich auf den einzelnen Schüler einzustellen und die Aufgabenfolge entsprechend den Fehlern des Schülers zu steuern. Zwar kann man bei einigen Programmen einige Schwierigkeitsstufen einstellen, diese sind aber zu unflexibel und entsprechen nicht den psychologischen Lernschwierigkeiten, sondern der curricularen Abfolge im hierarchischen Stoffaufbau.

– **Fehleranalyse**; günstige Programme geben Hinweise darauf, wie die Fehler des Schülers zustandegekommen sein können. Hierzu ist es erforderlich, daß eine Datenbasis mit den typischen Fehlermustern für den zu übenden/zu lernenden Inhaltsbereich im Programm vorhanden ist. Eine schlichte Rückmeldung richtig/falsch („Das hast Du gut gemacht, Bernd", „Strenge Dich bei der nächsten Aufgabe mehr an") hilft dem Schüler wenig, auch wenn dies, wie bei dem verbreiteten „Little Professor" durch Bartwackeln der Comic-Figur und einem Sternchen in der Anzeige geschieht. Auch das Bearbeiten vieler Aufgaben zeigt keinen großen Erfolg, wenn sie falsch gelöst werden.

– **Hilfen**; erst auf der Basis der Fehleranalyse ist das Programm in der Lage, dem Schüler Hilfen anzubieten. Die wenigsten Programme verfügen allerdings über Hilfen, die dem Schüler angepaßt sind. Ein Programm, das lediglich einen erneuten Durchlauf durch die falsch bearbeiteten (oder ähnliche) Aufgaben anbietet, ist wenig hilfreich.

- **Veranschaulichungsmittel**; benutzt das Programm den Vorteil des Computers, graphische Gestaltungen anbieten zu können oder gar bewegte Abfolgen und Veränderungen der Veranschaulichungshilfen, so ist dies für den Lernerfolg wesentlich.

Einige Programme verwenden die aus dem Unterricht her bekannten und dem Kind vertrauten Materialien (Zahlenstrahl, Mehr-System-Blöcke, geordnete/ungeordnete Mengen); wesentlich ist dabei allerdings nicht nur die begleitende Darstellung während einer Aufgabenbearbeitung, sondern ob der Schüler die Veranschaulichungen z. B. mit Hilfe einer Maus verändern kann. Die *Handlungssimulation* macht die Stärke der Programme aus. Gleichzeitig sollten sich bei der Veränderung der graphischen Darstellung auch die entsprechenden numerischen Werte ändern, also der Bezug Handlung-Zahlensymbole deutlich sein.

- **didaktische Hinweise** für die Lehrerin (Eltern); aufgrund der Fehleranalyse lassen sich didaktische Hinweise, z. B. auf Mißkonzeptionen, Fehlstrategien etc., ableiten, die von der Lehrerin aufgegriffen werden können.

- **Lernhilfen**; leider erschöpft sich bei den meisten z. Z. verfügbaren Programmen die „Hilfe" darauf, solange auf die richtige Antwort zu warten, bis sie auf irgendeinem Weg gefunden (erraten) wurde. Produkte, die es dem Schüler ermöglichen, verschiedene bildhafte Darstellungen anzufordern, die zudem auf unterschiedlichen Abstraktionsstufen verfügbar sind, existieren kaum. Lediglich das holländische Einmaleins-Programm „Een Wereld Rond Tafels" (KLEP & GILISSEN, 1986) verwendet den Zahlenstrahl als Veranschaulichungsmittel, der mit vollständiger Beschriftung, mit Teilbeschriftung in Intervallen, Farbunterstützung, Pfeilsprüngen etc. gewählt werden kann. Dies eine Programm ist aber zuwenig.

- **aktives Entdecken**; ermöglicht es das Programm, daß die Schüler sich in dem Lernstoff orientieren, ihre eigenen Wege finden und selbsttätig Produkte (Rechnungen, Texte, Bilder, Simulationen) erstellen, so führt dies zu sozialen Lernformen, die den Wissenserwerb in ganzheitlichen Stoffgebieten und damit die *aktive Konstruktion* von Lebenswelt ermöglichen. Dies mag wie Zukunftsmusik klingen, aber vielversprechende amerikanische Programme machen sich genau diesen Punkt zueigen (und wir hoffen ja, daß das Handbuch nicht schon in wenigen Jahren völlig überholt ist).

Übungs- und Lernprogramme

Die folgende Liste enthält eine Reihe von Programmen, die von verschiedenen Stellen gesammelt, dokumentiert und bewertet wurden. Insbesondere die Beratungsstelle für Neue Technologien, Landesinstitut für Schule und Weiterbildung in Soest läßt die Programme von Lehrergruppen sichten und für den Schulgebrauch einschätzen. Da fortwährend neue Programme den Markt überfluten, sollten interessierte Lehrerinnen sich an diese Stelle wenden, da die Beratungsstelle zweimal jährlich fachbezogene Nachweislisten von Unterrichtssoftware herausgibt.

Wir haben bewußt auf eine Bewertung verzichtet, um den Autoren nicht zu nahe zu treten. Aber selbst die für neue Medien überaus aufgeschlossene Beratungsstelle weiß kaum eine Empfehlung auszusprechen. In der Regel handelt es sich um reine Übungsprogramme, die Unterstützung des Lernprozesses muß aber auch bei der so gekennzeichneten Software als fraglich angesehen werden. Dies gilt auch für jene Programme, die der Bundesminister für Bildung und Wissenschaft dokumentiert hat. Die Liste ist unter dem Titel „Studien des Bundesministers für Bildung und Wissenschaft, Band 65, Software für die Lernbehinderten- und Förderpädagogik" erschienen und von dort kostenlos erhältlich.

Name (in *Kursivschrift* nähere Beschreibung, falls aus dem Titel nicht ersichtlich)	Autor/Anbieter	Computer	Klasse; S–S = Sonderschule	Üben oder Lernen
Addition 2 Würfelmengen im ZR-10	Schleisiek, G.	C64/128	1; S–S	Ü
Addition schriftlich	Köln, Schuldezernat	C64	ab 3	Ü
Addition Zahlbilder bis 8	Schleisiek, G.	C64/128	1; S–S	Ü
Die Rechenübungsprogramme	LIPURA Verlag	C64	3–4; S–S	Ü
Division	LIPURA Verlag	C64/128	4; S–S	Ü
Division mit Fehleranalyse	Müller, G.	C64/128	4; S–S	L
EINMALEINS	Müller, G.	C64/128	4; S–S	L
Division schriftlich	Köln, Schuldezernat	C64	4; S–S	Ü
Einmaleins	LIPURA Verlag	C64/128	4; S–S	Ü
Entenjagd *(Multiplikation)*	Schleisiek, G.	C64/128	2–4; S–S	Ü
Ergänzen	LIPURA Verlag	C64/128	2–4; S–S	Ü
Ergänzen 6	Schleisiek, G.	C64/128	1; S–S	Ü
Frenzy/Flipflop *(Subtraktion bis 20, Division als Umkehrung des 1·1, Flächenvergleiche)*	Commodore GmbH	C64/128	2–4; S–S	L
Gleichung Zahlbild bis 10	Schleisiek, G.	C64/128	1; S–S	Ü
Grundrechenarten – schriftlich – mündlich	Lehrmittelverlag Hagemann & Partner	C64/128	2-4; S–S	Ü
HASI Mathematikprogramm 2.1 *(Nachbarzahlen, Zahlenstrahl, Addition/Subtraktion)*	LIPURA Verlag	C64/128	3–4; S–S	Ü
junior mathemat *(Grundrechenarten, Mengenlehre, Maßeinheiten, Ungleichheiten)*	DATA-Becker	C64/128	2–4; S–S	Ü
Kindercomp 1,2,3 *(Zählen, Nachbarzahlen)*	Otto Meier Verlag	C64/128	1–3; S–S	Ü
MAMEI V 1.0 *(Zählen)*	VISWARE	C64/128	1–2; S–S	Ü
Mathe-Puzzle *(Addition/ Subtraktion im ZR bis 20)*	LIPURA Verlag	C64/128	1–2; S–S	Ü

MAVIS V2.7 *(Grundrechenarten)*	VISWARE	C64	1–4; S–S	Ü
Menge *(Mengen, Mächtigkeit)*	Denecke, K.	C64/128	1	Ü
Mengenerfassung im ZR bis 100	Schleisiek, G.	C64/128	2–4; S–S	Ü
Minus Zahlenraum bis 8	Schleisiek, G.	C64/128	1; S–S	Ü
Multiplikation schriftlich	Köln, Schuldezernat	C64/128	4; S–S	Ü
PLUMI *(Addition/Subtraktion)*	Möller-Haverland, R.	C64/128	2–4; S–S	Ü
Rechenlöwe Fit in Mathematik *(Programmpaket)*	Westermann	C64/128	1–4; S–S	Ü
Rechenmax *(Grundrechenarten mündlich, schriftlich)*	Heureka Teachware	C64/128	1–4; S–S	Ü
Rechenübungsprogramme *(Mündliche Addition/Division bzw. schriftliche Multiplikation/Division)*	LIPURA Verlag	C64/128	3–4; S–S	Ü
Rechnen mit Maßen	Schubi Lehrmittel	C64/128	3–4; S–S	
Schriftliche Multiplikation	LIPURA Verlag	C64/128	4; S–S	Ü
Schriftliches Malnehmen	LIPURA Verlag	C64/128	4; S–S	Ü
Schriftliche Subtraktion mit Fehleranalyse	Müller, G.	C64/128	4; S–S	L
Speed/Bingo Math (Steckmodul) *(Grundrechenarten)*	Commodore GmbH	C64/128	2–4; S–S	Ü
Subtraktion schriftlich	Köln, Schuldezernat	C64	4; S–S	Ü
Würfel: Ziffer-Mengenvergleich im ZR bis 8	Schleisiek, G.	C64/128	1; S–S	Ü
Zahlenraten im ZR bis 10	Schleisiek, G.	C64/128	1; S–S	L
Zahlenraum 100 ZE–E	Schleisiek, G.	C64/128	2–4; S–S	Ü
Zehner-Einer	LIPURA Verlag	C64/128	2–4; S–S	Ü
Zehnerüberschreitung ZE–E	Schleisiek, G.	C64/128	2–4; S–S	Ü
Zuordnung Würfel-Ziffer im ZR bis 6	Schleisiek, G.	C64/128	1; S–S	Ü
Kopfrechnen-Grundrechenarten *(mit Veranschaulichungsmittel Zahlenstrahl)*	Köln, Schuldezernat	MS-DOS	1–4; S–S	L

Lernspiel	Soft Mail AG	MS-DOS	1–2; S–S	Ü
Schriftliches Addieren	Köln, Schuldezernat	MS-DOS	2–4; S–S	Ü
Schriftliches Dividieren	Köln, Schuldezernat	MS-DOS	3–4; S–S	L/Ü
Schriftliches Multiplizieren	Köln, Schuldezernat	MS-DOS	3–4; S–S	L/Ü
Schriftliches Subtrahieren	Köln, Schuldezernat	MS-DOS	3–4; S–S	L/Ü
Schriftliche Verfahren – Grundrechenarten	Köln, Schuldezernat	MS-DOS	3–4; S–S	Ü
Zahlbegriffsentwicklung	Köln, Schuldezernat	MS-DOS	1–4; S–S	Ü
Fit in Multiplikation und Division – Der Rechenlöwe	Westermann	C64/128	2–3; S–S	Ü
Ganze Zahlen multiplizieren	LIPURA Verlag	Apple II	2–3; S–S	L/Ü
Grundrechenarten	Aulis Verlag	C64, MS-DOS	3–4; S–S	Ü
Kopfrechnen	Stockhaus, R.	C64	1–2; S–S	Ü
Rechentraining mit Maßen	Schubi Lehrmittel	C64	3–4; S–S	Ü
Tri-Math	Bertelsmann Ariolasoft	C64	1–4; S–S	Ü
Dezi *(Mengen im ZR bis 10, Wahrnehmungstraining)*	Zentralstelle für Programmierten Unterricht	C64	1; S–S	Ü
SHERLOCK *(Analyse arithmetischer Störungen)*	Erdin, A.	MS-DOS Macintosh	1–4: S–S	

Und weil die ganze Liste nichts nützt, wenn man nicht weiß, wo man die Programme herbekommen kann, hier also die

Adressen der Verlage bzw. Autoren

Aulis Verlag Deubner & CoKG Antwerpener Straße 6–12 5000 Köln 1	Beratungsstelle für Neue Technologien/Landesinstitut für Schule und Weiterbildung Paradieser Weg 64 4770 Soest	Bertelsmann Ariolasoft Postfach 13 50 4830 Gütersloh
Commodore GmbH Lyoner Straße 38 6000 Frankfurt 7	Data Becker Merowinger Straße 30 4000 Düsseldorf 1	Kurt Denecke Am Orint 8 2858 Schifferdorf
Dr. Andreas Erdin Psychiatrische Univ.-Poliklinik für Kinder und Jugendliche Freiestraße 16 CH – 8028 Zürich	Heureka Teachware Ostermann-Verlag Paul-Hösch-Straße 4 8000 München 60	Lehrmittelverlag Hagemann & Partner Karlstraße 20 4000 Düsseldorf
LIPURA Verlag Manfred Raun Klostergartenweg 21 7456 Rangendingen	R. Möller-Haverland Schärstraße 28 2050 Hamburg	Otto Maier Verlag Postfach 18 60 7980 Ravensburg
Günther Schleisiek Schule am Budenberg 6342 Haiger 1	Schuldezernat der Stadt Köln Schulische Datenverarbeitung (SDV) Deutz-Kalker-Straße 18–26 5000 Köln	Schubi Lehrmittel Postfach 5 69 7700 Singen
Soft Mail AG Postfach 30 7701 Büsingen	Rüdiger Stockhaus Zoppenbrückstraße 41–45 4100 Duisburg-Meiderich	VISWARE D. Kraft Königsberger Straße 99 2300 Altenholz
Westermann Schulbuchverlag Georg-Westermann-Allee 66 3300 Braunschweig	Zentralstelle für Programmierten Unterricht und Computer im Unterricht Scherlinstraße 7 8900 Augsburg	

6.3 Fördern bei Integrationsversuchen

In Integrationsklassen, d. h. Schulklassen, in denen sog. „Behinderte" mitunterrichtet werden, ergeben sich aufgrund der (hoffentlich) günstigeren Situation in personeller und sachlicher Ausstattung Möglichkeiten, differenzierter auf die Förderbedürfnisse des einzelnen Kindes einzugehen. Da mehrere Betreuerinnen in der Klasse sind (sein sollten!) läßt sich die Lernentwicklung der Schüler genauer beobachten und *dokumentieren*. Dies ist für eine Förderdiagnostik unumgänglich, da sonst zu leicht dem eigenen Vorurteil vertraut wird und kleine, aber hoffnungsvolle Lernfortschritte unerkannt bleiben.

Prinzipiell kommen als Beobachterinnen nicht nur die im Unterricht kooperierende Grund- und die Sonderschullehrerin in Betracht, sondern auch Erzieherinnen oder Schulpsychologinnen, die Vorschläge für die Veränderung der Unterrichtsbedingungen anbieten können, die sich vorteilhaft auf die Lernsituation des förderbedürftigen Schülers auswirken. Durch das Zusammentragen der Beobachtungsdaten und der Annahmen über die Gründe der Lernschwierigkeiten eines Schülers durch mehrere erfahrene Beobachterinnen wird die notwendige Sensibilität und Behutsamkeit erreicht, die eine verantwortungsvolle Interpretation erst ermöglicht. Zu oft unterliegt die einzelne Lehrerin blinden Flecken, vor allem dann, wenn ihr eigenes Verhalten mit seinen Konsequenzen für einen Schüler zur Disposition steht.

Eine schriftliche Niederlegung der Beobachtungsergebnisse ist einerseits wünschenswert, birgt aber auch die Gefahr einer vorschnellen Festlegung, Typisierung und Etikettierung des Schülers und seiner Lernprobleme. In diesem Sinne muß aus den Protokollen der Lernprozeß während eines Beobachtungszeitraumes hervorgehen, das Schülerverhalten in verschiedenen Anregungs- und Problemsituationen, seine Reaktionen auf Hilfen etc., nicht die schlichte Diagnose (BELUSA & EBERWEIN, 1988).

Die verschiedenen Daten über den Schüler und seine mathematischen Schwierigkeiten können mit Hilfe mehrerer Methoden gesammelt werden:

– *Biographische Daten* (s. Kap. 2.7) sollten entlang eines Schemas erhoben werden (z. B. nach dem Leitfaden für die Kind-Umfeld-Diagnose von HILDESCHMIDT & SANDER, 1988), damit wichtige Punkte nicht entfallen. So gehören die außerschulischen Belastungen und Beanspruchungen des Kindes und der Familie ebenso dazu wie häufige außerschulische Betreuung, besondere Ereignisse innerhalb der Familie, Erfahrungen der Eltern und Geschwister mit dem Schüler etc.

– *Wechselweise Beobachtung im kooperativen Unterricht* relativiert die eigene Wahrnehmung und gestattet, den Schüler in anderen Interaktions- und Kommunikationsformen zu sehen. Dies kann zu einer emotionalen Entspannung im Verhältnis zum Kind führen, da die Lehrerin die Verletzung, als die sie die Lernprobleme des Schülers empfindet, nun distanziert und nicht auf sich bezogen erleben kann.

– *Unterrichtsprotokolle* sollten von beiden kooperierenden Lehrerinnen zusammen verfaßt werden, möglichst direkt im Anschluß an den Unterricht, um Verzerrungen durch zwischenliegende Stunden zu vermeiden. Auch hier gilt: Ausführliche Beschreibung, keine Bewertung/Beurteilung, keine Interpretation ohne die Koop-Lehrerin.

– *Tagebucheintragungen*, die ja notwendig mit emotionaler Färbung versehen, subjektiv und unsystematisch sind, dienen der Kontrolle des eigenen Erlebens und eigener Bewertungsmaßstäbe sowie der Reflexion auf das eigene didaktische Handeln.

– *Tonband- und Videoaufzeichnungen* sind geeignet, die Lernprozesse des Schülers mehrfach zu analysieren und die kritischen, anfangs unverständlichen lernhemmenden Situationen zu untersuchen.

– *Fallbesprechungen* unter Einbeziehung aller Betroffenen (Kind, Eltern, Schulpsychologin, Fachlehrerin, Koop-Lehrerinnen, Erzieherin/Betreuerin) dienen ebenfalls dazu, durch die unterschiedlichen Sichtweisen auf die Lernprobleme den Schüler besser verstehen zu können, eigene Beschränkungen und typische Beurteilungsnormen zu revidieren und didaktisches Vorgehen zu überprüfen.

Nicht selten erleben kooperierende Lehrerinnen ihren gemeinsamen Unterricht als eine Form der Fortbildung. Die Sonderschullehrerin vermag ihr Wissen um spezifische Lernstörungen, deren Ursachen und mögliche Therapie beizusteuern. Die Grundschullehrerin wird sie dagegen in der allgemeinen Begrifflichkeit korrigieren, die jeder Fachterminologie anhaftet und meist vorschnell auf stabile und unveränderbare Verursachungsfaktoren zielt. So wird die „Diagnose" einer minimalen cerebralen Dysfunktion (MCD) nicht selten von Sonderschullehrerinnen deshalb getroffen, weil das entsprechende Erscheinungsbild auf viele Schüler der LB-Schule zuzutreffen scheint, aber auch weil sich die Lehrerin so unbewußt entlasten kann: Es liegt am Schüler. Eine Grundschullehrerin wird eine solche Benennung eher skeptisch beurteilen.

Im Rahmen einer Integrationsklasse kommt der Sonderpädagogin eine Vielzahl von Aufgaben neben den direkten unterrichtlichen Fördermaßnahmen zu (ZIELKE, 1988):

Beratung der Eltern im Rahmen von Elternabenden, Elterngruppen, Hausbesuchen
– Beratung der kooperierenden Grundschullehrerin bzgl. sonderpädagogischer Maßnahmen und Medien und Fördermittel
– Beratung der Schulleitung hinsichtlich anzuschaffender Lehr- und Lernmittel und Stundenplanung (z. B. Abstimmung und Festlegung der Förderstunden)
– Feststellen eines spezifischen Förderbedarfs bei einem Kind (Diagnose)
– Erstellung der Förderpläne für die einzelnen Kinder
– Durchführung der Maßnahmen im Klassenverband, in Kleingruppen oder in Einzelförderung
– Dokumentation und Analyse der Förderung
– Berichte erstellen
– ggf. außerschulische Förderung ermöglichen (Kontakt zu außerschulischen Institutionen)

Die didaktischen Fördermaßnahmen innerhalb einer Integrationsklasse können sich naturgemäß nicht von den Maßnahmen unterscheiden, die in anderen Grundschulklassen auch durchgeführt werden. Die Methodik des Mathematikunterrichts und die Passung der verwendeten Mittel und Prinzipien bleiben die gleichen, auch wenn nun einerseits günstigere Voraussetzungen gegeben sind wie kleinere Klassenstärke und kooperierende Lehrerinnen. Andererseits stellt aber der Unterricht im Klassenverband erhöhte Anforderungen, da die Kinder mit spezifischen Lernproblemen aufgrund ihrer individuellen Lernwege (der Terminus „Behinderung" soll hier nicht verwendet werden) ein besonderes Maß an Individualisierung brauchen.

6.4 Eine kleine Testauswahl

Die mit Lernschwierigkeiten befaßte Schulpsychologin oder Lehrerin kommt, wie in anderen diagnostischen Bereichen auch, ohne die Verwendung standardisierter Tests nicht aus. Trotz aller Kritik und Vorbehalte gegenüber der Aussagekraft normierter Verfahren läßt das Fehlen anderer Entscheidungskriterien die Praktikerin auf herkömmliche Tests zur Erfassung der spezifischen Art der Lernstörungen zurückgreifen.

Faßt man, aus der Sicht der Lehrerin, unterrichtliches Vorgehen als Problemlöseprozeß auf, dann dienen sie ihr als Verstärkung bzw. Abschwächung von Vermutungen über den Verursachungszusammenhang lernerschwerender Faktoren. Sie differenzieren die Suchrichtung und vermindern die subjektive Unsicherheit über die weitere Vorgehensweise, mehr nicht. Sie machen die Entscheidungsprozesse plausibel, in einem gewissen, eingeschränkten Sinne objektiv und überprüfbar und begründen dadurch das abgeleitete unterrichtliche Vorgehen und die Fördermaßnahmen.

Im folgenden sollen einige Tests kurz beschrieben werden, die ganz oder in Teilen Aufgabenstellungen enthalten, die zum (Früh-)Erkennen jener Faktoren hilfreich sein können, die das Mathematiklernen erschweren. Da die meisten dieser Faktoren mit zur allgemeinen Intelligenz gerechnet werden, überrascht es nicht, entsprechende Aufgaben in Intelligenz-Untertests zu finden. Bei den Beispielen ist die Leserin aufgefordert, sich selbst beim Lösen zu beobachten, um so zu erfahren, welche vorgestellten räumlichen Operationen sie ausführt.

6.4.1 Allgemeine Tests

Hamburg-Wechsler-Intelligenztest für Kinder (HAWIK)

Im HAWIK-R (revidierte Fassung) sind für die Diagnose von mathematikrelevanten Faktoren mehrere Untertests bedeutsam:

Beim **Figurenlegen** werden 2–5 Teile ähnlich einem Puzzle zusammengelegt, wobei die Figuren steigenden Schwierigkeitsgrad besitzen. Verlangt wird hierbei die Fähigkeit, visuelles Material zu analysieren, in der Vorstellung zu drehen und wechselweise anzupassen. Es müssen Längenabschnitte miteinander verglichen oder es muß geprüft werden, ob sich aus zwei bzw. drei solcher Abschnitte ein anderer zusammensetzen läßt.

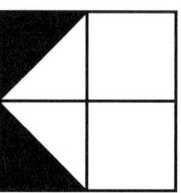 

Bild aus dem Mosaik-Test des HAWIK-R

Der **Mosaik-Test** verlangt das Nachlegen von Figuren mit Würfeln, die einfarbige oder diagonal-halbierte Würfelseiten haben. Die zu legenden Figuren werden vorgemacht oder auf Abbildungen gezeigt. Hier geht es v.a. um die räumliche Orientierung und die Zerlegung eines Bildes in vier (später neun) Quadrate. Es macht den Kindern üblicherweise keine Schwierigkeiten zu bestimmen, welche Würfel sie benutzen müssen, die Orientierung bereitet ihnen allerdings große Mühe. Der Mosaik-Test ist als Diagnostikum für Rechenstörungen insofern bedeutsam, als der Schüler sich vorstellen muß, die Zielfigur durch Handlungen herzustellen. Es überrascht daher nicht, daß in den meisten in Beratungsstellen für Rechenschwäche vorgestellten Fällen die Kinder auffallende, von ihrem sonstigen Intelligenzprofil negativ abweichende Untertest-Werte im Mosaik-Test aufweisen (AEPLI-JOMINI, 1979).

Das **Bilderergänzen** verlangt die Analyse von Zeichnungen, auf denen ein wesentliches Detail fehlt. Hier geht neben der visuellen Analysefähigkeit des Schülers auch ein hohes Maß seines „Welt-Wissens" ein. Aber auch dieses Alltagswissen ist abhängig von der Fähigkeit des Schülers, die optischen Eindrücke seiner Umgebung zu analysieren, Strukturen zu erkennen und Fehlendes festzustellen (und dann nach Gründen zu fragen).

Beim **Bilderordnen** müssen Bildsequenzen, die eine Geschichte erzählen, in die richtige Reihenfolge gebracht werden. Für Anschauungsprobleme ist dies insofern wichtig, als hier verlangt wird, sich die Abfolge einer Handlung vorzustellen, von der nur Ausschnitte vorliegen. Das Kind muß, um Alternativen zu prüfen, mehrere Handlungsmöglichkeiten, die zu den Bildern passen könnten, quasi als inneren Film abspulen, bevor es das richtige auswählen kann. Gerade für die Vorstellung von arithmetischen Operationen als verinnerlichte Handlungssequenzen erscheint dies als geeignetes, wenn auch nicht mathematisches Testinstrument. Es ergeben sich deutliche Zusammenhänge zwischen dieserart erhobener Serialität und dem Lösen von Textaufgaben.

Der Untertest **Rechnerisches Denken** erfaßt die Fähigkeit, bestimmte Zahlzusammenhänge in eingekleideten Aufgaben zu sehen. Da aber nur sehr wenige Testaufgaben für jede Alters- bzw. Klassenstufe enthalten sind, eignet sich dieser Untertest **nicht** zur Diagnose von Rechenschwierigkeiten.

Das **Zahlennachsprechen** erfaßt das Kurzzeitgedächtnis. Hierbei müssen Zahlenfolgen vorwärts und rückwärts nachgesprochen werden. Auch wenn dies in der Testauswertung nicht vorgesehen ist, so sind Zahlenumstellungen mögliche Hinweise auf Orientierungsstörungen und Rechts-Links-Vertauschungen. Dies kann mit typischen Rechenfehlern zusammengehen (wie 23-32). Rechenschwache Kinder zeigen häufig auffallend größere Schwierigkeiten beim Rückwärtszählen, da sie durch langes Üben gute Vorwärtszähler geworden sind, diese Strategie aber nicht umkehren können.

Die anderen Untertests des HAWIK-R weisen keinen bedeutsamen Zusammenhang mit dem Lernen arithmetischer Inhalte auf.

Progressive Matrizen (PM)

Für den Grundschulbereich werden zwei sprachfreie Formen des Raven-Tests eingesetzt:

– Die "Standard Progressive Matrices" (SPM) als allgemeiner Intelligenztest für 6–65 Jahre und
– "Coloured Progressive Matrices" (CPM) für leistungsschwächere Kinder von 5–14 Jahren.

Sie bestehen aus abstrakten Mustern, in denen ein fehlendes Teilstück aus einer Auswahl von sechs oder acht gefunden werden muß. Die Progressiven Matrizen versuchen, die Raumanschauung und darüber hinaus das Bilden von Oberbegriffen im Sinne des induktiven Denkens zu erfassen.

Grundintelligenztest-Skala (CFT 2)

Der CFT 2 wird in der Schulberatung bei der Legastheniediagnose wegen seiner Sprachfreiheit neben dem Diagnostischen Rechtschreibtest (DRT) verwendet, um die sprachfreien und sprachgebundenen Fähigkeiten des Schülers trennen zu können.

Für die Erfassung von Mathematikschwierigkeiten sind die Untertests Matrizen und Topologie interessant, da hier Raumanschauungsfähigkeiten verlangt werden.

French-Bilder-Intelligenz-Test (FBIT)

Dieser für normale und behinderte Kinder von 4–8 Jahren geeignete Intelligenztest ist für die Raumanschauung in dem Untertest *Formunterscheidung* bedeutsam. Für den mathematischen Bereich existiert auch der Untertest „Mengen und Zahlen", der aber ebenfalls zu kurz ausfällt, um genauere Schlußfolgerungen ziehen zu können.

Bildertest 1-2, 2-3

Aus dem BT 1-2 sind der Untertest *Spiegelbild Heraussuchen* und aus dem BT 2-3 *Unterschei-*

dungsfähigkeit und *Raumorientierung* verwendbar. Auch die anderen Untertests benutzen zwar Bilder, zielen aber auf andere Fähigkeiten wie Instruktionsverständnis, Unterscheidungsfähigkeit, Unsinniges Erkennen etc. ab.

Psycholinguistischer Entwicklungstest (PET)

Der PET ist angelegt, Teilleistungsstörungen und individuelle Fertigkeiten bei normalen und lernbehinderten Kindern zu ermitteln. Hier sind insbesondere die Untertests *Visuelle Wahrnehmung, mimisch-gestischer Ausdruck* und *visuell-schlußfolgerndes Denken* interessant. Der PET findet durch die Kombination Diagnose-Trainingsprogramm in der praktischen Fördertätigkeit vielfältige Anwendung.

Der mimisch-gestische Ausdruck ermöglicht, auch Störungen des Körperschemas zu erfassen, wobei das Kind eigene Ausdrucksformen auf andere Personen oder deren Darstellungen übertragen muß, sie an ihnen wiedererkennen und interpretieren soll. Dies ist insofern bedeutsam, als Kinder mit Raumorientierungsstörung, die auf ein ungenügend ausgebildetes eigenes Körperbild zurückgeht, oft zuerst durch Fehlinterpretationen im sozialen Kontakt, durch angeblich mangelndes Einfühlungsvermögen u.ä. auffallen.

Entwicklungstest für das Schulalter

Dieser Test wird, wohl aufgrund seines hohen Aufwandes, zu Unrecht nur noch wenig verwendet. Leider geht damit auch eine Vielzahl einfallsreicher Items verloren, die sich ohne Schwierigkeiten im Schulalltag einsetzen lassen. Der Test besitzt für jedes Lebensalter im Schulbereich eine eigene Testreihe, an der die erwartbaren Entwicklungsfortschritte ablesbar sind. Für mathematisches Lernen sind jene Teile interessant, die sich auf *Raumerfassung, anschauliches Gedächtnis, Reproduktion eines bildhaft dargebotenen Ganzen, Beziehung Teile-Ganzes und Erfassung von Form- und Größenbeziehungen* beziehen.

Der Test eignet sich vor allem als Fundgrube für einzelne Aufgaben, die ohne umständliche Auswertung sehr gute Einblicke in den kindlichen Umgang mit Veranschaulichungsmitteln bieten.

Göttinger-Formreproduktions-Test (GFT)

Der Test besteht aus neun Abbildungen, die vom Schüler (ab 6 Jahren) nachgezeichnet werden müssen. Die Auswertung geschieht nach Art und Häufigkeit der Fehler. Der GFT verlangt Gestaltwahrnehmung, Merkfähigkeit und feinmotorische Wiedergabe. Da die Gestalten relativ einfach sind, können kaum Überlagerungen aufgrund unzureichend erfaßter, zu komplexer Bilder auftreten.

Benton-Test

Diagnostisch entspricht der Benton-Test (ab 7 Jahren) dem Göttinger-Formreproduktions-Test. Es sind verschiedene Durchführungsvarianten möglich:

– Bei der Zeichenform müssen die einfachen geometrischen Abbildungen nachgezeichnet werden, wobei je nach Handhabung die Darbietungsdauer der einzelnen Bilder und/oder die Zeit zwischen der Darbietung und dem Nachmalen variieren kann, um das bildhafte Gedächtnis mitzuerfassen.
– Bei der Wahlform muß nach der Darbietung jeder Abbildung die richtige aus vier Vorlagen herausgefunden werden.

Diagnosticum für Cerebralschädigung (DCS)

Das Diagnosticum für Cerebralschädigung versucht ebenfalls, Aspekte der Wahrnehmungsgenauigkeit und Gestaltauffassung, Gedächtnis und Feinmotorik sowie Konzentration zu erfassen. Es ist ab 8 Jahren anwendbar und setzt eine zumindest knapp durchschnittliche Intelligenz voraus. Im Gegensatz zum GFT und zum Benton-

Test ist der DCS ein Lerntest. Als Vorlage dienen neun Karten mit verschiedenen Zeichen, die aus fünf Strichen bestehen und achsen- oder drehsymmetrisch sind. Die Aufgabe besteht darin, nach Ansicht aller neun Karten die Figuren mit Hilfe von fünf Stäbchen nachzulegen und ihren Platz innerhalb der Darbietungsreihe anzugeben. Gelingt dies nicht (was in den ersten Durchgängen die Regel ist), dann wird der Versuch bis zu insgesamt sechs Mal wiederholt; der dabei sich zeigende Lernfortschritt ist entscheidend. Entsprechende Aufgaben finden sich auch im *Entwicklungstest für das Schulalter*.

Frostigs Entwicklungstest der visuellen Wahrnehmung (FEW)

Dieser wohl bekannteste Test, der sich auf die visuelle Entwicklung im Kindesalter beschränkt, erfaßt die fünf Faktoren

- visuo-motorische Koordination
- Figur-Grund-Unterscheidung
- Formkonstanz-Beachtung
- Erkennen der Lage im Raum
- Erfassen räumlicher Beziehungen.

Störungen in einem oder mehreren dieser Faktoren können durch ein gezieltes Förderprogramm, das dem Test entspricht, angegangen werden (siehe 8.2). In diesem werden im wesentlichen die Testaufgaben selbst oder ihnen verwandte Aufgaben zur Förderung eingesetzt, das heißt, auch hier herrscht das Prinzip vor, daß es unerheblich ist, ob die Aufgaben diagnostisch oder therapeutisch eingesetzt werden. Die Überlappung ist durch die Verschachtelung der Diagnose und der Förderung letztlich unaufhebbar.

Körperkoordinations-Test für Kinder (KTK)

Dieser Test ist bietet sich an, wenn der Verdacht auf eine Störung besteht, die durch eine sog. „minimale cerebrale Dysfunktion" (MCD) bedingt sein kann. Insbesondere bei Raumorientierungs-

© 1992 CREATORS/Distr. BULLS

problemen und Rechts-Links-Verwechslungen, die sich im arithmetischen Anfangsunterricht zeigen, sollte er herangezogen werden.

Untersuchung der Entwicklung des Körperschemas

Was für den KTK gilt, trifft ebenso für die Untersuchung des Körperschemas zu. Hier erhält die Lehrerin zusätzliche Hinweise, wie die Störung durch gezielte Maßnahmen im Sportunterricht oder anderweitige motorische Übungsverfahren angegangen werden kann.

Test für entwicklungsrückständige Schulanfänger (TES)

Der TES enthält eine Reihe von Aufgaben, die bereits in anderen Tests verstreut enthalten sind. Einige Untertests sind

- Figur-Grund-Erfassung
- Raumlage-Erfassung
- Spuren-Nachfahren
- Wahrnehmungsgenauigkeit
- Konzentration

Aus diesem Grund wird er von Schulberatungsstellen bei auffälligen Schülern der Eingangsklasse angewendet.

6.4.2 Gedächtnis- und Konzentrationstests

Kramer-Test

Dieser Test für 3–15-jährige Kinder erfaßt neben allgemeinen intellektuellen Faktoren auch das *Gedächtnis* und die *Konzentrationsfähigkeit*. Als Teil dieses recht umfangreichen Verfahrens wurde der Konzentrationsteil ausgegliedert als

Labyrinth-Test nach Porteus

Für 3–14 Jahre alte Kinder ermittelt er die optische Orientierung und die Konzentration mit Hilfe von 12 Labyrinthen steigenden Schwierigkeitsgrades.

Konzentration spielt bei der Bearbeitung sämtlicher Aufgaben eine Rolle, sie ist somit auch immer impliziter Bestandteil der Tests. Einigen Schulleistungstests ist aber die Konzentration einen eigenen Untertest wert, so etwa in einigen Tests zur Schulfähigkeit wie

- **Göppinger Schuleignungstest** (neben Formauffassung, Unterscheidungsvermögen, Erfassen von Größen-Mengen- und Ordnungsverhältnissen, Merkfähigkeit u. ä.)

- **Mannheimer Schuleingangs-Diagnostikum (MSD)** (außerdem Gedächtnis, Gliederungsfähigkeit, Motorik und Intelligenz)
- **Kettwiger Schulreifetest (KST)**
- **Duisburger Vorschul- und Einschulungs-Test (DVET)**
- **Frankfurter Schulreifetest (FST)** mit den Untertests Zeichen abmalen, Zaunmuster fortsetzen, Mengen ordnen
- **Heidelberger sprachfreier Schulreifetest (HSST)** (Formunterscheidung und -wiedergabe, Lückenerkennen, Musterfortsetzen u.ä.), ähnlich auch der
- **Reutlinger Test für Schulanfänger (RTS)**
- **Weilburger Testaufgaben für Schulanfänger (WTA)** (u.a. Randverzierung, Gegenstände einprägen, Nachzeichnen, Zuordnen, Mengenerfassung)

Im Rahmen sog. „Allgemeiner Leistungstests" wird eine Fähigkeit erfaßt, die Voraussetzung jedweder Leistung sein soll, d. h. eine Mischung aus Aufmerksamkeit, Konzentration und allgemeiner Aktiviertheit. Als Konzentrationstests dieser Art kommen in Frage:

- **Differentieller Leistungstest-KE (DL-KE)** für 5;7 – 6;6 Jahre
- **Differentieller Leistungstest-KG (DL-KG)** für Schüler von 6;6 – 10;5 Jahren
- **Frankfurter Tests für Fünfjährige – Konzentration - (FTF-K)**
- **Konzentrations-Leistungs-Test (KLT)** für Kinder des 4. Schuljahres, da die Grundrechenarten bekannt sein müssen
- **Konzentrations-Verlaufs-Test (KVT)** für Kinder ab der 3. Klasse
- **Pauli-Test (Arbeitskurve von R. Pauli)** für Kinder ab 7 Jahren. Allerdings ist dieser Test für die unteren Klassen fragwürdig, da er eher die Rechenfähigkeit als die Konzentration mißt.
- **Test d2 Aufmerksamkeits-Belastungstest** für Schüler ab 9 Jahren
- **Test zur Ermittlung der Konzentrations- und Gedächtnisfähigkeit (KGT)** kann erst ab

10 Jahren eingesetzt werden und ist in der Grundschule gerade bei Lernstörungen nur bedingt aussagekräftig.

6.4.3 Leistungstests

Der **Mathematik-Test für 2. Klassen MT 2** ist ein lehrgangs- und methodenunabhängiger Gruppentest für den Einsatzbereich Ende 2./Anfang 3. Klasse. Er besteht aus den Untertests: Gegenstände klassifizieren, ordnen; Zahlen ordnen, Zahlenraum, Zahlenverständnis; Grundlegung der Zahlenoperationen; Addition; Subtraktion und Multiplikation.

Der **Diagnostische Rechentest für 3. Klassen DRE 3**, ebenfalls lehrgangs- und methodenunabhängig im Einsatzbereich Ende 3./Anfang 4. Klasse, enthält je 40 Zahlenaufgaben und 4 Textaufgaben. Die Auswertung gestattet durch Gruppendarbietung Aufschluß über häufige Fehler innerhalb der Klasse, durch Einzeldarbietung die Analyse der individuellen Strategie, da die Lösungsvorschläge des Schülers erhoben werden. Förderungsmaßnahmen können daran sowohl im Klassenverband als auch individuell angeschlossen werden.

Der **Test für operatives Rechnen TOR 5** mit den Untertests Zahlenfolgen, Operatives Rechnen, Größen, Einfache Brüche und Anwendungen (Textaufgaben) erfaßt die Inhalte der Grundschule und wird Anfang der 5. Klasse eingesetzt. Normen liegen vor. Der TOR 5 ist als Gruppentest vorgesehen, kann aber auch als Individualtest eingesetzt werden. Er gibt Aufschluß über Stärken und Schwächen in bestimmten Inhaltsbereichen. Fördernde Maßnahmen konzentrieren sich auf die entsprechenden curricularen Inhalte.

Der Test **Mathematische Sachzusammenhänge 4** enthält je 21 Sachaufgaben (Lückenaufgaben). Geprüft wird, inwieweit Schüler die mathematische Beziehung in einem sprachlich dargebotenen und stark vereinfachten Sachverhalt erfassen können. Rechnerisch werden die vier Grundrechenarten und der Zahlenraum bis 100 umfaßt. Fördermaßnahmen lassen sich nicht ableiten.

Die Tests **Zahlenfolgen 3** und **Zahlenfolgen 4** erfassen die Flüssigkeit der vier arithmetischen Grundoperationen und das Erkennen von Regeln und Gesetzmäßigkeiten im Zahlraum. Die Ergebnisse lassen sich diagnostisch interpretieren, auch wenn hierfür keine Hilfen von den Autoren angeboten werden.

Die angeführten Tests unterscheiden sich vor allem in dem Altersbereich bzw. der Klassenstufe, für die sie konzipiert sind. Ist man an Aussagen über das Niveau der Klasse interessiert, dann empfehlen sich der *MT 2*, *Mathematische Sachzusammenhänge 4* und *Zahlenfolgen 3, 4*. Für die Diagnose individueller Schülerfähigkeiten, an die sich weiteres unterrichtliches Vorgehen anschließen soll, erscheinen *TOR 5* und *DRE 3* geeignet.

Die **Strukturbezogenen Aufgaben zur Prüfung Mathematischer Einsichten** basieren auf einer Strukturanalyse der Lernvoraussetzungen zum Erwerb des Zahlbegriffs und der arithmetischen Operationen im Zahlraum bis 20 in Anlehnung an PIAGET. Dieser Test ist für den Einsatz im Sonderschulbereich vorgesehen, eignet sich aber auch für die Eingangsklasse der Grundschule. Leider verzögert sich seine Erstellung, so daß sein Erscheinen fraglich ist.

Die der Kognitionspsychologie verpflichteten Tests zur Aufdeckung individueller Lösungsstrategien sind im deutschsprachigen Raum (noch) nicht vorhanden. Die folgenden amerikanischen Tests werden schulpsychologischen Beratungsstellen und der interessierten Lehrerin trotzdem empfohlen (Bezugsquelle: Universitätsbibliotheken).

Der **Key Math Diagnostic Arithmetic Test** wird in den USA standardmäßig vom Vorschulalter bis zur 6. Klasse bei Verdacht auf Rechenschwäche und für Fragen der genauen Erfassung und Förderplanung auch bei älteren Schülern eingesetzt.

Der **Test of Early Mathematics Ability TEMA** erfaßt vorschulisches und intuitives Wissen über Konventionen, das die Lösungsprozesse beim Bearbeiten arithmetischer Aufgaben steuert. Entscheidend sind die sich aus dem Test ergebenden remedialen Vorschläge aufgrund der Analyse der Lösungswege des einzelnen Schülers und seiner bevorzugten Verarbeitungsstrategien, die bei der Testdurchführung miterfaßt werden.

Der **Diagnostic Test of Arithmetic Strategies DTAS** enthält je 16 Aufgaben für die vier Grundrechenarten. Erfaßt werden die richtigen und fehlerhaften Lösungsversuche von Grundschülern mittels der Methode des lauten Denkens. Diese werden einem Fehlerkategorienschema zugeordnet, auf das Förderhilfen abgestimmt sind.

Der **Test of Mathematical Abilities TOMA** ermöglicht die Erfassung leistungsschwacher Schüler von der 3. Klasse ab, die differenzierter Förderung bedürfen. Diese wird allerdings nicht mehr ähnlich ausführlich beschrieben wie beim DTAS.

Insgesamt muß festgestellt werden, daß sich in den verfügbaren Tests das Dilemma der Rechenstörungsdiagnostik widerspiegelt. Normorientierte Tests wie der *MT 2, Mathematische Sachzusammenhänge 4* und *Zahlenfolgen 3, 4* gestatten keinen Aufschluß über anschließend notwendiges Vorgehen. Individuelle Tests wie der *KeyMath, TOMA* und *DTAS* beeindrucken hingegen durch die Fülle der Fehlerkategorien.

> Es stellt sich aber der Eindruck ein, daß die Kenntnis der Fehlertypen und die Beobachtung des einzelnen Schülers bei der Problembearbeitung ausreicht: Der Test selbst muß nicht mehr angewendet werden, da die Lehrerin die wichtigen Daten aus dem Unterricht entnehmen kann. Dementsprechend lesen sich die Testhandbücher wie Materialien zur Lehrerfortbildung, ein von den Autoren wohl durchaus gewünschter Aspekt.

6.5 Materialien und Anregungen für eine Mathe-Ecke

6.5.1 Förderspiele

Nachfolgend werden einige Spiele aufgeführt, die über den Handel erhältlich sind und die der Unterstützung derjenigen Fähigkeiten dienen, die beim Mathematiklernen gefordert werden. Für eine ausführliche Darstellung sei auf BOSCH, 1983, 1985, verwiesen. Die meisten Spiele sind im Otto Maier Verlag, Ravensburg, erschienen, praktisch alle können über Lehrmittelvertriebe (z. B. Wehrfritz) bezogen werden. Die Beschreibung in Klammern benennt die jeweils spezifische Fähigkeit, die durch das Spiel gefördert werden soll. Die Altersempfehlungen sind mit Vorsicht zu betrachten, sie variieren nach den Stärken und Schwächen der Kinder beträchtlich.

Die vielfältigen, sehr unterschiedliche Sinnesmodalitäten ansprechenden Übungsmaterialien aus dem Montessori-Programm werden hier nicht aufgenommen, sie sind über Wehrfritz zu beziehen. Der hohen Qualität dieser Materialien steht allerdings ein beachtlicher Preis gegenüber.

An dieser Stelle sei auf die Literaturliste zum offenen Unterricht im Anhang verwiesen.

	geeignet für Klassenstufe (VS=Vorschule)	geförderte Fähigkeit
Differix	VS-4	Formerfassung und Formvergleich, visuelle Diskrimination
Simile-Serie	1–4	Formerfassung und Formvergleich, visuelle Diskrimination
Schau genau	1–4	Formerfassung und Formvergleich, visuelle Diskrimination
Blinde Kuh	VS–2	Erkennen über Tastsinn, optisch-taktile Koordination
Zahlen-Tasttrainer	VS–2	Taktiles Erfassen, visuelle Wahrnehmung und Diskrimination
Material-Tasttrainer	VS–1	Taktiles Erfassen, visuelle Wahrnehmung und Diskrimination
Material-Tast-Domino	VS–2	Taktiles Erfassen, visuelle Wahrnehmung und Diskrimination
Lotto: Farben und Formen	VS–2	Formwahrnehmung, -differenzierung und Formgedächtnis
Contact	VS–2	Formabstraktion, Raum-Lage, visuelle Diskrimination
Colorama	VS–2	visuelles Gedächtnis, Formdifferenzierung

Symmetrix	1–3	visuelle Kombinationsfähigkeit
Logische Reihen	1–4	optische Differenzierung, Raumorientierung
Gittermosaik	VS–1	Erkennen wiederkehrender Formen
Zahlenspiel 1–25	VS–2	visuelle Mengenerfassung
Rechenlotto	1–2	auditiv-visuelle Koordination
(diverse Formen des) *Memory*	VS–4	visuelles Gedächtnis, visuell-motorische Koordination
Legespiel: Formen bzw. Formen und Farben	VS–3	optische Differenzierung
(diverse Arten des) *Tangram*	VS–4	optische Gliederung
Formen-Zuordnungsspiel	VS–2	visuelle Zuordnung
Rosetten-Zuordnungsspiel	VS–2	visuelle Diskrimination und Zuordnung
Formen-Puzzlespiel	VS–2	visuelle Diskrimination, Raum-Lage
WEHRFRITZ-*Drehpuzzles*	VS–2	visuelle Diskrimination, Raum-Lage
Detektivspiel	VS–4 (und höher)	Aufmerksamkeit, Erkennen logischer Zusammenhänge
Muster fortsetzen	VS–4	visuelle Diskrimination und Zuordnung, Konzentration
Zahlen vermeiden	1–4	(Rechenflüssigkeit), Konzentration
Was ist verschwunden?	VS–4	optisches Gedächtnis, Konzentration
Bilder rastern	1–4	Konzentration, Raum-Lage
Merk Dir's (MB-Spiele)	VS–2	visuelles Gedächtnis
Lernen mit Micky (MB-Spiele)	VS–2	visuelle Diskrimination
Perfektion (MB-Spiele)	VS–4	Raum-Lage, visuelle Diskrimination
Zauberschloß (MB-Spiele)	2–4 (und höher)	visuelle Zuordnung
Vier gewinnt (MB-Spiele)	2–4 (und höher)	visuelle Antizipation
Slotter (MB-Spiele)	2–4 (und höher)	visuelle Antizipation
Paari (MB-Spiele)	VS–2	visuelles Gedächtnis
Mathespiele zum Selbermachen (Verlag an der Ruhr)	1–4	Konzentration, Raum-Lage, Gedächtnis
LÜK-*Konzentrationsübungen*	VS–1	Konzentration
LÜK-*Konzentrationstraining*	2–3	Konzentration

6.5.2 Übungsspiele

Neben den Förderspielen existieren diverse Spiele, die mit ihrem vornehmlich übenden Charakter ebenfalls in bestimmten Lernphasen eingesetzt werden können. Nachfolgend sind nur einige genannt. Für weitere Beispiele und auch Lernspiele sei auf HOMANN, 1991, verwiesen.

Name (Verlag)	geeignet für den Inhaltsbereich/Klassenstufe
Zahlen-Puzzle	Zahlraum bis 25 / VS–2
Spiel mit Mengen und Zahlen	VS–1
Ziffernspiel	VS–1
Die Mathebärchen-Familie (Verlag an der Ruhr)	Zählen bis 10, Vergleichen, Sortieren, Geld / VS–1
Erstes Rechnen	Zahlraum bis 10 / VS–1
Zähllotto	VS–1
Kombi-Zähllotto	VS–2
Zählen und Rechnen von 1-20	VS–2
Trio	Grundrechenarten / 4
1*1 Bingo	Multiplikation / 3–4
Gut geteilt ist halb gewonnen	Division / 3–4
Zehn Finger hab ich	Zahlraum bis 10 / VS–1
Die Uhr	1–4
1, 2, 3 – Bären sind im Haus	VS–1
Glückskäfer-Domino	Zahlraum bis 6 / VS–1
Lese- und Rechentelefon	Zahlraum bis 10 / VS–2
(diverse) Heinevetter-Trainer	sämtliche Bereiche / VS–4
(diverse) LÜK-Übungshefte (auch zum visuellen Erkennen)	sämtliche Bereiche / VS–4
Rechenmaschine	1–3
Zählrahmen	1–2
Farben- und Mengenabakus	VS–2
Mathespiele zum Selbermachen (Verlag an der Ruhr)	Geometrie, Mengen, Zahlen, Strategien / 1–4
Abenteuer mit den natürlichen Zahlen (Verlag an der Ruhr)	Zahlen, arithmetische Operationen / 3–4
Zauberhaftes Lernen (Ottlik)	Zahlenbeziehungen, Strategien / 2–4
Umgang mit Maßen und Größen (Verlag an der Ruhr)	Größen, Länge, Zeit, Geld / VS–4
Mathe-Spiele (Verlag an der Ruhr)	Zahlen, Gruppen, Geometrie, Messen / ab VS
Alle Neune (auch „KlippKlapp")	Zahlraum bis 12
Hunderter Rechenmaschine	2–4

6.5.3 Kontaktadressen

Arbeitskreis Grundschule e.V. Schloßstraße 29 6000 Frankfurt/M (069) 77 60 06	Elterninitiative zur Förderung von MCD-Kindern Sonnenhalde 2/1 7972 Isny	Arbeitskreis Überaktives Kind Dietrichstraße 9 3000 Hannover (0511) 363 27 29
Bundesverband-Aktion Humane Schule e.V. Wehrstraße 15 8079 Schernfeld (08422) 707 oder 202 84	ELAN - Elterninitiative Legasthenie/Dyskalkulie und andere Lernschwierigkeiten Hauptstraße 64 7528 Karlsdorf 2 (07251) 42 419	IFRK – Initiative zur Förderung rechenschwacher Kinder e.V. Höhenstraße 20 7531 Eisingen (07232) 86 92
Elterninitiative zur Förderung von MCD-Kindern Schwarachstraße 12 7980 Ravensburg 19	ELPOS - Zürich, Elternverein POS-Kinder Affolternstraße 125 CH 8050 Zürich	Institut für Schulmathematik Rolf Gubler Route de Chailly 3 CH-1815 Clarens-Montreux (0041-21-964 18 71)
Landesverband zur Förderung Lernbehinderter E.V. (Elternvereinigung) Tuchrahmstraße 6 7238 Oberndorf (07423) 74 61 (07441) 82 42	Elternvereinigung MCD-Kinder Postfach 13 02 7860 Schopfheim Förderkreis für Sprach- oder Leserechtschreibbehinderte Kinder und Jugendliche Esslingen e.V. Goethestraße 18 7302 Ostfildern 2 (0711) 34 31 78	Verein für angewandte Lern- forschung und individuell- berufliche Förderung e.V. Schlehengasse 29 8500 Nürnberg (0911) 2 46 12 (0951) 2 46 66

6.5.4 Zeitschriften

Abaküs(s)chen
wird von der Initiative zur Förderung rechenschwacher Kinder e.V. (IFRK) herausgegeben.

Math Help Journal (in deutsch)
wird von Rolf Gubler, Institut für Schulmathematik, herausgegeben.

FOCUS - On Learning Problems in Mathematics (in englisch)
zu beziehen über „Center for Teaching/Learning of Mathematics", P.O. Box 31 49, Framingham, Massachusetts 01701, USA (Tel. USA (617) 877-7895 oder 235-7200).

7. Diagnostische Aufgabensätze

7.1 Arithmetikprofil

(1.–3. Schuljahr entsprechend den Rahmenrichtlinien des Landes Niedersachsen; vgl. dazu die Anmerkung am Ende von 7.1)

Inhaltsbereiche	Diagnostische Aufgaben	Auffälligkeiten, Lösungsstrategien, Fehler, ...
Anzahlvergleiche, Zählen	(0) Wo sind mehr (weniger, gleich viele) Perlen ? z. B.:	*Dieses Feld muß bei der Anwendung in der Praxis sehr viel größer sein, damit alle Anmerkungen aufgenommen werden können!*
	(1) Zählen: a) zähle weiter ab 1 d) zähle rückwärts ab 6 b) zähle weiter ab 8 e) zähle rückwärts ab 12 c) zähle weiter ab 12 f) zähle rückwärts ab 20 Überspringe eine Zahl beim Zählen: g) 1 - 3 - ... h) 2 - 4 - ... i) 14 - 12 - ...	

Inhaltsbereiche	Diagnostische Aufgaben	Auffälligkeiten, Lösungstrategien, Fehler, ...
	Zählen von Gegenständen bzw. deren Darstellungen (≤ 20): j) mit Zeigen/Tippen der Finger k) ohne Zeigen/Tippen der Finger auditives Zählen: l) Zählen von 4 (7, ...) Klopfzeichen, Tönen rhythmisches Zählen: m) 4mal (7mal, ...) klatschen oder klopfen (2) a) Vorwärtszählen ab 27, 84, ... b) Rückwärtszählen ab 32, 100, ... c) Zählen in 10er-Schritten ab 22, ... vorwärts, ab 87, ... rückwärts (3) a) vorwärts ab 97, 183, 199, 700, ... b) rückwärts ab 200, 304, 682, ... c) in 10er-Schritten ab 300, 356, ... vorwärts, ab 600, 483, ... rückwärts	
Schreiben und Lesen von Zahlen	(1) a) die Ziffern von 0 bis 9 lesen b) die Ziffern von 0 bis 9 schreiben c) die Zahlen von 10 bis 20 lesen d) die Zahlen von 10 bis 20 schreiben (2) a) die Zahlen 27, 72, 90, 59, 44 lesen b) die Zahlen 81, 59, 45, 70 nach Diktat schreiben (3) a) die Zahlen 300, 604, 640, 783 lesen b) die Zahlen 700, 601, 324, 430 nach Diktat schreiben	

Inhaltsbereiche	Diagnostische Aufgaben	Auffälligkeiten, Lösungsstrategien, Fehler, ...
Relationen, Ordnungen, Stellenwertbegriff	(1) a) Welche Zahl kommt genau vor 4 (8,10,18, ...)? b) Welche Zahl kommt genau nach 6 (9,10,18, ...)? c) Welche Zahl liegt zwischen 7 und 9 (10 und 12, 18 und 20)? d) Setze ein (<, >, =): 9 __ 5, 6 __ 10, 16 __ 13, 5 + 2 __ 4 + 4, 2 + 3 __ 4 + 1, ... e) Welche Zahl ist die größte (die kleinste)? – Ordne die Zahlen nach der Größe: 17, 9, 7, 11, 18 f) Verdoppeln: 2 + 2 = __, 5 + 5 = __, 7 + 7 = __, ... Das Doppelte von 3, von 6, von 9, ... g) Halbieren: 4 = __ + __, 10 = __ + __, 16 = __ + __ Die Hälfte von 6, 8, 12, 18, ... h) Ungleichungen: 4 + __ < 8, 7 – __ > 4, 12 > 7 + __, 12 < 18 – __, ... (2) a) Welche Zahl kommt genau vor 31 (59, 90, 66, ...)? b) Welche Zahl kommt genau nach 46 (99, 40, 77, ...)? c) Setze ein (<, >, =): 29 __ 41, 72 __ 58, 31 + 4 __ 40, 25 + 5 __ 20 + 10 d) Welche Zahl ist die größte (die kleinste)? Ordne nach der Größe: 29, 31, 55, 78, 16, 91 e) Verdopple: 12, 20, 40, 28, ... f) Bestimme die Hälfte von: 24, 62, 74, ... (3) a) 281 = __ H __ Z __ E b) 600 = __ H __ Z __ E c) 405 = __ H __ Z __ E d) 1000 = __ T __ H __ Z __ E	

Inhaltsbereiche	Diagnostische Aufgaben	Auffälligkeiten, Lösungstrategien, Fehler, ...
	e) ☐ ∣∣∣ ⋮ = _____ f) 317 = (zeichne ein Bild dazu) g) Welche Zahl kommt genau vor 435, 389, 340, 600, 1000? h) Welche Zahl kommt genau nach 350, 200, 388, 699, 999? i) Welche Zahl ist die größte (die kleinste)? Ordne nach der Größe: 305, 350, 530, 503, 533, 353	
Addition	(1) a) Ohne Zehnerübergang im Bereich bis 10: 5 + 1 = ___, 7 + 1 = ___, 3 + 1 = ___ 4 + 2 = ___, 3 + 2 = ___, 7 + 2 = ___ 2 + 2 = ___, 3 + 3 = ___, 4 + 4 = ___ 5 + 5 = ___, 6 + 3 = ___, 5 + 4 = ___ 3 + 4 = ___, 1 + 7 = ___, 2 + 6 = ___ 1 + 5 = ___, 3 + 5 = ___ 7 + ___ = 10, 5 + ___ = 10, 3 + ___ = 10 b) Zerlegen von Zahlen (mehrere Lösungen): 6 = ___ + ___, 9 = ___ + ___ c) Ohne Zehnerübergang zwischen 10 und 20: 10 + 4 = ___, 10 + 7 = ___, 10 + 10 = ___ 16 + 1 = ___, 12 + 2 = ___, 17 + 2 = ___ 12 + 5 = ___, 14 + 4 = ___, 13 + 6 = ___ 16 + ___ = 20, 15 + ___ = 20, 12 + ___ = 20 d) Mit Zehnerübergang: 9 + 2 = ___, 8 + 3 = ___, 5 + 6 = ___ 8 + 6 = ___, 7 + 9 = ___, 4 + 8 = ___ 6 + 6 = ___, 7 + 7 = ___, 8 + 8 = ___ 9 + 9 = ___ (2) a) 20 + 30 = ___, 40 + 20 = ___ b) 60 + 5 = ___, 70 + 2 = ___ c) 23 + 4 = ___, 84 + 3 = ___, 52 + 5 = ___ d) 23 + 10 = ___, 42 + 20 = ___, 68 + 30 = ___ e) 44 + 32 = ___, 36 + 33 = ___, 72 + 26 = ___ f) 47 + 35 = ___, 55 + 27 = ___, 33 + 59 = ___ g) 58 + ___ = 60, 22 + ___ = 43 h) 8 + 65 = ___, 19 + 74 = ___ (Kommutativität?)	

Inhaltsbereiche	Diagnostische Aufgaben	Auffälligkeiten, Lösungsstrategien, Fehler, ...
	(3) a) 100 + 300 = ___ , 600 + 400 = ___ b) 623 + 4 = ___ , 223 + 5 = ___ c) 620 + 30 = ___ , 510 + 70 = ___ d) 330 + 620 = ___ , 390 + 250 = ___ e) 265 + 30 = ___ , 386 + 40 = ___ f) 344 + 48 = ___ , 286 + 75 = ___	
Subtraktion	(1) a) Ohne Zehnerübergang im Bereich bis 10: 4 – 1 = ___ , 7 – 1 = ___ , 9 – 1 = ___ 8 – 2 = ___ , 10 – 3 = ___ , 6 – 2 = ___ 6 – 4 = ___ , 8 – 5 = ___ , 9 – 6 = ___ 9 – 8 = ___ , 7 – 6 = ___ , 10 – 9 = ___ 8 – ___ = 5 , 7 – ___ = 4 , 10 – ___ = 2 b) Ohne Zehnerübergang zwischen 10 und 20: 17 – 1 = ___ , 18 – 2 = ___ , 13 – 2 = ___ 16 – 5 = ___ , 17 – 6 = ___ , 19 – 8 = ___ 20 – 7 = ___ , 19 – 5 = ___ , 16 – 4 = ___ c) Mit Zehnerübergang: 12 – 3 = ___ , 15 – 6 = ___ , 18 – 9 = ___ 17 – 9 = ___ , 16 – 8 = ___ , 15 – 7 = ___ 16 – 10 = ___ , 18 – 10 = ___ 12 – 9 = ___ , 14 – 8 = ___ , 11 – 7 = ___ 16 – 11 = ___ , 18 – 15 = ___ , 19 – 16 = ___ (2) a) 70 – 20 = ___ , 90 – 60 = ___ 67 – 7 = ___ , 84 – 4 = ___ 60 – 5 = ___ , 40 – 7 = ___ b) 27 – 3 = ___ , 46 – 2 = ___ , 88 – 5 = ___ 47 – 20 = ___ , 52 – 10 = ___ , 67 – 30 = ___ 36 – 12 = ___ , 85 – 23 = ___ , 59 – 29 = ___ c) 64 – 25 = ___ , 52 – 39 = ___ , 94 – 49 = ___ 73 – 71 = ___ , 91 – 89 = ___ (Ergänzungsstrategie?) 56 – ___ = 36 , 85 – ___ = 69	

Inhaltsbereiche	Diagnostische Aufgaben	Auffälligkeiten, Lösungstrategien, Fehler, ...
Multiplikation	(3) a) 500 − 100 = ___ , 700 − 200 = ___ b) 627 − 4 = ___ , 813 − 5 = ___ c) 670 − 30 = ___ , 720 − 50 = ___ d) 630 − 210 = ___ , 560 − 390 = ___ e) 386 − 30 = ___ , 426 − 70 = ___ f) 684 − 63 = ___ , 721 − 81 = ___ (2) a) Vorstellungen von der Operation (zeitlich-sukzessiv, räumlich-simultan, kombinatorisch, als fortgesetzte Addition, ...?), z. B. zu 3 · 4 b) Multiplikationstabelle: (✔ für gelöst, ⇁ für nicht gelöst) | ·	1	2	3	4	5	6	7	8	9	10
---	---	---	---	---	---	---	---	---	---	---
1										
2										
3										
4										
5										
6										
7										
8										
9										
10										| (3) a) 12 · 4 = ___ , 5 · 21 = ___ b) 6 · 90 = ___ , 7 · 80 = ___ c) 5 · 43 = ___ , 4 · 89 = ___	

Inhaltsbereiche	Diagnostische Aufgaben	Auffälligkeiten, Lösungstrategien, Fehler, ...
Division	(2) a) Operationsvorstellung (Aufteilen, Verteilen, ..., fortgesetzte Subtraktion, Umkehrung der Multiplikation ...)? b) 8 : 2 = ___ , 10 : 2 = ___ , 10 : 5 = ___ c) 50 : 10 = ___ , 70 : 10 = ___ , 100 : 10 = ___ d) 16 : 4 = ___ , 35 : 5 = ___ , 42 : 6 = ___ e) 72 : 8 = ___ , 56 : 7 = ___ , 54 : 9 = ___ f) 19 : 2 = ___ , 37 : 5 = ___ , 24 : 7 = ___ g) einfache Aufgaben mit Rest (13 : 4 = ___ , ...) (3) a) 300 : 60 = ___ , 560 : 70 = ___ b) 280 : 4 = ___ , 480 : 8 = ___ c) 96 : 4 = ___ , 91 : 7 = ___ d) 189 : 3 = ___ , 365 : 5 = ___ e) einfache Aufgaben mit Rest (190 : 3 = ___ , ...), – ggf. halbschriftlich lösen lassen! –	

Zur Diagnose der Fähigkeiten und Fertigkeiten der schriftlichen Rechenverfahren sei verwiesen auf Kapitel 4.5 und auf das Buch von GERSTER, 1982. Hier findet die Leserin ausführliche Hinweise und diagnostische Aufgabensätze zu den einzelnen Schwierigkeitsstufen.

Anmerkung:

Die in Klammern angegebenen Numerierungen bedeuten in der obigen Zusammenstellung:

(0) Vorschulanforderungen,

(1), (2), (3) Anforderungen in den Schuljahren 1, 2 bzw. 3 laut Rahmenrichtlinien „Mathematik" des Landes Niedersachsen. Selbstverständlich entsprechen diese Zuordnungen nicht den Fähigkeiten rechenschwacher Schüler, sie dienen hier nur einer vergleichenden Beurteilung der individuellen Fähigkeiten.

7.2 Diagnostische Aufgaben zum Sachrechnen

(2. Schuljahr/Anfang 3. Schuljahr)

Vorschläge zur Bearbeitung:
1–2mal laut vorlesen lassen, 1mal leise lesen, mit eigenen Worten nacherzählen lassen. –
Was wollen wir wissen (Frage)? Was weißt Du bereits? Was kannst, was mußt Du rechnen (Gleichung)? – Ggf. eine Skizze oder eine Zeichnung anfertigen lassen!

– Additive Simplexstrukturen:

(1) Jens hat 18 Stifte. Gerd schenkt ihm noch 5 Stifte.	(2) Elke hat 13 Murmeln. Sie gibt Luise 5 Murmeln ab.
(3) Jan hat 13 Bücher, und Lars hat 10 Bücher. Wie viele Bücher haben sie zusammen?	(4) Elke und Annika haben zusammen 14 Buntstifte. Elke gehören davon 6 Buntstifte.

(5) Jan hat 15 Stifte, und Elke hat 18 Stifte.

(6) Elke hat 42 Bücher. Sven hat 29 Bücher.

(7) Jan hat 25 Murmeln. Elke hat 6 Murmeln mehr.

(8) Gerd hat 31 Bücher. Lars hat 7 Bücher weniger.

(9) Fritz hat 19 Stifte. Das sind 5 Stifte mehr als Gerd hat.

(10) Astrid hat 25 Pfennige. Das sind 7 Pfennige weniger als Heidi hat.

– *multiplikative Simplexstruktur*

(Ende 2./Anfang 3. Schuljahr)

(1) Im Klassenzimmer stehen 5 Tische. An jedem Tisch sitzen 4 Kinder.	(2) Peter geht 3mal in den Keller. Jedesmal holt er 2 Flaschen Saft aus dem Keller.
(3) 50 Apfelsinen werden in 5 Netze verpackt.	(4) Bauer Lorenz packt immer 6 Eier in eine Schachtel. Er hat schon 7 Schachteln gepackt.

(5) Tobias hat 7 Spielautos. Elke hat 3mal so viele.

(6) Eine Schulklasse mit 30 Kindern fährt mit dem Zug nach Hannover. In einem Zugabteil können 6 Kinder sitzen.

(7) Ingo hat 28 Bonbons. Er will sie mit Sven, Karin und Beate teilen.

(8) Frau Brandes bezahlt 21 DM für 3 Flaschen Wein.

8. Glossar

Kein seriöses Buch, das auf sich hält, kommt ohne eine gewisse Anzahl von Fachwörtern aus, und sei es nur, um den Wissensvorsprung der Autoren zu dokumentieren. Dankbar nehmen wir daher die Anregung des Verlages auf, in einem Glossar jene Begriffe zu erläutern, die in ihrer ganzen Breite und gewichtigen Tiefe nicht allen Leserinnen vertraut sein dürften.

akustisch — den Schall, Klang betreffend; Information wird gemeinhin vom Ohr aufgenommen (→ auditiv); entwicklungsbedingt (Grundschüler) oder durch anatomische Anomalien (Ehemänner) können die inneren Ohrgänge direkt miteinander verbunden sein, so daß in einem Ohr eintreffende Schallwellen (Ermahnungen, Vorhaltungen, Lehrerinnenanweisungen) ohne Umweg über das Großhirn das andere Ohr wieder verlassen.

Antizipation — (gängige lateinische Vereindeutschung des griechischen „Prokatalepsis") Vorwegnahme; so nimmt die erfahrene → Grundschullehrerin den → Grundschülern mitgebrachtes Spielzeug weg, bevor es den Unterricht stört; der Hausmeister nimmt den Schülern das Milchgeld ebenfalls im voraus ab.

auditiv — das Hören betreffend; alle Wahrnehmungsvorgänge, auch der auditive, laufen selektiv ab (→ akustisch): man hört nur das, was man hören möchte.

Diskrimination — Unterscheidung verschiedener Objekte oder Handlungen; so lernen die → Grundschüler links und rechts oder blaue von roten Plättchen zu unterscheiden, und es werden Mädchen (von Jungen) bzgl. ihrer arithmetischen Fähigkeit diskriminiert.

Dyskalkulie → Rechenschwäche

Förderung — wird dem → Grundschüler durch die → Grundschullehrerin nach Lektüre dieses Buches zuteil; nicht zu verwechseln mit „Beförderung", ein aus dem Verkehrsbereich und der Beamtenlaufbahnverordnung stammender Begriff (vgl. z. B. LVO-NW § 3).

Frühhinweise — Zeichen, die schon zu einem frühen Zeitpunkt auf etwas hinweisen; so sind die Fehler in Klassenarbeiten für die Grundschullehrerin meist schon sehr früh ein Hinweis darauf, daß der Schüler sich verrechnet hat; und Grundschüler werden schon früh darauf hingewiesen, daß sie für das Leben lernen.

Glossar — Wichtigster Teil eines Buches, in dem die wesentlichen Begriffe knapp und treffend erläutert werden; seine Lektüre erübrigt die Durcharbeitung des Restes.

Grundschüler — Objekt der Förderbemühungen der → Grundschullehrerin; tritt gehäuft in Grundschulklassen auf; besondere Merkmale: Minderwuchs, intellektuelle und emotionale Retardierung, → akustisches Defizit, das durch übergroße Lautstärke ausgeglichen wird, Spinatphobie. Treten sie außerschulisch und einzeln auf (Kirchgang, Familienmittagessen), dann wechselt (nach Aussage der Mütter) ihr Verhalten zu liebenswertem, ausgeglichenem Wesen.

Grundschullehrerin — weibliches Wesen, Durchschnittsalter 51;2 Jahre, mit der ständigen Bändigung und zeitweisen → Förderung von → Grundschülern betraut; untersteht meist dem einzigen männlichen Mitglied des Kollegiums („Rektor").

Handbuch — Sprachlich verunglückte Verbindung eines Körperteils mit dem Produkt der schwarzen Kunst; seine Autoren balancieren meist zwischen wissenschaftlicher Dichtkunst (science fiction) und rezepthaften Anweisungen (Kochbuch); gipfelt gemeinhin im → Glossar.

interdisziplinär — in der Wissenschaft beliebte Verbindung verschiedener Disziplinen, die manchmal auch von → Grundschülern erprobt wird, wenn sie während des Unterrichts über Tische und Bänke gehen (interdisziplinäre Verschmelzung von → Mathematik und Sport; → Motorik).

Intermodalität — Verbindung zwischen verschiedenen Sinnesmodalitäten; so stehen den → Grundschülern beim arithmetischen Anfangsunterricht Mund, Auge und Ohren offen, was die → Grundschullehrerin bei der → Förderung zu nutzen weiß.

kinästhetisch — die Bewegungs-, Tiefenempfindlichkeit betreffend; ein weiterer Sinneskanal, der unter Förderaspekten angesprochen werden sollte. *Merke aber*: Schläge auf den Hinterkopf, auch leichte, zählen nicht zu den kinästhetischen Fördermaßnahmen.

Konzentration — Maß für den Gehalt eines Stoffes in einem anderen, z. B. Alkohol im Blut; ab 35 → Grundschülern im Klassenzimmer ist die Schülerkonzentration extrem hoch.

Mathematik — Königin der Wissenschaften und Mutter der → Rechenschwäche; stellt den Versuch dar, allgemein bekannte und leicht verstehbare Sachverhalte durch Einführung eingängiger Symbolik zu vereinfachen; Beispiel: Die für → Grundschüler sprachlich zu differenzierte Aussage „Die dümmsten Bauern haben die dicksten Kartoffeln" wird zur handlich-eleganten Form
(intelligentia agricolae = min) ⇒
$\left(\iiint r^2 \sin\Theta \, dr \, d\Theta \, d\varphi = \max \right)$
Erdapfel

Mathematikdidaktik — Von der → Wissenschaft angenommene Kunst, → Mathematik verständlich zu machen; aufgrund deren Schlichtheit und deren leichter Zugänglichkeit aber gemeinhin überflüssig; das Propagieren ihrer vermeintlichen Notwendigkeit dient lediglich der Sicherung von Hochschul-Beamtenstellen und dem kommerziellen Erfolg von → Handbüchern.

Motorik — menschliche Bewegungsabläufe, Lehre von den Bewegungsfunktionen

© 1992 CREATORS/Distr. BULLS

Perseveration — das Hängenbleiben bzw. Festhalten an einem Gedanken oder einer Äußerung, an der man hängenbleibt und sie wiederholt oder den Gedanken festhält, ohne ihn loslassen zu können, so daß sich kein neuer Gedanke ..., weil der alte dazwischenkommt.

Programme — Neben den öffentlich-rechtlichen Programmen (Schulunterricht) existieren kommerziell-orientierte Programme von privaten Anbietern (s. Kap. 6.2); beide Formen können von den → Grundschülern empfangen werden.

Rechenschwäche → Dyskalkulie

Rechnung — a) Gegenstand des Bemühens des → Grundschülers bei einer Mathematikarbeit; es ist oft fraglich, ob er dabei immer auf seine kommt oder ob ihm jemand einen Strich durch selbige macht; häufige Schülerausrufe dabei: „Mach' deine Rechnung mit dem Himmel, Vogt" (Friedrich Schiller, 1804, „Wilhelm Tell", IV 3) bzw. entsprechende Lehrerinnenhinweise gegen Stundenende: „Schließt eure Rechnung mit dem Himmel ab!" (mit Hinweis auf das dargebotene Trauerspiel; derselbe, 1801, „Maria Stuart"); b) Gegenstand der Auseinandersetzung nach üppigem Restaurantmahl („Rechnung ohne den Wirt ...").

Rechts-Links-Orientierung — bei → Grundschülern und Politikern manchmal nicht vorhandene Fähigkeit, Richtungen auseinanderzuhalten.

Schule — Hort edlen Bemühens, Kinder zu bilden und aus ihnen wertvolle Mitglieder der Gesellschaft zu machen oder zumindest aus Vorschulkindern Mitglieder weiterführender Schulen.

Serialität — in Reihe/Serie bringen; das Aufstellen der Schüler auf dem Schulhof vor Stundenbeginn geschieht wünschenswerter Weise in alphabetischer Reihung; einige Schüler durchbrechen die von der Schuladministration vorgegebene Serialität der zu durchlaufenden Klassen durch Repetieren.

taktil — das Tasten, die Berührung betreffend; in der Grundschule dient taktiles Erfassen des Veranschaulichungsmaterials durch den → Grundschüler der Aufnahme durch alle Sinne, ebenso taktiles Erfassen der → Grundschullehrerin durch den Rektor (oder umgekehrt); letzteres wird aber weniger gerne gesehen.

Vorstellungsschwäche — Schwäche, sich Objekte, Verläufe oder Sachverhalte vor das innere Auge zu holen; so können sich die Autoren nicht vorstellen, ihr Buch zum Fördern bliebe ohne nachhaltigen Einfluß auf die Schule und ihr Konto leer.

Wissenschaft — a) Hehres Ziel allen pädagogischen Bemühens vom ersten Grundschultag an; Motto: „Das ist die beste Wissenschaft, die gute Menschen schafft"; und wer wollte das nicht; b) Zeitvertreib von Hochschullehrern.

Literatur

Aepli-Jomini, A.-M. (1979). *Das Problem der Rechenschwäche bei normal intelligenten Volksschülern.* Dissertation, Universität Zürich.

Affolter, F. (1977). Wahrnehmungsgestörte Kinder: Aspekte der Erfassung und Therapie. *Pädiatrie und Pädologie,* 12, 205–213.

Alpheus, S. & Kirsch, C. (1990). *Fördern und Differenzieren in der Grundschule. Schwerpunkt: Deutsch* (NLI – Bericht 41). Hildesheim: NLI.

Ayres, A. J. (1979). *Lernstörungen: Sensorisch-integrative Dysfunktionen.* Berlin: Springer.

Barth, S. (1992). *Besonderheiten rechenschwacher Grundschüler beim Bearbeiten des HAWIK-R.* Diplomarbeit, Universität Göttingen.

Bartnitzky, H. (Hrsg.) (1983). *Auf dem Wege zum differenzierten Schulalltag.* Frankfurt: Arbeitskreis Grundschule.

Baruk, S. (1989). *Wie alt ist der Kapitän?* Basel: Birkhäuser.

Bauer, E.M. & Brucher, Ch. (1982). *Grundschultagebuch.* Frankfurt: Diesterweg.

Bauersfeld, H. (1983). Subjektive Erfahrungsbereiche als Grundlage einer Interaktionstheorie des Mathematiklernens und -lehrens. In Bauersfeld, H. et. al., *Lernen und Lehren von Mathematik* (S. 1–56). Köln: Aulis.

Bauersfeld, H. (1991). Sachrechnen! – Nichts als Ärger? *Die Grundschulzeitschrift,* 42, 8–10.

Bauersfeld, H. u. a. (1970 ff). *alef – Wege zur Mathematik.* Arbeitshefte und Handbücher zum Lehrgang 1–4. Hannover: Schroedel.

Belusa, A. & Eberwein, H. (1988). Förderdiagnostik – eine andere Sichtweise diagnostischen Handelns. In H. Eberwein (Hrsg.), *Behinderte und Nichtbehinderte lernen gemeinsam – Handbuch der Integrationspädagogik* (S. 211–219). Weinheim: Beltz.

Benner, D. (1989). Auf dem Weg zur Öffnung von Schule und Unterricht. *Die Grundschulzeitschrift.* 27 (3), 46–55.

Bobrowski, S. & Wuschansky, E.M. (1983). *Differenzierte Lernkontrollen im Mathematikunterricht.* Bielefeld: CVK.

Bobrowski, S. (1988). *Klett-Kartei Sachrechnen.* Stuttgart: Klett.

Bosch, E. (1983). *Lernspiele für den Grundschulunterricht.* Nürnberg: Forschungsstelle Spiel und Spielzeug, Universität Erlangen-Nürnberg.

Bosch, E. (1985). *Ravensburger Spiele für den Unterricht in der Grundschule.* Ravensburg: Maier.

Bracht & Pietschner (1979/1990). *Bildaufgaben für Mathematik*; 2., 3., 4. Schuljahr. Offenburg: Mildenberger.

Carpenter, T., Moser, J. & Romberg, T. (Hrsg.) (1982). *Addition and Subtraction. A Developmental Perspective.* Hillsdale: Erlbaum.

Cloer, E. (1992). Wandel der Kindheit und Jugend. *Pädagogische Welt* 46 (1), 24–29.

Cochran, B. S., Barson, A. & Davis, R. B. (1970). Child-created Mathematics. *Arithmetic Teacher,* 17 (3), 211–215.

Cruickshank, W. H. & Hallahan, D. P. (Hrsg.) (1975). *Perceptual and learning disabilities in children,* Vol. I, II. Syracuse: University Press.

Drunkemühle, L. (1985). *Förderunterricht in der Grundschule.* Frankfurt: Diesterweg.

Drunkemühle, L. & Pollert, M. (1980). *Differenzieren läßt sich lernen.* Frankfurt: Diesterweg.

Duncker, K. (1935). *Zur Psychologie des produktiven Denkens.* Berlin: Springer.

Eberwein, H. (Hrsg.) (1988). *Behinderte und Nichtbehinderte lernen gemeinsam – Handbuch der Integrationspädagogik.* Weinheim: Beltz.

Floer, J. (1982). Fördernder Mathematikunterricht in der Grundschule. In J. Floer & D. Haarmann (Hrsg.), *Mathematik für Kinder – Grundlegung – Beispiele – Materialien* (S. 35–150). Frankfurt: Arbeitskreis Grundschule.

Floer, J. (Hrsg.) (1985a). *Arithmetik für Kinder – Materialien – Spiele – Übungsformen.* Frankfurt: Arbeitskreis Grundschule.

Floer, J. (1985b). Materialien zum Lernen und Üben – Beispiele, Erfahrungen, Möglichkeiten. In J. Floer (Hrsg.), *Arithmetik für Kinder – Materialien-Spiele-Übungsformen* (S. 171–188). Frankfurt: Arbeitskreis Grundschule.

Floer, J. (1991). Die Kinder, das Rechnen und die „Sachen". *Die Grundschulzeitschrift, 42*, 5–7.

Floer, J. & Haarmann, D. (1982). *Mathematik für Kinder – Grundlegung-Beispiele-Materialien*. Weinheim: Beltz.

Floer, J. & Moeller, M. (1975). Neue Mathematik für Lernschwache – Neue Möglichkeiten oder nur neue Probleme? *Zeitschrift für Sonderpädagogik 5/1975*, Heft 3, Seite 97–104.

Fritz, A. (1986). *Erfolgreicher im Lernen – Ein Förderprogramm für lernschwache Schüler*. Berlin: Marhold.

Fricke, A. (1987). *Sachrechnen*. Stuttgart: Klett.

Frostig, M. (1972). *Wahrnehmungstraining*. Dortmund: Crüwell.

Frostig, M. (1973). *Bewegungs-Erziehung: Neue Wege der Heilpädagogik*. München: Reinhardt.

Gamper, H. (1983). *Lösungsstrategien und Fehler von rechenschwachen Kindern beim Lösen von Arithmetikaufgaben*. Dissertation, Universität Bern.

Gamper, H. (1984). Rechenschwäche – Dyskalkulie. *schweizer schule, 14*, 551–563.

Geissler, E. (1978). *Sachaufgaben in den unteren Klassen*. Berlin: Volk und Wissen.

Geller, W. (1952). Über Lokalisationsfragen bei Rechenstörungen. *Fortschritte der Neurologie, Psychiatrie und ihrer Grenzgebiete, 20*, 173–194.

Gerlach, A. (1914). *Lebensvoller Rechenunterricht*. Leipzig: Voigtländer.

Gerster, H. D. (1982). *Schülerfehler bei schriftlichen Rechenverfahren*. Freiburg: Herder.

Gray, E. M. (1991). An Analysis of Diverging Approaches to simple Arithmetic: Preference and its Consequences. *Educational Studies in Mathematics, 22*, 551–574.

Guder, R. (1991). *Geometrie in der Grundschule* (NLI-Bericht 44). Hildesheim: NLI.

Guder, R. (1991). *Sachrechnen in der Grundschule* (NLI-Bericht 45). Hildesheim: NLI.

Hildeschmidt, A. & Sander, A. (1988). Der ökosystemische Ansatz als Grundlage für Einzelintegration. In H. Eberwein (Hrsg.), *Behinderte und Nichtbehinderte lernen gemeinsam – Handbuch der Integrationspädagogik* (S. 220–226). Weinheim: Beltz.

Homann, G. (1991). *Mathematik – Lernspiele*. Braunschweig: Westermann.

Hughes, M. (1986). *Children and Number – Difficulties in Learning Mathematics*. New York: Blackwell.

Interdisziplinäre Arbeitsgruppe (1992). *Lernschwierigkeiten in der Mittelstufe des Gymnasiums*. Bad Salzdetfurth: Franzbecker.

Irrlitz, L. (1978). Besonderheiten der Gedächtnistätigkeit leistungsschwacher Schüler und Bedingungen ihrer Veränderung. In J. Lompscher (Hrsg.), *Psychische Besonderheiten leistungsschwacher Schüler und Bedingungen ihrer Veränderung* (S. 97–149). Berlin: Volk und Wissen.

Johnson, D. J. & Myklebust, H. R. (1971). *Lernschwächen – Ihre Formen und ihre Behandungen*. Stuttgart: Hippokrates.

Kephart, N. C. (1977). *Visuelles Wahrnehmungstraining nach Kephart*. München: Reinhardt.

Klauer, K. J. (1992). In Mathematik mehr leistungsschwache Mädchen, im Lesen und Rechtschreiben mehr leistungsschwache Jungen? *Zeitschrift für Entwicklungspsychologie und Pädgogische Psychologie, 24 (1)*, 48–65.

Klep, J. & Gilissen, L. (1986). Computerhilfe beim Erlernen des Einmaleins. *mathematik lehren, 18*, 17–20.

Kneissler, L. (1982). *Origami Kinderbuch*. Ravensburg: Maier.

Köppen, D. (1988). *Siebzig Zwiebeln sind ein Beet*. Weinheim: Beltz.

Krapf, E. (1937). Über Akalkulie. *Schweizer Archiv für Neurologie und Psychiatrie, 3(9)*, 330–334.

Kruckenberg, A. (1935). *Handbuch für den Rechenunterricht der Volksschule*. Halle: Schroedel.

Kühnel, J. (1916). *Neubau des Rechenunterrichts*, Bd. 1 und 2. Leipzig: Klinkhardt.

Lauter, J. (1991). *Fundamente der Grundschulmathematik*. Donauwörth: Auer.

Lörcher, G. A. & Rümmele, H. (1987). *Fördern – aber wie?* Düsseldorf: Ministerium für Arbeit, Gesundheit und Soziales des Landes NRW.

Lompscher, J. (1975). *Theoretische und experimentelle Untersuchungen zur Entwicklung geistiger Tätigkeiten*. Berlin: Volk und Wissen.

Lorenz, J. H. (1983). Rechenschwäche – Ihre Symptomatik anhand von Fallbeispielen. In H. Bauersfeld et al., *Lernen und Lehren von Mathematik* (S. 107–171). Köln: Aulis.

Lorenz, J. H. (1984). Teilleistungstörungen. In J. H. Lorenz (Hrsg.), *Lernschwierigkeiten: Forschung und Praxis* (S. 75–94). Köln: Aulis.

Lorenz, J. H. (1986). Ursachen von Rechenstörungen und ihre Diagnose. In H. Heyse (Hrsg.), *Erziehung in der Schule – Eine Herausforderung für die Schulpsychologie* (S. 200-205). Bonn: Deutscher Psychologen Verlag.

Lorenz, J. H. (1987a). *Lernschwierigkeiten und Einzelfallhilfe*. Göttingen: Hogrefe.

Lorenz, J. H. (1987b). Zahlenraumprobleme bei Schülern. *Sachunterricht und Mathematik in der Primarstufe, 15*, 171–177.

Lorenz, J. H. (1988). Einzelfallarbeit bei Kindern mit Rechenschwierigkeiten. *Heilpädagogische Forschung, 14(2)*, 83–88.

Lorenz, J. H. (1989). *Über den Zusammenhang von Eckzahnstabilität und Rechenleistung*. Transsilvania: Edition Nosferatu.

Lorenz, J. H. (Hrsg.) (1991). *Störungen beim Mathematiklernen*. Köln: Aulis.

Lorenz, J. H. (1992). *Anschauung und Veranschaulichungsmittel im Mathematikunterricht – Mentales visuelles Operieren und Rechenleistung*. Göttingen: Hogrefe.

Lorenz, J. H. & Radatz, H. (1986). Rechenschwäche. *Grundschule 18 (4)*, 40–42.

LÜK Sachrechnen für die Grundschule (1984), Braunschweig: Vogel.

Maier, H. & Schubert, A. (1978). *Sachrechnen*. München: Ehrenwirth.

Meier, R. & Bahns, M. (1981). *Miteinander lernen*. Stuttgart: Klett.

Meyer-Behrens, H. (1987). *Grundschule – Haus für Kinder*. Heinsberg: Agentur Dieck.

Müller, G. & Wittmann, E. (1984). *Der Mathematikunterricht in der Primarstufe*. Braunschweig: Vieweg.

Müller, H. (1982). *Optisches Differenzierungs- und Konzentrationstraining* (Handbuch und drei Mappen mit Kopiervorlagen). Horneberg: Persen.

Müller-Bardorff, H. (1986). *Grundschüler auf dem Weg zur Freien Arbeit*. Weinheim: Beltz.

Nessle, N. (1977). *Papierbasteleien*. Niedernhausen: Falken.

Nikitin, B. & Nikitin, L. (1984). *Aufbauende Spiele*. Köln: Kiepenheuer & Witsch.

Nissen, G. (1977). Medizinische Aspekte der Lernbehinderung. In *Handbuch der Sonderpädagogik, Bd. 4* (S. 615–663). Berlin: Marhold.

Oeveste, H. zu (1987). *Kognitive Entwicklung im Vor- und Grundschulalter. Eine Revision der Theorie Piagets*. Göttingen: Hogrefe.

Oker, E. (Hrsg.) (1980). *Die schönsten Spiele mit Bleistift und Papier*. München: Droemer/Knaur.

Polya, G. (1966). *Vom Lösen mathematischer Aufgaben*. Basel: Birkhäuser.

Radatz, H. (1980a). *Fehleranalysen im Mathematikunterricht*. Braunschweig: Vieweg.

Radatz, H. (1980b). Untersuchungen zu Fehlleistungen im Mathematikunterricht. *Journal für Mathematikdidaktik, 4/80*, 214-228.

Radatz, H. (1982). Zählen – eine oft vernachlässigte Tätigkeit. *Grundschule, 14*, 159–162.

Radatz, H. (1984). Schwierigkeiten der Anwendung arithmetischen Wissens am Beispiel des Sachrechnens. In J. H. Lorenz (Hrsg.), *Lernschwierigkeiten: Forschung und Praxis* (S. 17–29). Köln: Aulis.

Radatz, H. (1985). *Rechenschwäche aus der Sicht von Grundschullehrerinnen – Ergebnisse einer Befragung*. Göttingen: Universität.

Radatz, H. (1986). Anschauung und Sehverstehen im Mathematikunterricht. In *Beiträge zum Mathematikunterricht 1986* (S. 239–242). Bad Salzdetfurth: Franzbecker.

Radatz, H. (1987). Vorstellungen, strategisches Wissen und Algorithmen im Arithmetikunterricht. In E. v. Glasersfeld u. a., *Interdisziplinäres Kolloquium – Heinrich Bauersfeld zu Ehren*. Occasional paper 96 (S. 51–63). Bielefeld: Universität, IDM.

Radatz, H. (1989a). Lernschwierigkeiten und Fördermöglichkeiten im Mathematikunterricht. *Die Grundschulzeitschrift, 24*, 4–7.

Radatz, H. (1989b). Schülervorstellungen von Zahlen und elementaren Rechenoperationen. In *Beiträge zum Mathematikunterricht 1989* (S. 306–309). Bad Salzdetfurth: Franzbecker.

Radatz, H. (1990). Was können sich Schüler unter Rechenoperationen vorstellen? *Mathematische Unterrichtspraxis 11 (1)*, 3–8.

Radatz, H. (1991a). Einige Beobachtungen bei rechenschwachen Grundschülern. In Lorenz, J. H. (1991), S. 74–89.

Radatz, H. (1991b). Hilfreiche und weniger hilfreiche Arbeitsmittel. *Grundschule, 23 (9)*, 46–49.

Radatz, H. (1993). Kinder erfinden Rechengeschichten. In Balhorn, H. & Brügelmann, H. (Hrsg.), *Bedeutungen erfinden*. Konstanz: Faude.

Radatz, H. (1992). *Der Verzehr von geraspelter Schwarzwurzel als Dyskalkulieprophylaxe*. Hannoversch-Münden: Mitteilungen des südniedersächsischen Bauernverbandes.

Radatz, H. & Rickmeyer, K. (1991). *Handbuch für den Geometrieunterricht an Grundschulen*. Hannover: Schroedel.

Radatz, H. & Schipper, W. (1983). *Handbuch für den Mathematikunterricht an Grundschulen*. Hannover: Schroedel.

Reinartz, A. u. E. (1977). *Visuelle Wahrnehmungsförderung* (Frostig Programm). Hannover: Schroedel.

Rolff, H.-G. & Zimmermann, P. (1990). *Kindheit im Wandel – Sozialisation im Kindesalter*. Weinheim: Beltz.

Sackson, S. (1981). *Spiele anders als andere*. München: Hugendubel.

Sakoda, J.M. (1981). *Origami*. München: Hugendubel.

Scharlau, R. & Schmitz, G. (1986). Untersuchung zur Entwicklung des räumlichen Denkens bei geistig behinderten Kindern. *Zeitschrift für Heilpädagogik, 31*, 228–241.

Scheel, B. (1978). *Offener Grundschulunterricht*. Weinheim: Beltz.

Schmitz, G. & Scharlau, R. (1987). *Mathematik als Welterfahrung*. Bonn: Dürr.

Sennlaub, G. (Hrsg.) (1983). *Mit Feuereifer dabei*. Heinsberg: Agentur Dieck.

Sennlaub, G. (Hrsg.) (1984). *Feuer und Flamme*. Heinsberg: Agentur Dieck.

Spectra-Magnet-Bausteine Sachrechnen (o. J.), Box I, II. Dorsten: Spectra.

Strehl, R. (1977). *Grundprobleme des Sachrechnens*. Freiburg: Herder.

Strote, I. (1985). *Das Wochenplanbuch für die Grundschule*. Heinsberg: Agentur Dieck.

Thyen, H. (1963). Sachrechnen auf der Grundschule. In Thyen, H.: *Methodische Handreichungen für das Rechnen*. Frankfurt: Diesterweg.

Treffers, A. (1990/91). Reken tot twintig met het rekenrek. *Willem Bartjens, 10 (1)*.

Treffers, A., de Moor, E. & Fejs, E. (1989). Het rekenrek. *Willem Bartjens, 8 (4)*.

Vester, F. (1978). *Denken, Lernen, Vergessen*. München: dtv.

Vester, F., Beyer, G. & Hirschfeld, M. (1979). *Aufmerksamkeitstraining in der Schule*. Heidelberg: Quelle & Meyer.

Wagemann, E. B. (1988). *Bausteine zu einer Methodik des Mathematikunterrichts*. Gießen: Universität.

Wagner, I. (1984). *Aufmerksamkeitsförderung im Unterricht*. Frankfurt: Lang.

Wallrabenstein, W. (1991). *Offene Schule – offener Unterricht*. Hamburg: Rowohlt.

Wenzel, A. (1983). *Freiarbeit in der Grundschule*. Bad Heilbrunn: Klinkhardt.

Wertheimer, M. (1912). Über das Denken der Naturvölker. I. Zahlen und Zahlgebilde. *Zeitschrift für Psychologie, 60*, 321–378.

Wertheimer, M. (1957). *Produktives Denken*. Frankfurt: Kramer.

Winter, H. (1971). Geometrisches Vorspiel im Mathematikunterricht der Grundschule. *Der Mathematikunterricht, 17 (5)*, 40–60.

Winter, H. (1984). Begriff und Bedeutung des Übens im Mathematikunterricht. *Mathematik lernen, 2/84*, 4–16.

Winter, H. (1985). *Sachrechnen in der Grundschule*. Bielefeld: CVK.

Winter, H. (1987). *Mathematik entdecken*. Frankfurt: Scriptor.

Wittmann, E. Ch. & Müller G. N. (1990). *Handbuch produktiver Rechenübungen*, Band 1. Stuttgart: Klett.

Wittmann, E. Ch. & Müller G. N. (1992). *Handbuch produktiver Rechenübungen*, Band 2. Stuttgart: Klett.

Zielke, G. (1988). Einsatz von Sonderpädagogen/innen in integrativ arbeitenden Grundschulen. In H. Eberwein (Hrsg.), *Behinderte und Nichtbehinderte lernen gemeinsam – Handbuch der Integrationspädagogik* (S. 227–234). Weinheim: Beltz.

Zielke, W. (1980). *Techniken für ein besseres Gedächtnis*. München: MVG.[1]

---

[1] Dies ist die einzige Fußnote dieses Handbuchs.

Einige Literaturanregungen zum „offenen Unterricht"

Alpheus, S. & Kirsch, C. (1990). *Fördern und Differenzieren in der Grundschule. Schwerpunkt: Deutsch.* Hildesheim: NLI – Bericht 41.

Bartnitzky, H. (Hrsg.) (1983). *Auf dem Wege zum differenzierten Schulalltag.* Frankfurt: Arbeitskreis Grundschule.

Bauer, E. M. & Brucher, Ch. (1982). *Grundschultagebuch.* Frankfurt: Diesterweg.

Benner, D. (1989): Auf dem Weg zur Öffnung von Schule und Unterricht. *Die Grundschulzeitschrift,* 27 (3), 46–55.

Bobrowski, S. & Wuschansky, E. M. (1983). *Differenzierte Lernkontrollen im Mathematikunterricht.* Bielefeld: CVK.

Drunkemühle, L. & Pollert, M. (1980). *Differenzieren läßt sich lernen.* Frankfurt: Diesterweg.

Drunkemühle, L. (1985). *Förderunterricht in der Grundschule.* Frankfurt: Diesterweg.

Floer, J. & Haarmann, D. (1982). *Mathematik für Kinder.* Weinheim: Beltz.

Floer, J. (Hrsg.) (1985). *Arithmetik für Kinder.* Frankfurt: Arbeitskreis Grundschule.

Kasper, H. (1989). *Laßt die Kinder lernen. Offene Lernsituationen.* Braunschweig: Westermann.

Köppen, D. (1988). *Siebzig Zwiebeln sind ein Beet.* Weinheim: Beltz.

Lohmann, Ch. (1992). Den Unterricht öffnen. *Die Deutsche Schule* 31, 31–40.

Meier, R. & Bahns, M. (1981). *Miteinander lernen.* Stuttgart: Klett.

Meyer-Behrens, H. (1987). *Grundschule – Haus für Kinder.* Heinsberg: Agentur Dieck.

Müller-Bardorff, H. (1986). *Grundschüler auf dem Weg zur Freien Arbeit.* Weinheim: Beltz.

Scheel, B. (1978). *Offener Grundschulunterricht.* Weinheim: Beltz.

Schwarz, H. (1987). *Prinzipien und Formen einer offenen Grundschule.* Velber: Friedrich.

Sennlaub, G. (Hrsg.) (1983). *Mit Feuereifer dabei.* Heinsberg: Agentur Dieck.

Sennlaub, G. (Hrsg.) (1984). *Feuer und Flamme.* Heinsberg: Agentur Dieck.

Strote, I. (1985). *Das Wochenplanbuch für die Grundschule.* Heinsberg: Agentur Dieck.

Wallrabenstein, W. (1991). *Offene Schule – offener Unterricht.* Hamburg: Rowohlt.

Wenzel, A. (1983). *Freiarbeit in der Grundschule.* Bad Heilbrunn: Klinkhardt.

Wittmann, E. C. & Müller, G. N. (1990/2). *Handbuch produktiver Rechenübungen.* Bd. 1/Bd. 2. Stuttgart: Klett.

© 1978, United Feature Syndicate, Inc.

Sachwortregister

Addition/Subtraktion 51f., 90ff., 120ff., 127ff., 134ff., 221ff.
Ängstlichkeit 73
Anschauung 18, 20f.
anwendungsorientiertes Üben 34f., 88, 143ff.
Arbeitsmittel 30f., 58, 91ff., 120ff.
automatisierendes Üben 33, 86f., 134, 182f.

Bildaufgaben 146f., 154f.
bildhafte Darstellungen 31f., 154f.

Computerprogramme 204ff.

Diagnose 36, 48ff., 59ff., 63ff.
diagnostische Aufgaben 48, 61, 202ff., 221ff.
diagnostische Gespräche 61
Dienes-Blöcke 101f., 121f.
Differenzieren (s. auch Fördern) 81, 114ff.
Division s. Multiplikation

Einprägestrategien 190f.
Einmaleinstafel 140
Einsminuseinstafel 133
Einspluseinstafel 132
Eltern 76ff., 192f.
Ergänzen 157f.

Fallbeispiele 7ff., 51ff., 61f., 71f., 78f., 123f., 129, 145, 172
Fehleranalyse 20ff., 24ff., 59ff., 202
Finger(rechnen) 23, 181f.
Fördern 1-240
Förderprogramme 175ff., 199ff., 202ff.
Förderunterricht 81, 114f.
Früherkennung 36ff.
Frühförderung 104ff.

Gedächtnis 32, 37f., 47, 68, 107f., 116, 178ff., 191f.
Geometrie 63ff., 104ff., 174, 192ff.
gestuftes Üben 86
Glossar 232ff.
Größen 44, 196f.
Grundaufgaben 130ff., 183

Handlungen 20f., 30f., 169f.
Hundertertafel 99, 102f., 123f.

Integration 208f.
Intelligenz 18, 22

Kognitionspsychologie 26ff.
kognitive Stile 74f.
Konzentration 68, 72f., 186f.
Kopfrechnen 86f., 134ff., 183
Kopierdidaktik 89

lautes Denken 20, 60f.
Lernausgangslage 36ff., 104ff.
Links-Rechts-Unterscheidung 30, 34, 45f., 100f., 109, 121
Literatur 235ff.
Lösungsstrategien 27f., 70f., 127ff., 135

Materialanregungen 217ff.
Mathematikprofil 48f.
Mehrsystemblöcke 101f., 122f., 170
Mosaike 112
Motivation 73, 76f.
Motorik 40, 79, 177
Multiplikation/Division 52, 117, 121f., 126f., 138ff., 182, 226f.

Neuropsychologie 21ff.

offener Unterricht 81, 114
offenes Üben 88f.
Operationsvorstellungen 50f., 134ff.
operatives Üben 87

problemorientiertes Üben 90, 150f.
produktives Üben 90
Psychodiagnostik 18ff.

Rechenbrett 95f., 98
Rechengeschichten 152f.
Rechenkette 94f., 98
Rechenschwäche 15ff., 233
Repräsentationsebenen 30ff., 50

russische Rechenmaschine 58, 100, 125

Sachrechnen 34f., 143ff., 228ff.
Schreiben von Zahlen 119f.
schriftliche Rechenverfahren 61, 155ff.
Schülerfehler 20ff., 24ff., 59ff., 137, 142, 157, 159f., 163, 165f.,
Schülervorstellungen 50ff., 91f., 120ff., 127ff.
Seitigkeit 69
Selbstkontrolle 89
Sonderpädagogik 19f.
spielerisches Üben 88
Spiele 79f., 192ff., 218ff.
Sprache 18, 31, 41f., 68, 172f.
Stellenwertmaterial 56f., 101f., 122f.
Steckwürfel 92ff.
Subtraktion s. Addition
symbolische Darstellungen 32ff.
Symmetrien 111f.

Test 210ff.

Üben 83ff., 182f., 200ff.
Übungsformen 84ff., 148ff.
Unterrichtsphasen 30ff.

Veranschaulichungsmittel 25, 30ff., 58, 96, 91ff., 120ff., 130ff.
Verhaltensauffälligkeiten 79
visuelle Fähigkeiten 19, 22, 37ff., 63ff., 104ff., 117, 169ff., 192ff.
Vorstellung(sschwäche) 19, 22f., 39f., 44ff., 50ff., 63ff., 169ff.

Zahlen 50ff., 53f., 108, 117ff., 221f., 127f.
zählendes Rechnen 91, 93f., 96f., 116ff., 127f.
Zahlenschreiben 32, 120f., 221f.
Zahlenstrahl 45, 56, 100f., 120ff.
Zählen 108, 116ff., 221ff.
Zahlräume 92ff., 99ff., 116ff., 181f.
Zehn-Minuten-Übungen 87
Zeichenübungen 110f.
Ziffernschreiben 119f., 221f.

NEHMEN SIE IHR WISSEN IN DIE HAND

Das Handbuch für den Mathematikunterricht an Grundschulen von H. Radatz und W. Schipper gibt einen Überblick über die Aufgaben, die Ziele, die Prinzipien und die Geschichte des Mathematikunterrichts. Das Handbuch bietet zahlreiche Anregungen für

- die Erarbeitung des Zahlbegriffs,
- Addition, Subtraktion, Multiplikation und Division,
- die Zahlbereichserweiterungen,
- die schriftlichen Rechenverfahren,
- Größen und Sachrechnen,
- Geometrie,
- strukturelle Leitbegriffe als Unterrichtsprinzip.

Auf Aspekte des Unterrichtsprozesses (Spielen, Üben, Lernschwierigkeiten u. a.) wird ausführlich eingegangen. Am Ende des Buches finden Sie ein umfangreiches Literatur- sowie ein Sachwortverzeichnis.

Best.-Nr. 3-507-34036-4

Das Handbuch für den Geometrieunterricht an Grundschulen von H. Radatz und K. Rickmeyer bietet einen Überblick über die Aufgaben und Ziele des Geometrieunterrichts sowie die geometrische Begriffsbildung. Ausführlich werden inhaltliche Anregungen und unterrichtspraktische Beispiele angeboten zu

- geometrischen Erfahrungsfeldern in der Umwelt,
- Handlungserfahrungen mit Körperformen,
- Handlungserfahrungen mit ebenen Figuren,
- Aktivitäten am Geobrett und am Computer,
- Fördermöglichkeiten der visuellen Wahrnehmung,
- Aktivitäten zur Kopfgeometrie und zum Umgang mit Zeichengeräten.

Sie finden einen Stoffverteilungsplan, Materialanregungen und ein ausführliches Literatur- sowie ein Sachwortverzeichnis am Ende des Buches.

Best.-Nr. 3-507-34040-2

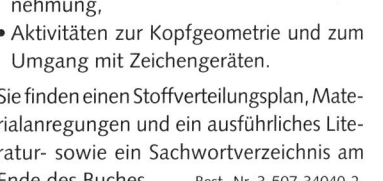